智慧能源理论与应用

陈晓红 主 编

清華大学出版社
北 京

内容简介

本书共分为2篇，8个章节，第1篇为理论篇，主要包括能源与智慧能源、能源技术基础、智慧能源管理技术原理和智慧能源管理4个章节，从理论基础到技术体系进行了全面的阐述；第2篇为应用篇，主要包括重点行业智慧能源应用、社会系统智慧能源应用、重要资源智慧能源应用和未来智慧能源4个章节，覆盖交通、建筑、农业、城市、社区、家庭智慧能源应用以及智慧电力、智慧水资源、智慧燃气等领域的应用技术实例，最后总结了发展智慧能源面临的主要问题与挑战，展望能源行业未来的发展趋势和方向。本书的理论与实践内容相辅相成，既具有理论高度又具有较强的实践指导意义。

本书可作为各类高等院校管理科学与工程、能源类、环境类等相关专业本科生或研究生的教学用书，也可供从事智慧能源技术开发、能源管理等相关岗位的研发工程师和管理人员学习和参考。

图书在版编目(CIP)数据

智慧能源理论与应用/陈晓红主编. —北京：清华大学出版社，2024.5
ISBN 978-7-302-65857-3

Ⅰ. ①智… Ⅱ. ①陈… Ⅲ. ①智能技术－应用－能源 Ⅳ. ①TK-39

中国国家版本馆CIP数据核字(2024)第060785号

责任编辑：吴梦佳
封面设计：傅瑞学
责任校对：李 梅
责任印制：刘 菲

出版发行：清华大学出版社
网 址：https://www.tup.com.cn，https://www.wqxuetang.com
地 址：北京清华大学学研大厦A座 **邮 编**：100084
社 总 机：010-83470000 **邮 购**：010-62786544
投稿与读者服务：010-62776969，c-service@tup.tsinghua.edu.cn
质量反馈：010-62772015，zhiliang@tup.tsinghua.edu.cn
课件下载：https://www.tup.com.cn，010-83470410
印 装 者：三河市人民印务有限公司
经 销：全国新华书店
开 本：185mm×260mm **印 张**：14.5 **字 数**：344千字
版 次：2024年5月第1版 **印 次**：2024年5月第1次印刷
定 价：48.00元

产品编号：099734-01

前　言

FOREWORD

能源是维系人类生存、经济发展、社会进步及建设现代文明的重要物质基础，安全可靠的能源供应体系和高效、清洁、经济的能源利用，是支撑人类文明和社会持续发展的基本保障。在"双碳"目标背景下，我国将推动能源转型和提质增效，以数字化、智能化和绿色低碳发展作为能源体系建设的主旋律，保障国家能源战略安全，实现能源强国。

在全球气候变暖、清洁能源大规模开发及信息技术全面发展的背景下，人类即将迎来新一轮的能源革命，必将涵盖对能源行业的全面数字化和信息化升级，同时构建全球范围的能源互联网，以显著提高能源的利用效率，实现能源行业的绿色低碳发展。

智慧能源管理的总目标是实现能源综合效益的最大化，其本质是能源和信息的互联，以高水平的能源供需动态管理推动经济社会的可持续发展。智慧能源管理基于管理学、运筹学、信息学和经济学等基础理论，构建数智化和可视化的能源管理系统，通过信息化平台对能源的开发、加工转换、传输和消费等各环节进行全方位管理。其技术基础主要依托于各类信息化技术，如物联网、大数据、人工智能算法、区块链、云计算与边缘计算等。新一代信息技术的发展为智慧能源管理带来了前所未有的机遇，人类即将进入"能源智能化时代"。

本书基于"双碳"目标下我国能源的数智化转型研究，结合行业应用案例，全面论证了智慧能源管理体系的理论依据、应用方式和未来发展趋势。理论篇包括 4 个章节，主要从智慧能源管理的理论体系、智慧能源管理的技术依据和智慧能源管理的技术体系三个方面展开能源理论和技术体系的全面阐述，并从能源供给侧和需求侧分别探求智慧管理的创新机制；应用篇从重点行业智慧能源应用、社会系统智慧能源应用、重要资源智慧能源应用和未来智慧能源四个方面总结应用实例，覆盖了交通、建筑、农业、城市、社区、家庭智慧能源应用以及智慧电力、智慧水资源、智慧燃气等领域的应用技术，同时总结了发展智慧能源面临的主要问题与挑战，展望了能源行业未来的发展趋势和方向。本书理论与实践兼备，既具有理论高度又具有较强的实践指导意义。因此，本书可作为各类高等院校管理科学与工程、能源类、环境类等相关专业本科生或研究生的教学用书，同时也可供从事智慧能源技术开发、能源管理等相关岗位的研发工程师和管理人员学习和参考。

全书由陈晓红院士担任主编，参与编写人员有：白爱娟（第 1 章），郭佳茵、陈浩云（第 2 章），李欢、于秋野（第 3 章），帅毅、赵春虎（第 4 章），刘经（第 5 章），李晓锐（第 6 章），李元龙（第 7 章），顾升波（第 8 章），全书由陆杉、李欢、白爱娟统稿，陈晓红院士审核。

由于编者水平有限，书中难免存在疏漏和不足之处，敬请读者予以批评、指正。

编　者
2024 年 1 月

目录

理论篇

应 用 篇

理　论　篇

能源与智慧能源

【学习目标】

1. 掌握能源的概念及能源的分类。
2. 掌握智慧能源的定义和特征。
3. 掌握智慧能源的体系架构。
4. 了解世界能源发展现状及能源危机产生的原因。
5. 了解我国新能源产业智慧化发展现状及趋势。

【章节内容】

能源是人类社会文明进步和经济发展的重要物质基础，安全可靠的能源供应体系和高效、清洁、经济的能源利用是支撑人类文明和社会持续发展的基本保证。能源的供应方式和技术水平决定了经济发展的水平，每次能源革命都伴随着经济结构调整，世界各国的经济腾飞和工业化必须以大量的能源消费作为支撑。为保障能源安全，实现碳达峰目标，我们必须大力调整能源结构，加快能源清洁低碳转型，壮大清洁能源产业，加速可再生能源开发，加大核电投资力度，提高能源供应中的电能占比，实现能源供给侧结构的有效调整，构建现代化能源结构体系，而发展智慧能源将在这个过程中发挥至关重要的作用，是发展现代能源体系的必经之路。

1.1　能源与智慧能源概述

1.1.1　能源概述

1. 能源的概念

能源是指可以直接或间接向人类提供的任何形式的能量资源、比较集中的含能物质（如煤炭、石油、天然气）或能量过程（如风、潮汐）。能源也称能量资源或能源资源，为人类的生产生活提供重要的物质基础，是经济发展的重要动力，未来国家命运一定程度上取决于能源的掌控。能源的开发和有效利用程度及人均消费量是生产技术和生活水平的重要标志。

2. 能源的分类

能源种类繁多，根据不同的划分方式，能源可分为不同的类型，主要的分类方法如下。

1）按能源的产生方式或成因分类

按能源的产生方式或成因分类，能源可分为一次能源和二次能源。

（1）一次能源又称为天然能源，是指自然界中以天然的形式存在并没有经过加工或转换的能量资源，如煤炭。一次能源还可以进一步分为三类：煤、石油、天然气等属于第一类能源，风、流水中所含的能量也来源于太阳能，它们和草木燃料及其他由光合作用形成的能源在一起，都属于第一类能源；第二类能源是地球本身蕴藏的能量，如海洋和地壳中储存的各种核燃料及地球内部的热能；第三类能源是由于地球在其他天体的影响下产生的能量，如潮汐等。

（2）二次能源又称为人工能源，是指由一次能源直接或间接转换成其他种类和形式的能量资源。人类基于自身的主观能动性，可以依靠一次能源制造或生产出许多种可供人类使用的能量形式，如电能、氢能、煤气、汽油、柴油、焦炭、洁净煤、激光和沼气等。

2）按能源的技术开发程度分类

按能源的技术开发程度分类，能源可分为常规能源和新能源。

（1）常规能源是指在现有的经济和技术条件下，已被人类广泛利用并在人类生活和生产中起过重要作用的能源，通常指煤炭等。

（2）新能源是指采用新技术和新材料获得的、在新技术的基础上系统地开发利用的能源。新能源又称非常规能源，大部分是天然和可再生的，是未来世界持久能源系统的基础。按类别分类，新能源分为太阳能、风能、生物质能、生物柴油、燃料乙醇、氢能、地热能等。新能源普遍具有污染少、储量大等特点，对于解决当下面临的环境污染问题和资源（特别是化石能源）枯竭问题具有重要意义。另外，由于很多新能源分布比较均匀，对避免由能源而引发的战争也有重要意义。

在科技日益发达的今天，信息将成为一种特定意义的全新的能源形式，它将依附于各种节能理念、节能知识、节能机制和节能技术，大幅度提高人类的能源使用效率，节约更多的能源以满足新的需求。

3）按能源的形成和再生性分类

按能源的形成和再生性分类，能源可分为可再生能源和不可再生能源。

（1）可再生能源泛指取之不竭的能源。严格来说，可再生能源是指人类历史时期内都不会耗尽的能源，具有自我恢复原有特性并可持续利用，包括太阳能、水能、生物质能、氢能、风能、海浪能及海洋表面与深层之间的热循环等。地热能也可算作可再生能源。

（2）不可再生能源泛指人类开发利用后，在现阶段不可能再生的能源，如煤和石油，它们都是古生物的遗体被掩压在地下深层中，经过漫长的演化而形成的（也称为“化石燃料”），被燃烧耗用后不可能在数百年乃至数万年内再生。

4）按能源对环境的污染程度分类

按能源对环境的污染程度分类，能源可分为清洁能源和非清洁能源。

（1）清洁能源是指对环境友好的能源，其主要特征是环保、排放少、污染程度小。清洁能源更加注重高效的系统化的技术应用。

(2) 非清洁能源是相对清洁能源而言的。

5) 按能源的使用性质分类

按能源的使用性质分类,能源可分为燃料性能源和非燃料性能源。

(1) 燃料性能源是指用于直接燃烧而产生能量的物质,包括矿物燃料(如煤炭、石油、天然气)、生物燃料(如柴草、沼气)、核燃料(如铀)、化工燃料(如酒精、火药)。

(2) 非燃料性能源是指不能直接燃烧的能源,如水能、电能、蒸汽能、太阳能、风能、地热能、潮汐能等。

另外,能源可以按能源的实物形态分为固体能源、液体能源和气体能源,还可以按能源的属性分为商品能源、非商品能源、环境能源。

1.1.2　智慧能源的内涵与特征

2008 年 11 月,IBM 提出“智慧地球”概念。2009 年 8 月,IBM 又发布了《智慧地球赢在中国》计划书,正式揭开 IBM“智慧地球”中国战略的序幕。数字化、网络化和智能化被公认为未来社会发展的大趋势,而与“智慧地球”密切相关的物联网、云计算等,更成为科技发达国家制定本国发展战略的重点。更透彻的感知、更全面的互联互通、更深入的智能化是智慧地球的基本特征。能源是整个地球的重要组成部分,显然,智慧能源也包含其中。

当今的世界能源格局正从“化石能源为主”走向“清洁能源、化石能源与节能并重”的时代。新时代的能源结构面临诸多挑战,既要解决化石能源短缺问题和避免环境污染问题,又要实现全球碳中和的远景目标,其关键在于如何有效地把现有以化石为主的能源体系与新兴清洁能源、可再生能源融合在一起,实现能源的高效利用,即尽可能减少能源的浪费,尽可能扩展清洁能源的应用。然而,新时代的能源结构需要满足日益增长的可持续能源需求,同时不损害环境、社会、经济和未来人类的福祉,已经成为世界性的新课题,而智慧能源的产生和发展将有助于解决这一世纪难题。智慧能源概念的引入,核心在于如何充分发挥能源结构中各部分之间的协同作用。以智能电网为例,在确定能源基础设施设计和运营战略方法时,往往只需要关注其机构相关的子部门,而智慧能源则需同时考虑整个能源系统,如对个别技术和部门的分析,必须建立在整个高效运行的能源系统基础之上,即需要厘清整个系统各部分的相互影响,充分发挥各部分之间的协同作用,只有这样才能找到最根本、最有效、成本最低的解决方案。具体来讲,智慧能源是将现有的水能、太阳能、风能、天然气等单向运转而且浪费巨大的能源网络,以智能电网为触媒,改造为高效互动的创新网络。智慧能源可推动能源设施从孤岛系统向柔性能源生态集群转变,形成人、机、网、市场四位一体的格局。因此,整个能源系统的智慧化对全球能源变革至关重要。

智慧能源是指将先进的信息技术、通信技术、智能控制技术、储能技术与能源生产、供应、消费相融合的一种能源应用技术。针对地热能、太阳能、空气能、水能、天然气等多种可再生能源与清洁能源,运用冷热回收、储能、热平衡、智能控制等新技术对各种能量流进行智能平衡控制,实现能源的循环往复利用,一体化满足制冷、供热、热水、冷藏冷冻、发电等多种需求功能。

1. 智慧能源的内涵特征

通常,对智慧能源的理解,在狭义上主要是以现代高科技为核心,致力于发展清洁、低碳、高效的能源模式；在广义上，智慧能源囊括了多个产业，包括互联网产业、通信产业，以及涉及能源各环节的装备产业，即智慧能源不仅包括能源的生产，还包括能源的储存、转换、运输、并网、消费等，也包括其他相关的周边产业，以及相关的技术支撑和政策机制。

智慧能源是以电力系统为核心，多种类型能源在物理网络上互联互通，充分利用互联网思维和物联网技术，实现横向多能互补，纵向“源网荷储”协调优化，具备全面互联、全面感知、全面智能、全面协同等特征的新型能源生态体系。其技术本质是通过信息的充分和自由流动，有效降低能源系统的随机性，消除不确定性，更好地解决能源安全、清洁低碳、高效便捷等基本问题。智慧能源的内涵特征如下。

(1) 智慧能源是一种特定意义的新能源。按能源的技术开发程度分类，能源可分为常规能源和新能源。新能源是在新技术基础上系统开发利用的能源。倪维斗院士指出新旧能源是相对的，如果能使目前主力化石能源的效率大幅度提高，能大幅度减少二氧化碳排放的能源，即实现传统能源的更新换代和高效利用，都可以算作新能源。照此标准，煤制天然气，煤的高效、清洁和可持续利用都可以纳入新能源的范畴。智慧能源是从能源结构到生产方式、使用方式都发生变化的状态，是对能源体系进行的改革，是高效、低碳、可持续的。智慧能源把计算机技术应用到能源的领域，对所有的能源进行管理上的最优化，通过专业技术去吸收热能、冷能及环境的能，再通过能量流和信息技术的融合产生巨大的协同效应，达到最高能效。智慧能源能够增加能源接入的总量，提高能源的生产效率和利用效率，还能减少能源的浪费。因此，智慧能源可以理解为能源的一种新常态，是一种具有特定意义的新能源。

(2) 智慧能源是一种整体的能源解决方案。智慧能源不是通用的，而是要针对具体的实际问题进行设计，具有很强的以问题为导向的特征。一方面，智慧能源不只考虑能源的某个环节，而是综合考虑能源的生产、输送、消费等环节的运作情况，还考虑各环节的互动情况；另一方面，智慧能源所涉及的能源常常是多种能源，从整体上采用智能化手段进行优化设计，以达到高效、节能、清洁的目的。

(3) 智慧能源是一个高效、互动的能源体系。智慧能源囊括了多个产业、多个体系，与传统能源在结构和功能上都具有较大的区别。首先，智慧能源中的“智慧”涉及能源生产、储存、运输、消费等各个环节，以实现各个环节的高效运作为目标。其次，在实现“智慧”的过程中，“互动”是一个主要特征，“互动”可以实现各个环节准确的信息交换，为整个能源体系中的资源配置、决策制定提供了准确的信息导向，从而减少能源各个环节的资源浪费。

(4) 建设智慧能源优先发展智能电网。智慧能源虽然涉及多种能源，但是，因电力在国民经济中的重要地位及电力系统发展的状况，从国内外能源的发展状况及未来几年的发展趋势来看，建设智慧能源应优先发展智能电网。在其他能源的发展中，智慧水资源、智慧燃气发展较快。

2. 智慧能源的基本特征

作为一种全新的能源形式，智慧能源重塑了整个能源系统的业务流程和业务模式，通常被认为是基于系统能效技术、互联网技术、信息通信技术、智能计量技术、大数据分析技术和数据控制与优化等技术，从能源产业链的合并，逐步实现涉及能源生产、储存、传输分配、消费及控制等整个能源产业链的智能化。智慧能源强调能源安全供给、经济竞争力和环境可持续性多个维度的统筹兼顾，通过能源产业链整合，提升能源投入产出比，降低环境和生态的影响，全面适应和充分满足生态文明的新需求。在智慧的背景下，能源不再只是一种商品，而是改变人们生活的一种模式。

因此，智慧能源具有如下几方面基本特征。

（1）智能高效。智慧能源作为一种整体解决方案，提供的是一种手段，即如何使能源智慧化，而智慧化的最终目的是实现高效利用。能源种类众多，在能源的生产、储存、运输、调用、消费等方面，均可利用专业的智能化技术，优化各个环节的资源配置和服务，实现整个能源利用过程中的智能高效。

（2）系统融合。智慧能源是一个体系，涉及诸多行业，贯穿能源生产、消费的各个环节。要实现能源各环节及整个能源系统的高效、清洁，就必须实现能源各环节之间准确的数据交互和融合，然后从整个能源系统角度进行政策调整和资源配置，减少决策延迟和失误，保证各环节之间的高效配合和互动，从而实现能源的高效利用。因此，在智慧能源中，系统的高度融合是一个明显的特征。

（3）多能互动。智慧能源在结构上涉及多个行业，同时在能源类型上也囊括了多种能源，如不可再生能源、可再生能源、清洁能源等。智慧能源要实现能源的高效利用，就必须实现多种能源的相互配合，不仅要体现“少浪费”，还要体现“清洁”，如太阳能、风能的高效使用，将通过与其他能源的“互动”，进行多能互补，从而实现能源的高效、清洁。

（4）广泛互联。智慧能源是一种能源利用模式，涉及多种能源的配合利用，而在这个互动过程中，“广泛互联”的建设是一个基本条件，如发展智慧能源，可优先发展智慧建筑、智慧微网和智慧电网等。“广泛互联”不仅仅包括能源的互动互联，同时包含能源系统中其他一切相关信息的互通互联，如能源需求侧的信息、各环节储能系统信息、各环节消费信息、安全信息等。只有实现了“广泛互联”，才能实现整个能源系统的“智慧”。

1.1.3　智慧能源的体系构架

1. 智慧能源体系的概念

2020年9月，国家能源局印发《关于加快能源领域新型标准体系建设的指导意见》，明确目标导向，深化能源标准化工作改革，在智慧能源、能源互联网、风电、太阳能、地热能、生物质能、储能、氢能等新兴领域，率先推进新型标准体系建设，发挥示范带动作用。

智慧能源体系是基于互联网思维，联合多种能源供给体系的一种较为高级的供给系统，结构上主要包括泛能网、微电网、智能电网、能源互联网。首先，这种供给系统以互联网为基础，对不同形式的能源进行监控、管理、调度，通过优化能源结构，加大多能互补，高效利用清洁能源；其次，可借助能源互联网，实现能源的线上交易和精准管控，实现供需对接、按需流动，促进资源的高效利用，减少能源的浪费。

智慧能源体系具有智能高效、系统融合、多能互动、广泛互联等特点，其体系结构以清洁、高效、灵活为目标，通过积极整合及协调泛能网、微电网、智能电网、能源互联网等多组态能源形态，实现就地、局域、地区及跨区范围的多能互补和能源资源优化配置。

2. 智慧能源体系的内容与特征

1）智慧能源结构体系

智慧能源结构体系可以顺利实现不同类型和规模的能源与需求之间的快速实时平衡、灵活调度、优化配置、高效运行。它是基于互联网思维，由多个能源供应系统组成的新一代能源系统，在能源技术革命过程中具有里程碑意义。智慧能源结构体系物理形态包括微电网、泛能网、智能电网和能源互联网。

（1）微电网是指由分布式电源、储能装置、能量转换装置、相关负荷和监控、保护装置汇集而成的小型发配电系统，是一个能够实现自我控制、保护和管理的自治系统，既可以与外部电网并网运行，也可以孤立运行，是智能电网的重要组成部分。

（2）泛能网基于系统能效技术，通过能源生产、储运、应用与回收循环四环节能量和信息的耦合，形成能量输入和输出跨时域的实时协同，实现系统全生命周期的最优化和能量的增效，能效控制系统对各能量流进行供需转换匹配、梯级利用、时空优化，以达到系统能效最大化，最终输出一种自组织的高度有序的高效智能能源。

（3）智能电网是以电为核心，具备电源、电网和用户间信息双向流动、高度感知及灵活互动的新一代电力系统。智能电网是一个由众多自动化的输电和配电系统构成的电力系统，以协调、有效和可靠的方式实现所有的电网运作，具有自愈功能，快速响应电力市场和企业业务需求，具有智能化的通信架构，实现实时、安全和灵活的信息流，为用户提供可靠、经济的电力服务。

（4）能源互联网是智能电网发展的高级阶段。它由一个或多个跨区域相互连接的智能电网子系统构成，能够在同一个信息物理系统中实现多种能源的协调和优化。换言之，能源互联网是指以智能电网为基础平台、以互联网为支撑构建的多类型能源网络，即利用互联网思维与技术改造传统能源行业，实现横向多源互补、纵向“源—网—荷—储”协调、能源与信息高度融合的新型能源体系，促进能源交易透明化、推动能源商业模式创新。

可以从多个角度来理解微电网、泛能网与智能电网之间的关系。就能源品种而言，微电网主要供应电力，泛能网则强调多种能源综合优化利用，实现冷热电三联供。就区域范围而言，微电网和泛能网都可以满足局部地区的用电或用能需求，实现能源的自平衡，泛能网具有区域多能源融合及广域能源协同优化的特征，智能电网的范畴更大，既包含大电网又包含区域电网，也包含微电网或泛能网。就应用场景而言，微电网可以促进分布式电源的消纳，减少对大电网的冲击，提升供电可靠性，泛能网可以满足对冷热电需求较大的工业园区，通过多种能源之间的转换，提升能源整体利用效率。

2）智慧能源生态体系

发展智慧能源，其生态体系的打造将是重中之重。智慧能源生态体系涉及诸多机构，如新能源企业、石油企业、电网企业、能源储备制造企业、能源交易中心、科研机构、政府机构等，通过打造相关智能化平台，连接整个产业链，汇集各方力量，以用户为核心，整合供给与需求侧资源配置，形成智慧能源生态圈闭环。通过产业链智能化转型，不断推动生态圈成长，如能源生产、能源消费、能源管理、能源储运等方面的智能化、数字化，如图 1-1 所示，将能源流、信息流、价值流合为一体，打造成多方互利共赢的良好生态。

3）智慧能源体系的主要特征

智慧能源体系具有安全可靠、清洁低碳、智能高效等特征。

（1）安全可靠。智慧能源体系是基于能源系统结构的优化、能源技术的进步、能源的高效开发和利用而建立的，是以保障能源安全供应、控制能源系统安全风险为目的而建立的。

（2）清洁低碳。智慧能源体系除了推动各类能源的高效利用外，也是实现能源清洁低碳的纽带。智慧能源体系的建立，利于可再生清洁能源从规模效应向质量取胜转变，可解决太阳能、风能等能源不稳定的问题，同时利于化石能源的清洁利用和核能的安全发展，利于

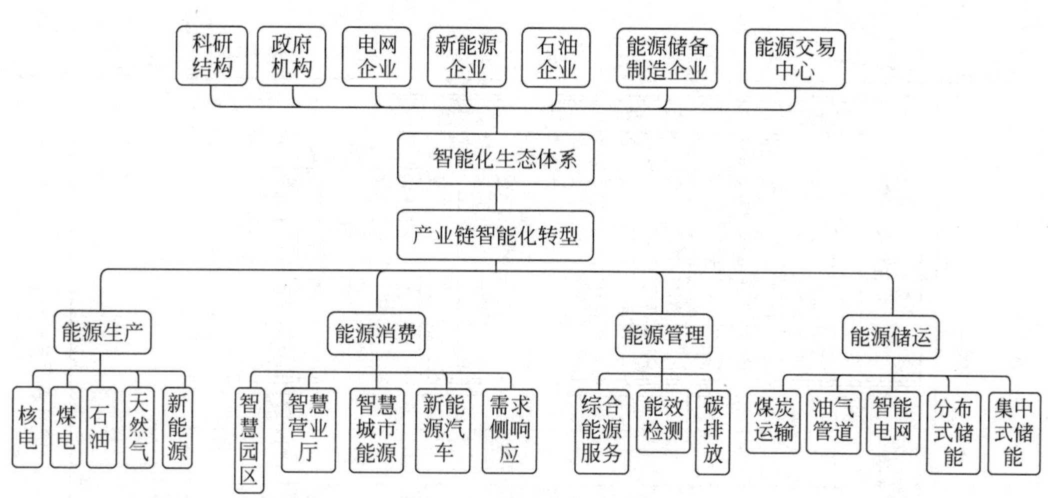

图 1-1　智慧能源生态体系

能源和社会的清洁低碳。

(3) 智能高效。智慧能源体系是基于人工智能、大数据、数字化等技术而建立的，利于能源各环节的智能化、高效化。智慧能源体系通过成本控制、安全防护、多能互补，催生行业新业态，大力推进能源转型。

3. 智慧能源体系架构

智慧能源总体架构是以智能化为核心，基于智能云、物联网等基础设施平台及 AI 中台、知识中台、业务中台、数据中台等，借助云计算、人工智能、大数据、区块链等技术，最终推动能源企业实现智能化转型。其架构主体包括数字化基础设施层、平台层、应用层，可根据不同企业特性和要求，形成定制化解决方案。同时，为有序推进智慧能源建设，架构还包括能源生态体系、运营服务体系、网络安全保障体系和标准规范体系，如图 1-2 所示。

数字化基础设施层是能源企业的信息基础设施，包括机器人、无人机、智能传感器（如测试烟雾、油温等）、智能燃气表、服务器、存储、网络设备等，支撑企业信息沟通、服务传递和业务协同。

数字化平台层是实现新兴技术对能源企业赋能的核心，以智能云平台、IoT 平台为基础，AI 中台为核心，配合数据中台、知识中台与业务中台，打通企业的能源流、信息流、价值流，助力企业智能化转型全过程。AI 中台是企业 AI 能力的生产和集中管理平台，包括 AI 能力引擎、AI 开发平台两部分核心能力及管理平台。能力引擎包括如人脸识别、语音识别（ASR）、自然语言处理（NLP）等通用服务以及领域专用 AI 服务。基于 AI 中台，企业将拥有建设 AI 开发和应用的自主能力、集约化管理企业 AI 能力和资源，统筹规划企业智能化升级版图。知识中台是基于知识图谱、自然语言、搜索与推荐等核心技术，依托高效生产、灵活组织、便捷获取的智能应用知识的全链条能力，厘清业务逻辑，用机器可以理解的方式将知识组织起来，从而建立符合企业需求的智能化应用，推动企业向智能化发展，重塑企业发展格局。

数字化应用层是将人工智能、云计算、大数据、区块链等技术与能源勘探、开采、生产、储运、消费场景深度融合，广泛应用于能源企业各个场景。以智能化手段解决能源企业发展中的突出问题，支撑能源企业智能生产、精益管理、业务创新，提升企业生产服务能力，帮助企业提质增效，最终实现企业智能化转型。按照能源业务价值链划分，可以将能源智慧化应用

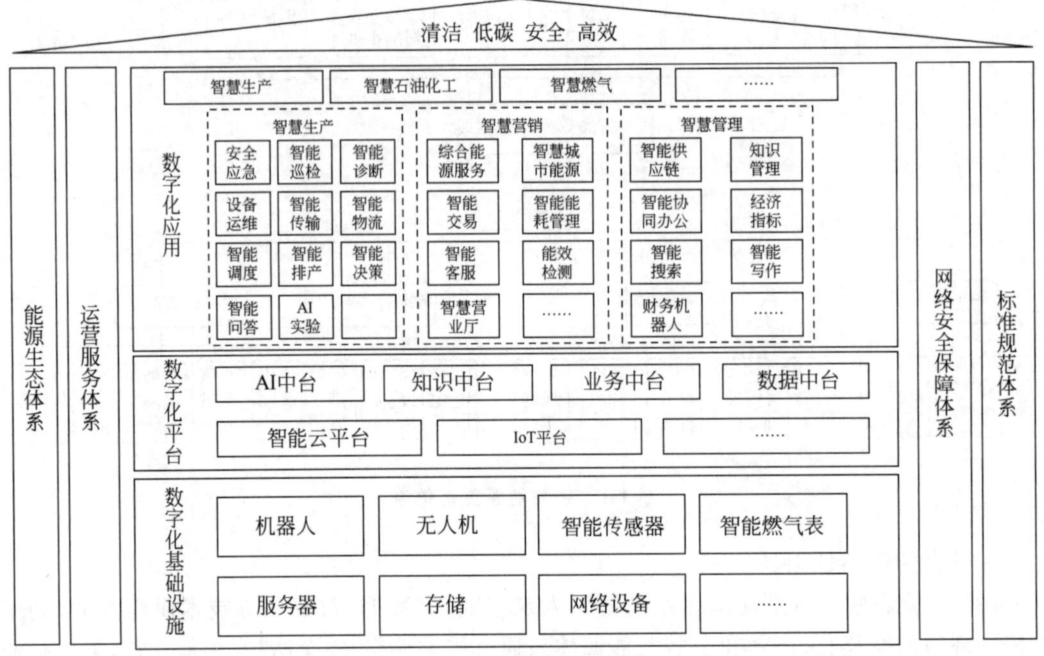

图 1-2　智慧能源的总体架构

分为三大应用领域：智慧生产、智慧营销、智慧管理。四体系是指智慧能源建设的四大保障体系：能源生态体系、运营服务体系、网络安全保障体系、标准规范体系。其中能源生态体系包括能源企业、高科技信息化技术企业、设备制造企业、咨询机构、工程建设企业、运输服务企业、能源交易中心等共建共享生态圈；运营服务体系包括运营模式、管理组织、创新交流等；网络安全保障体系包括信息安全监管、测评、应急处置等体系；标准规范体系包括总体标准、基础设施、支撑技术与平台、管理与服务等标准规范。

1.2　世界能源发展现状

地球拥有十分丰富的能源资源，除化石能源以外，还有太阳能、水能等可再生资源，当前世界能源的消耗以化石能源为主。

1.2.1　能源生产情况

1. 石油

截至 2020 年年底，全球探明的石油剩余可采储量为 2.444×10^{11} t。按地区划分，可采石油主要分布于中东地区，储量为 1.132×10^{11} t，约占世界总储量的 48.3%。按国家划分也极不均匀，石油输出国组织（OPEC）拥有 70.1%的全球储量，储量最高的国家是委内瑞拉（占全球储量的 17.5%），紧随其后的是沙特阿拉伯（占全球储量的 17.2%）和加拿大（占全球储量的 9.7%）。中国石油探明储量为 3.5×10^{9} t，占世界石油剩余可采储量的 1.5%，位列世界第 13。

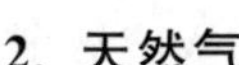

2. 天然气

截至 2020 年年底，全球天然气探明储量为 $1.881\times10^{14}\,m^3$，天然气较集中地分布在中东地区和独联体国家，这两个地区的天然气探明储量占世界总量的 70%以上，其他地区均不足 10%。世界天然气排名前三的国家分别是俄罗斯（$3.7\times10^{13}\,m^3$）、伊朗（$3.2\times10^{13}\,m^3$）和卡塔尔（$2.5\times10^{13}\,m^3$），其探明储量分别占世界的 19.9%、17.1%和 13.1%。中国天然气剩余可采储量为 $3.8\times10^{12}\,m^3$，占世界总量的 4.5%，位列世界第 6。

2020 年，全球天然气探明储量减少了 $2.2\times10^{12}\,m^3$，其中阿尔及利亚（减少 $2.1\times10^{12}\,m^3$）降幅最大，但加拿大储量增长 $4\times10^{11}\,m^3$。根据 2020 年的全球储产比，全球天然气还可以以现有的生产水平生产 48.8 年。中东地区（110.4 年）和独联体国家（70.5 年）是储产比最高的地区。

3. 煤炭

截至 2020 年年底，世界煤炭全球探明储量为 $1.074\times10^{12}\,t$，主要分布在亚太地区、独联体国家、欧洲和北美地区，这些地区探明储量占世界总量的 90%以上，主要集中在以下少数几个国家：美国（23.2%）、俄罗斯（15.1%）、澳大利亚（14.0%）和中国（12.8%）。其中，大部分（70%）储量为无烟煤和沥青。排名第一的是美国，其剩余储量为 $2.371\times10^{11}\,t$；中国煤炭剩余可采储量为 $1.145\times10^{11}\,t$，占世界的 12.8%。

根据 2020 年全球储产比，全球煤炭还可以以现有的生产水平生产 139 年，其中北美洲（484 年）和独联体国家（367 年）是储产比最高的地区。

表 1-1 所列为世界各地区三大化石能源探明储量比例。

表 1-1　世界各地区三大化石能源探明储量比例　　单位：%

地　区	石油	天然气	煤炭
北美洲	14.0	8.1	23.9
中南美洲	18.7	4.2	1.3
欧洲	0.8	1.7	12.8
独联体国家	8.4	30.1	17.8
中东	48.3	40.3	0.1
非洲	7.2	6.9	1.4
亚太	2.6	8.8	42.8

4. 新能源

（1）核能。核能是通过质量转化从原子核中释放的能量。作为世界第二大低碳能源，核发电量约占发电总量 11.5%，在低碳能源发电量占比中高达 29%。到目前为止，共有 33 个国家和地区已有或正在建设自己的核电站。

（2）水能。全世界江河的理论水能资源为 $4.82\times10^{13}\,kW\cdot h/y$，技术上可开发的水能资源为 $1.93\times10^{13}\,kW\cdot h/y$。我国的江河水能理论蕴藏量为 $6.91\times10^{14}\,kW\cdot h$，每年可发电超过 $6\times10^{12}\,kW\cdot h$，可开发的水能资源约 $3.82\times10^{8}\,kW\cdot h$，年发电量 $1.9\times10^{12}\,kW\cdot h$。水能是清洁的可再生能源，但与全世界能源需要量相比，水能资源仍很有限，即使把全世界的水能资源全部利用上，也不能满足全世界能源需求量的 10%。

（3）太阳能。太阳的能量是以电磁波的形式向外辐射的，其辐射功率为 $3.8\times10^{23}\,kW$。地球接收到太阳总辐射量的 22 亿分之一，即有 $1.73\times10^{14}\,kW$ 到达地球大气层的上缘，但

穿越大气层时发生衰减,最后约有一半的能量到达地球表面,即 8.65×10^{13}kW。这个数字相当于目前全世界发电总量的几十万倍,但目前人类利用的太阳能仅为其中很小的部分。到达我国的太阳辐射能量约为 1.8×10^{12}kW。

(4) 生物质能。地球上每年通过光合作用固定的碳约为 2×10^{11}t,含能量 3×10^{18}kJ,相当于目前世界总能耗的 10 倍以上。

(5) 风能。据估计,全球的风能总量约为 2.74×10^{12}kW,可利用的风能约为 1.46×10^{11}kW。我国风能总量约为 3.2×10^{9}kW,可利用的风能为 2.53×10^{8}kW。

(6) 地热能。地球内部蕴藏的热量约为 1.25×10^{28}kJ,从地球内部传到地面的地热总资源约为 1.45×10^{23}kJ,相当于 4.95×10^{5}t 标准煤燃烧时所放出的热量。如果把地球上储存的全部煤炭燃烧时所放出的热量作为 100 进行计算,那么,石油的储量约为煤炭的 8%,目前可利用的核燃料的储量约为煤炭的 15%,而地热能的总储量则为煤炭的 1.7×10^{8} 倍。

(7) 海洋能。海洋能通常是指海洋本身所蕴藏的能量,包括潮汐能、波浪能、潮流能、温差能、盐差能和海流能等形式的能量,不包括海底储存的煤、石油、天然气和天然气水合物,也不含溶解于海水中的铀、锂等化学能源。海洋是一个巨大的能源转换场,据估计,海洋能中可供利用的能量约为 7×10^{9}kW,是目前全世界发电能力的十几倍。各类海洋能资源状况如表 1-2 所示。

表 1-2 各类海洋能资源状况

类　别	潮汐能	波浪能	温差能	盐差能	海流能
全球总储量/$\times10^{8}$kW	17	20	100	20	—
我国可开发能量/$\times10^{8}$kW	1.1	0.23	1.5	1.1	0.3

1.2.2 能源消费情况

2001—2019 年,世界一次能源消费总量从 398.34EJ(10^{18}J)增加至 581.51EJ。2020 年,世界一次能源消费总量降至 556.63EJ。世界各地区能源消费比例如表 1-3 所示。

表 1-3 世界各地区能源消费比例 单位:%

地　区	石油	天然气	煤炭	核能	水电	一次能源
北美洲	23.9	28.1	11.1	37.1	16.9	21.3
中南美洲	7.5	5.0	1.0	0.8	17.1	5.3
欧洲及欧亚地区	19.9	28.8	12.2	45.3	21.8	21.6
中东	9.8	14.1	0.3	0.1	0.7	6.7
非洲	4.2	3.9	2.5	0.4	3.0	3.3
亚太	34.7	20.1	72.9	16.3	40.5	41.8

2001 年,我国一次能源消费总量为 44.84EJ,占世界一次能源消费总量的 11.26%。2005 年,我国一次能源消费总量为 75.60EJ,超过了欧盟的 67.37EJ,占世界一次能源消费总量的 16.56%。2009 年,我国一次能源消费总量为 97.53EJ,超过了美国的 89.88EJ,开始位居世界第一,在世界一次能源消费总量中的占比也上升到 20.24%。2020 年,我国一次能源消费总量为 145.46EJ,占世界一次能源消费总量的 26.13%。从增长速度来看,

2001—2011年我国一次能源消费总量年平均增长速度为9.7%，增长十分迅速；2012—2020年年平均增长速度为2.9%，增长速度有所下降，从侧面反映出我国能源消耗强度随着技术的不断进步而逐步下降。

1.2.3 能源贸易情况

2022年，世界天然气贸易量为$1.21\times10^{12}\,m^3$，同比下降1.0%，主要是由于地缘政治博弈、全球经济表现不佳。管道气贸易量为$6.492\times10^{11}\,m^3$，同比下降7.8%，占天然气贸易总量的53.7%，较2021年减少4.0个百分点，主要由于俄罗斯供欧洲管道气量大幅下降。液化天然气(LNG)贸易量为$5.597\times10^{11}\,m^3$，同比增长5.1%，其中美国LNG出口贸易量为$1.1\times10^{11}\,m^3$，同比增长13.4%，在全球LNG贸易中占比19.5%，较上年提升1.5个百分点；LNG贸易中现货和3年内短期合约贸易量为$1.695\times10^{11}\,m^3$，同比下降0.7%，占LNG总贸易量的29.8%。世界天然气贸易格局深刻调整，俄罗斯与欧洲管道气贸易量大幅下降，美国和中东加大对欧洲LNG供应。2022年，俄罗斯出口欧洲管道气同比下降50%，美国、卡塔尔对欧洲LNG出口同比分别增长142%、22.6%。全球已投产LNG接收站接卸能力$1.01\times10^9\,t/y$，新增$3.7\times10^7\,t/y$，新投产项目以浮式储存电气化装置(FSRU)为主，主要分布在德国、芬兰、荷兰等欧洲地区。2022年，全球新签LNG长协合同量$9.816\times10^7\,t$，同比增长34.5%，达到历史高位。新签长协呈现目的地条款限制减少、合同期趋长、合同标的量趋小的特点。

1.3 能源危机

1.3.1 能源危机的产生

按照目前的能源的存储量和开发强度推算，世界化石能源平均可开发时间已不足百年。传统化石能源不可再生，此外化石能源的大量开发同时带来了气候变化、环境恶化等一系列严重的问题。人类对能源的需求日益增大，而能源供给的速度比不上需求增长的速度，因此，能源危机的阴影笼罩着整个世界。能源危机是指因为能源供应短缺或是价格上涨而影响经济所形成的危机，这通常涉及石油、电力或其他自然资源的短缺。能源危机通常会造成经济衰退，甚至引发国际政治问题。

能源危机主要是能源供应与能源需求之间的矛盾得不到解决造成的。首先，能源供给中断或产能增长停滞是导致能源危机的主要原因。能源是工业的血液，是战略性基础产业，能源生产具有从投资到形成产能周期长的特点。因此，当其供给出现问题时，供需失衡持续时间较长，对经济社会发展冲击力强、破坏性大，甚至引发全球经济危机。能源结构转型的关键时期也是能源危机的多发期，日本在清洁能源结构转型中过于依赖核电而忽视火电等传统能源，造成2012年日本电力危机。美国加州在推动能源转型中过于依赖可再生能源而忽视了其不稳定性等因素，导致加州电力危机发生。本轮正在发生的能源危机同样处在全球由化石能源向清洁能源的转型期，欧洲在向清洁能源转型方面全球领先，但在2021年极端天气影响下，可再生能源发电减少，使其更多依赖天然气发电，最终导致天然气短缺、价格暴涨。另外，能源生产国与消费国之间、能源生产上下游之间的利益博弈是能源危机发生的

机制性原因。

1.3.2 我国能源面临的挑战

改革开放40多年以来，我国取得了举世瞩目的成就，能源为其提供了重要支撑。与此同时，我国正处于工业化建设的中期阶段，能源供应的保障是经济与社会发展的基础条件，我国能源也隐藏着巨大的危机，面临着巨大的挑战，主要体现在以下几个方面。

1. 油气供需矛盾

(1) 油气资源不足是影响我国能源安全的核心风险，主要表现为过大的能源消费总量和过高的油气对外依存度。过去几十年，我国工业化、城镇化持续推进，经济社会快速发展，人民生活水平显著提高。与此同时，一次能源消费量总体保持快速增长，特别是2000—2005年，年均增速达12.2%；2010年以来，随着能源结构优化和能效提升，能源消费量增速逐步回落；2015—2020年，年均增速降至2.8%左右。早在2009年，我国就已成为全球能源消费量第一大国，2020年一次能源消费总量达3.6×10^9t(油当量)，占全球总量的26.1%，远高于世界其他主要经济体。然而，我国国内能源产量增速特别是油气产量增速却赶不上消费量增速，远远无法满足消费需求，面临严重的资源不足问题。2020年，我国国内原油产量为1.95×10^8t、石油进口量达5.4×10^8t、对外依存度高达73%，天然气产量为1.940×10^{11} m^3、进口量为1.391×10^{11} m^3、对外依存度为41%。随着碳达峰碳中和的推进，未来我国一次能源消费量增速将逐步放缓，但仍然将保持增长态势，预计到2035年，我国一次能源消费总量将达到5.6×10^9t(油当量)，石油、天然气消费量分别占其中的15%和13%，未来相当长一段时期内，油气仍然是一次能源的主体。

我国"富煤贫油少气"的资源禀赋意味着国内油气增产空间有限，未来国内油气供需缺口还有可能持续扩大、油气对外依存度可能继续攀升。目前，我国石油对外依存度已经远超安全警戒线(国际惯例是50%)，天然气对外依存度也即将触碰安全警戒线。除此之外，国内新能源产业发展所需要的锂、镍、钴等战略性资源也严重依赖国外，如我国镍矿石85%以上都依靠进口。这也是能源供应安全的重要风险。

(2) 运输通道和价格风险严重威胁着我国海外能源供应安全。近年来，我国已逐步形成西北、东北、西南陆上及海上四大油气进口通道，但原油进口主要还是依赖海上通道。原油进口来源地区和国家主要包括中东、非洲、亚太、美洲和俄罗斯，根据中华人民共和国海关总署(以下简称国家海关总署)发布的统计数据，2020年我国原油进口量前十位的来源国有沙特阿拉伯、俄罗斯、伊拉克、巴西、安哥拉、阿曼、阿拉伯联合酋长国、科威特、美国、挪威，从以上国家进口的原油数量占我国进口总量的80%以上。除俄罗斯原油(2020年进口量占比为15%)通过陆上管道直接输送外，其余进口原油均通过海运，而且航线漫长、路线单一，特别是超过80%的进口原油都要通过马六甲海峡"咽喉要道"。由此不难看出，各种不利因素严重威胁着我国海外能源供应安全。在能源进口价格方面，尽管1993年中国就成为石油净进口国、2017年又超过美国成为世界第一原油进口国，然而长期以来，我国都是国际能源市场的资源追逐者而非主导者，在国际能源定价机制中缺少话语权，被动接受国际能源秩序、被迫承受"亚洲溢价"。这也是威胁我国能源供应安全的一大风险。

2. 结构性矛盾和发展方式矛盾

(1) 严重失衡的能源结构、粗放低效的发展方式已经成为影响我国能源使用安全、经济安全和治理安全的主要问题。我国第二产业占 GDP(Gross Domestic Product，国内生产总值)比重一度长期高达 40%以上，直到近 5 年才降至 40%以下。2020 年，我国第二产业占比为 37.8%，远高于世界平均水平(27.9%)，以及美国(18.2%，2019 年)、英国(17.0%，2020 年)、日本(28.7%，2019 年)等其他发达国家。高能耗、高排放的第二产业所消耗的能源数量占我国消耗总量的 70%以上。产业结构偏重是造成我国能源消费总量大、单位 GDP 能耗强度大的重要原因。基于“富煤贫油少气”的资源禀赋，长期以来我国能源消费结构呈煤炭“一枝独大”，石油、天然气、新能源占比较少的“一大三小”格局。我国和印度是目前全球仅有的煤炭在一次能源结构中占比长期超过 50%的国家。2020 年，煤炭在我国一次能源结构中占比达 56.6%，是世界平均水平的 2 倍以上、美国的 5 倍以上、欧洲的 4 倍以上；而石油和天然气消费量占比则不足世界平均水平的一半，其中低碳清洁化石能源——天然气的消费量占比仅为世界平均水平的 1/3、不足美国的 1/4；二氧化碳排放总量达 9.899×10^9 t，占全球总量的 30.7%。偏重的产业结构、偏煤的能源结构，已经造成了严重的生态环境危害，制约着我国经济社会的可持续发展。预计到 2060 年，我国一次能源消费结构将由当前的“一大三小”发展为以新能源为主的“三大一小”；但是，在能源结构转变的过程中，考虑到我国国情和经济发展阶段，要稳妥有序地减少化石能源消费量，推动非化石能源逐步补位成为主体能源。

(2) 能源贫乏问题影响我国能源使用安全。能源贫乏是指某个群体无法公平获取并安全使用能源——充足、可支付、高质量、环境友好的能源。虽然我国能源消费总量、碳排放总量均远高于欧美等发达国家和地区，但人均能源占有量、消费量远不及前者。2020 年，人均能源消费量我国为 2.50t，美国为 6.56t；人均石油消费量我国为 0.4t，美国为 2.4t；人均天然气消费量我国为 233.8m^3，美国为 2 509.5m^3。同时，我国区域能源使用水平也存在很大的差异，发展不充分、不平衡的问题依然突出，生活中还在使用薪柴的人口仍有近 1/3，与彻底消除能源贫困的目标之间还存在不小的距离。

3. 能源核心科技自主创新能力不足

经过多年的发展储备，我国在能源科技领域已经具备了一定的优势，风电、光伏、常规油气勘探开发等技术已达到国际先进水平，但整体科技创新水平在全球仍处于局部领先、部分先进、总体落后的水平。较之于世界能源科技强国，与当前我国保安全、转方式、调结构、补短板的能源转型要求相比，我国在能源领域的科技创新能力方面还存在明显的不足，主要表现在以下方面。

(1) 从国外引进的技术较多，立足国情自主研发的原创性、引领性、颠覆性技术偏少，诸如超深层高温高压井筒技术、深层非常规油气压裂改造技术、深水开发装备等，煤炭高效清洁开发利用技术，全产业的地热、氢能、储能等关键核心技术等，都需要加强科技攻关。

(2) 碳减排、碳零排、碳负排“三碳”技术发展总体滞后，难以支撑新能源产业发展壮大。

(3) 一些关键材料、核心部件、专业软件、工程装备仍依赖国外，存在“卡脖子”的风险。

(4) 存在部分科研攻关散而不精、科技创新泛而不深、科研主体多而不强、科技成果碎而不实等科技创新体系弊端。当前，世界各国都在抢占能源科技竞争的制高点、加快推进绿色低碳转型，我国必须立足高水平科技自立自强，加快自主创新步伐，以高质量的科技供给保障能源安全。

1.4 我国新能源产业智慧化发展现状及趋势

随着经济的高速发展，能源和环境的矛盾逐渐凸显出来，成为不可回避的问题。甚至能源的利用问题还可能导致了全球变暖的加剧，引发全球危机。新能源的出现可以规避这些风险，在一定程度上解决人类关心的各类问题，因此无污染和利用可再生能源是实现国家可持续发展的重要战略，同时也是解决人口、资源和环境之间的矛盾的关键方法。新能源是化石能源的最佳替代品，世界各国都在寻找新能源，并寻求新发展，逐步提高新能源在能源消费中的比例，以减少对传统能源产品的依赖，这是当务之急。随着环境问题的日益突出，传统能源转型的问题受到了世界广泛关注，在第七十五届联合国大会一般性辩论上，我国政府明确表态二氧化碳排放力争于2030年前达到峰值，努力争取2060年前实现碳中和。以此为背景，我国将新能源产业作为“十四五”期间的重点工作之一。

1.4.1 太阳能光伏产业

太阳能光伏产业作为新能源产业结构体系中发展较为成熟的产业，在碳中和背景下的规模将进一步扩大，并成为“双碳”(碳达峰碳中和)目标得以实现的重要保证。太阳能光伏产业的发展是我国推动能源结构转型的重要保障，随着环境问题日益严峻，我国通过优化产业结构体系加快太阳能光伏产业的发展，在不断出台保障政策的同时，产业规模不断扩大，相关技术体系日益完善，产业配套更加健全。太阳能光伏产业以替代传统能源结构为最终目标，我国早在2000年就已经在太阳能光伏产业领域进行了前期规划，并通过2002年的“送电到乡”推动太阳能光伏产业在人口密度相对较低、土地资源丰富的乡村发展，从而实现了我国太阳能光伏年装机容量从kW级到MW级的转变。2009年，“金太阳工程”的实施使我国太阳能光伏产业发展进入了“快车道”。随后，《能源发展战略行动计划(2014—2020年)》《国家能源局关于建立可再生能源开发利用目标引导制度的指导意见》《国家能源局关于2020年风电、光伏发电项目建设有关事项的通知》等产业政策持续出台，为太阳能光伏产业发展提供了系统化的保障。我国作为世界光伏产业发展增速最快的国家，拥有世界最大的太阳能光伏产业规模。据统计，截至2020年我国光伏市场累计装机量为253GW，2020年新增装机量为48.2GW，同比增长60%；2020年我国光伏发电量为2 605kW·h，同比增长16.2%，占总发电量的3.5%。由此可以看出，光伏产业发展在传统能源结构转型方面有着较为广泛的需求，同时，作为新能源产业结构中较为成熟和安全的一种，其产业规模在新能源产业中占据较大比例。

目前，我国在太阳能光伏技术领域已经取得了突破，并在部分关键核心技术领域实现了全球领先。技术体系的日益完善为我国太阳能光伏产业发展创造了良好的基础，并实现了以技术为支撑的太阳能光伏产业成本的持续降低，这增加了我国太阳能光伏产业在全球市场中的竞争力。从新能源产业发展的角度来看，太阳能光伏产业的发展能够解决长期以来困扰我国的发展与环保之间的矛盾问题，探索与我国实际情况相适应的“低成本、高效率”的新能源产业模式。然而，基于碳中和理念的相关要求，以及结合太阳能光伏产业发展的实际情况，相关问题也逐渐暴露出来，具体包括以下几个方面。

早期太阳能光伏产业的发展并未引起广泛关注，在缺少资本牵引的情况下，相关基础技术研究较为缓慢，太阳能光伏产业发展对技术迭代的需求相对偏低。然而，随着国家政策的持续出台，太阳能光伏产业进入了快速发展阶段，加速了以光伏为核心的技术研究，新技术在转换效率、安全、成本等方面有了一定的提升，但基于新技术的太阳能光伏产品和系统的推广应用未能考虑与原有太阳能光伏产品之间的适配性等问题，由此导致太阳能光伏产品和系统的生命周期相对较短。在庞大市场规模的牵引下，我国相关企业的关注点放在了现有技术的产业化推广应用方面，却忽略了太阳能光伏产业关键核心技术的创新研究。因此，欧美国家在部分关键核心技术领域依然拥有较为明显的优势，“卡脖子”风险依然存在，基于关键核心技术的自主控制问题依然需要引起足够重视。碳中和背景下的太阳能光伏产业发展需要激发产业链上下游企业的积极性，然而，我国太阳能光伏产业链盈利空间多集中在硅片和硅料的生产环节，即产业链的上游，而对于下游企业来说，其盈利空间相对较小，这对太阳能光伏产业的发展产生了不利影响。受产业链盈利空间的影响，以及资本的趋利本性等，大多数企业将重点放在了产业链的上游，而太阳能光伏产业下游因缺少优势企业的加入而难以拓展其盈利空间，由此导致太阳能光伏产业的“亚健康”状态。

“双碳”理念的提出，改变了我国太阳能光伏产业长期以来所坚持的产业发展模式，在扩大内需的同时，我国太阳能光伏产业应强调，在相关政策的指导下明确技术体系的可持续性，加快关键核心技术自主突破，优化产业盈利空间布局，构建多元化的融资平台，推动我国太阳能光伏产业的健康可持续发展。太阳能产业发展的规范性、科学性能够有效避免因技术迭代导致的成本浪费与产业衔接不畅等问题，政府部门应发挥宏观调控的作用，在不违背市场经济规律的前提下，通过政策、经济等多种方式，实现顶层设计的合理化，并协调相关企业共同规划太阳能产业发展路径，实现技术迭代过程中相关产品和系统的持续利用，减少因技术升级导致产业发展成本增加，进一步释放产业链下游盈利空间。目前，欧美发达国家在太阳能光伏产业领域中的部分关键核心技术领域依然具有明显优势。近年来，我国部分企业追求产业规模，相关资本在产业化应用方面较为集中，由此忽略了关键核心技术的研发。为避免欧美发达国家在技术上对我国太阳能光伏产业发展进行限制，我国相关研究院所、企业方面应加强合作，由企业方面提供资金、数据和验证平台，协同研究院所对太阳能光伏产业领域关键核心技术进行深入研究，并合理分配关键核心技术研究任务，从而加快太阳能光伏产业关键核心技术的自主突破，打破欧美国家在太阳能产业领域的技术垄断，以保证我国碳中和目标的达成。

太阳能光伏产业盈利空间多集中在上游核心元器件的制造方面，而下游装配、运营企业的盈利空间相对较小，这对于太阳能光伏产业发展极为不利。根据碳中和的相关要求，太阳能光伏产业规模应进一步扩大，释放产业链下游盈利空间能够激发相关企业的积极性，这对太阳能光伏产业的发展有着正向促进作用。为实现产业盈利空间布局的优化，政府部门可以通过优化税收结构的方式进行产业利润的二次分配，同时，对处于产业链下游的企业进行补贴。例如，国家在太阳能并网电价方面对相关企业进行补贴，并且各地区根据实际情况对补贴额度进行调整，保证盈利空间的合理化，在推动太阳能光伏产业发展的同时，最大限度地减轻政府财政压力。

在新的历史时期，人类社会发展与环境保护的矛盾始终存在，大量使用传统化石能源带来的环境污染问题已经威胁到人类的可持续发展，太阳能作为一种新能源，通过光伏技术能

够完成太阳能向电能的转化，从而缓解能源紧张和环境污染等问题。“双碳”理论的提出，为我国太阳能光伏产业发展制定了时间表。为实现2060年碳中和目标，太阳能光伏产业将发挥市场牵引的优势，突出政府在政策、资金等方面的作用，在进一步完善产业结构体系的同时，实现太阳能光伏产业的健康发展。

1.4.2 太阳能光热产业

太阳能光热产业横跨“新能源”和“节能环保”两个产业。随着经济全球化进程的加快，国际能源需求与日俱增，能源和环境问题日益突出，全球各国都在积极投入对可再生能源的开发。太阳能热发电(Concentrated Solar Power，CSP)也称光热发电，显现出了优越性，主要体现在：可利用储能技术，通过汽轮机直接输出交流电力，不会增加电网负担，有利于电力系统的稳定；设备生产过程耗能低、污染物少，环境友好性强。

我国太阳能资源丰富。根据我国700多个气象站的长期观测积累资料，青海西部、宁夏北部、甘肃北部、新疆南部、西藏西部的年总辐射量可达1 855～2 333kW·h/m^2，满足了建设大型太阳能的相应辐射资源需求。此外，我国沙漠化土地面积为$1.69\times10^6$$km^2$，其中有$3\times10^5$$km^3$左右的沙质土地，有水力和电网资源，有足够的土地资源发展太阳能光热发电。与国外50多年来光热发电技术的材料、设计、技术和理论研究相比，我国的光热发电技术研究起步较晚，直到20世纪70年代才开始了一些基础研究。“十二五”期间，我国太阳能光热发电产业实现了突破性发展，完成了太阳能光热发电厂的现场踏勘、技术、指南、行业标准等指导性文件。2013年7月16日，青海中控德令哈50MW塔式太阳能热电站一期10MW工程成功并入青海电网发电，标志着我国自主开发的太阳能光热发电技术向商业化运行迈出了坚实的一步，填补了电网空白。截至2017年，我国光热装机容量约18MW，其中纯发电项目总装机容量约15MW。除德令哈50MW塔式太阳能热电站一期10MW光热发电项目的商业规模外，其余项目均为小型示范和试验项目，小于1MW，处于商业规模的早期阶段。

经过国家太阳能光热产业技术创新战略联盟梳理统计，在国家相关政策的指导和支持下，目前在各地政府公布的大型风电光伏基地项目、新能源市场化并网及直流外送等项目名单中(不含企业正在运作或计划建设的项目)配置太阳能热发电项目29个，总装机容量约3.3×10^6kW。这些项目预计将在2023年或2024年前投产。其中，青海省列入名单的光热发电项目9个，光热发电总装机容量1.3×10^6kW；甘肃省5个，光热发电总装机容量5.1×10^5kW；新疆维吾尔自治区13个，光热发电总装机容量1.35×10^6kW；吉林省2个，光热发电总装机容量2×10^5kW。

截至2022年年底，我国太阳能热发电累计装机容量588MW，在全球太阳能热发电累计装机容量中占比8.3%。根据聚光形式的不同，在我国太阳能热发电累计装机容量中，塔式占比约63.1%，槽式占比约25.5%，线菲式占比约11.4%。

太阳能光热发电作为新能源一个不可或缺的组成部分，经过数十年的发展，目前在国外已经进入全面商业化阶段。由于太阳能光热发电无污染，采用常规汽轮机即可发电，加之目前太阳能光热发电系统可以引入熔融盐储热技术，白天储存多余热量，晚间再将熔融盐储存的热量释放发电，可以实现连续供电，保证电流稳定，避免了光热发电与风力发电难以解决的入网调峰问题，所以太阳能光热发电必将作为新能源的新兴产业迅速崛起。

1.4.3　风电产业

风力发电是一种极具潜能的新能源发电技术，其工作方式是通过一定的装置，将风能产生的机械能转化为电能。风电产业作为我国可再生能源体系中的重要组成，其发展一开始就受到高度重视。尽管我国的风电产业发展起步较晚，但在过去的十几年中，在政府政策的支持下，我国风电产业规模和产业技术都取得了较快的发展。

我国的风力发电破冰之旅开始于1986年4月，以我国第一个"引进机组、商业示范性"风电场——马兰风电场在山东荣成并网发电为时代标志。从第一座商业示范性风电场并网至今，已经历了三十多年的发展。自2010年超过雄踞一时的美国，我国的风电装机容量每年稳居全球第一的位置，截至2022年，连续12年成为保持拥有全球最大安装容量的国家。尤其在"十三五"期间，我国风电行业坚持创新、持续突破，于2019年提前完成了"十三五"装机任务，并且酒泉、哈密、百里等大型风电基地建设也基本成形。此外，"十二五"末期我国一度十分严峻的风电消纳形势也随着"十三五"期间一系列政策法规的落实有了明显的改善，弃风电量和弃风率持续多年"双降"。到2020年，我国平均弃风率3%，弃风电量约166亿千瓦时，平均利用率97%，新疆、甘肃等地的弃风率从"十二五"末期超30%显著下降到了10.3%和6.4%。

由于海上风速大、风能稳定，海上风机的年平均利用小时数超过3 000h（高出陆上风机50%左右）并拥有更大的单机容量，因此海上风电与陆上风电相比优势十分明显。然而海上风机受海风、波浪、洋流等多重载荷的冲击，对设备支撑结构和叶片的设计有很高要求，加之海上气候恶劣、复杂多变，海上风机的安装和维护检修难度很大，导致风电成本较高。我国海上风力资源十分丰富，潜力巨大，并且靠近东部负荷中心，就地消纳方便，因此大力发展海上风电将成为我国能源结构转型的重要战略支撑。尽管我国海上风电产业起步较晚，但自"十三五"以来，由于政策引导和技术标准的不断完善，我国海上风电产业取得了长足进步。2019年9月底，实现累计并网容量503.54万千瓦，提前15个月完成"十三五"装机目标。截至2020年年底，累计装机容量约900万千瓦，跃居世界第二位。

在关键技术研发方面，国内首台10MW海上风电机组在福清兴化湾二期海上风电场成功并网发电，刷新了我国海上风电单机容量新纪录（亚太最大，全球第二）。东方电气、双瑞风电连续刷新我国最长叶片纪录，完成了百米级海上风电叶片领域的技术突破。此外，12MW海上半直驱永磁同步风力发电机定子绝缘处理在福建三峡海上风电场完成，标志着我国大功率等级海上风力发电机核心技术取得重大突破。

随着国家"十四五"规划及"碳达峰碳中和"计划的提出，风电产业逐步向更高质量发展水平的台阶迈进。我国是世界"风谷"，作为我国低碳能源体系建设的中坚力量，风电在未来的发展中扮演着至关重要的角色。我国风电产业经历了多年的发展后，技术研发能力不断提升，工程建设经验不断积累，伴随着风电机组大型化、产业链国产化，叠加产业成熟度和规模效应，有望在"十四五"期间迎来黄金发展期。

1.4.4　核能产业

我国首座核电站——秦山核电站于1985年开工建设，1991年并网发电，积累了多年不

间断的民用核能发展经验。截至2020年7月底,我国运行核电机组47台,装机容量4 874万kW,在美国、法国之后居于全球第三位;在建机组13台,装机容量约1 475万kW,多年保持全球首位。2019年,我国核电发电量约占总发电量的4%,相比于全球平均约10%、经济与合作发展组织(OECD)成员国平均约18%的发电量占比水平,仍有较大发展空间。

我国是全球少数几个拥有完整核能产业链的国家之一,在铀资源开发、核燃料供应、工程设计与研发、工程管理、设备制造、建设安装、运行维护和乏燃料后处理、放射性废物处理处置等产业上下游领域均具有较为扎实的能力。在大型核电技术方面,我国成功地从引进美俄法技术、批量化建设二代(加)核电机组中汲取经验,研发、建造了具有自主知识产权的三代核电机组;在四代核能技术方面,高温气冷堆示范工程已在山东石岛湾落地,预计很快将投入商业运行;钠冷商用快堆已开工建设,熔盐堆等第四代核电技术也在开展研究;在设备制造方面,我国已经实现包括主泵等关键设备的自主化;在聚变堆研究方面,我国作为重要成员之一积极参加国际热核聚变反应堆计划,并在关键领域取得了重要进展;在小堆方面,我国正在开展多种技术研究,其中最成熟的小堆技术已经接近工程示范;在核能综合利用方面,我国有多个核电厂应用了海水淡化,海阳核电一期工程已于2019年实现向当地供暖,核能制氢、工业供汽、浮动堆、海上平台及边远地区热电联供等技术也正在研发过程中。

核能作为低碳能源,具有能量密度大、基荷电力稳定、单机容量大、长期运行成本低、可有效提高能源自给率等优势,在全球能源转型中将发挥越来越重要的作用,已成为未来清洁能源系统中不可缺少的重要组成部分。目前我国对核能的应用主要集中在发电领域,"十三五"期间取得了一系列重大成就和技术突破。

此外,以化石能源为主的能源消费结构是导致我国北方地区大气污染严重的主要诱因,尤其是近年来冬季燃煤供热带来的严重雾霾天气,给人们的生活和健康带来了极大的影响。核能供热凭借其几乎不排放温室气体和污染物的优势,成为落实清洁能源战略、解决北方地区大气污染问题的有效策略。核能供热技术一般包括核电机组抽气供热技术和专用低温供热堆技术。在全球能源向清洁低碳转型发展的大背景下,先进核能技术拥有了更为广阔的应用场景。为构建安全高效、清洁低碳的核能体系,我国应全面优化三代压水堆核电技术,保证其始终处于国际领先水平,同时引领四代核电技术的研发,实现技术突破,为2030年之后的核电发展做好技术储备。其次,应加大小型核电模块化技术的研发力度和创新工作,实现先进核能技术的灵活运用,在海洋浮动电站、海水淡化、城市供热、工业制氢等方面发挥重要作用,开创核能多用途的新时代。我国核能产业的发展具有巨大的潜力,能够为规模化替代化石能源、实现多种场景下的供能、优化能源结构提供坚实保障。

1.4.5 生物质能产业

具有碳捕捉和储存性能的生物能源已成为煤炭、石油和天然气之后的世界第四大能源,成为各国化石燃料的重要替代品。生物能源可以被用作家庭燃料,也可提供电网电力、热能和液体生物燃料。生物质是提供生物能源的原料,它从农业或森林废物中提取天然材料、有机废物、动物尸体、农家肥和城市垃圾等。由于我国的生物质储量丰富,政府与从业者也因此尝试研究利用生物质资源发电、供暖,并在近几十年不断取得进展。

作为农业大国,我国有大量农业残留物资源,其中,以农作物秸秆为首。农业残留物是生产生物能源最主要的原材料之一，因为它们易于收集且成本较低。因此，从技术与成本和秸秆资源量的角度看，我国有继续发展生物能源的潜力，未来能源供应中生物能源的占比将继续提升。当前，生物质能在我国的发展呈持续向好趋势，在政府政策和财政激励措施下达后，我国的生物能源正从以作物为基础向非以作物为基础过渡。但是，我国的生物质发电起步较晚且占比较小，政府于 2003 年才陆续批准了有关秸秆发电的项目，相比于世界上从 1970 年就开始启动，我国还需要在该领域持续发展。截至 2020 年年底，全国已经投产生物质发电项目 1353 个，并网装机容量 2.952×10^{7}kW，年发电量 1.326×10^{11}kW·h，年上网电量 1.122×10^{11}kW·h。我国生物质发电装机容量已经是连续第三年位列世界第一。截至 2020 年年底，我国共新增装机 5.43×10^{6}kW，装机容量较 2019 年增长 22.6%。

近年来，在国家政策支持下，生物质发电建设规模持续增加，项目建设运行保持较高水平，技术及装备制造水平持续提升，助力构建清洁低碳、安全高效能源体系，对各地加快处理农林废弃物和生活垃圾发挥了重要作用。生物质能利用对促进农林废弃物和城乡有机废弃物处理、推进城乡环境整治、替代化石能源、减少温室气体排放等具有重要作用，国家也将继续支持生物质能产业持续健康发展。通过对各环节的相关政策支持和补偿，鼓励并探索生物质发电项目市场化运营试点，逐步形成生物质发电市场化运营模式。

1.4.6　新能源汽车产业

在“碳达峰、碳中和”的背景下，绿色发展是大势所趋，“电动化、网联化、智能化”成为我国汽车产业发展的方向。新能源汽车产业属于战略性新兴产业，成长潜力巨大，是新兴科技和新兴产业深度融合的代表，在缓解能源危机、创造新的经济增长点、带动整个汽车产业的转型升级等方面被寄予厚望。

区别于传统汽车，新能源汽车最大的特点是采用非传统化石能源作为燃料驱动汽车前进，或者是采用传统的化石燃料，但是采用非常规的动力布局形式来驱动汽车前进。新能源汽车具备采用新技术、新工艺、新结构的特点。现如今，市场上最常见的新能源汽车主要包括充电式纯电动汽车、燃油电力混合动力汽车、燃料电池汽车和其他新能源汽车。

化石能源的大量使用给自然环境带来了巨大的危害，也让全球能源危机进一步加剧。在这一背景下，为了早日实现碳达峰碳中和目标，内燃机车将会被逐步淘汰，发展新能源汽车产业成为必然。目前，在国家的大力倡导下，我国的新能源汽车产业发展取得了长足的进步，但是，从汽车产业的未来发展来看，我国的新能源汽车产业仍然有很大的发展潜力。早在 2008 年，我国就启动了“十城千辆”节能与新能源汽车示范工程，计划在 3 年内，每年在 10 个城市(每个城市推广 1 000 辆新能源汽车)开展示范运行，助推中国新能源汽车的普及。

2009 年，北京、上海等 13 个国内的大城市率先在公共交通系统中投放了部分新能源汽车，先后增加天津、厦门等城市作为后续试点城市，并开放了私人购买新能源汽车的试点。但新能源汽车高昂的售价，极大地阻碍了其在国内的推广进程。2013 年，在国务院的大力倡导下，国际财政部、科技部、工业和信息化部、国家发展改革委员会共同制定了新能源汽车补贴政策，许多地方政府为响应国家推广新能源汽车的号召，也纷纷出台地方新能源汽车购车补贴政策，很大程度上降低了新能源汽车的购车成本，新能源汽车在国内也得到了一定的发展。有关数据显示，到 2015 年，我国的新能源汽车年销售量就已经超过美国，标志着中国开始成为世界最大的新能源汽车市场。截至 2020 年年底，中国已经拥有新能源汽车超过 500 万辆，并且还

在高速增长中，新能源汽车的发展已经成为我国汽车产业发展的重要方向。

目前，新能源汽车产业发展呈现出以下几个趋势。

（1）市场前景广阔。“绿水青山就是金山银山”，在绿色发展的大趋势下，新能源汽车产业前景可期。预计到2035年，节能汽车与新能源汽车年销售量占比达50%，汽车产业实现电动化转型。业内预测，新能源汽车对于传统企业的代替可能不是逐步的，而是有可能呈现爆发式增长。目前，美国、欧洲和日本都在抢占新能源汽车发展先机，加大对新能源汽车产业的政策指导和补贴。不少国家和地区也出台了禁售燃油车辆的时间表，这等同于给新能源汽车划定了发展赛段。

（2）电动化、网联化、智能化。未来，越来越多的新技术将会从实验室走出去，被应用到汽车行业，改变人们的出行方式。电动化要求电池续航里程更长、更安全、更环保，充电、换电更加便捷；网联化、智能化要求汽车不仅是一个交通工具，也可以成为移动智能终端，逐渐成为支撑构建智能交通、智慧城市的关键要素，车辆、基础设施、运营平台之间将实现互联共享。营平台之间将实现互联共享。

（3）资本密集、技术密集、产业融合。未来，汽车变革中来自软件和电子电气架构方面的比例将加大，汽车电子电气架构持续演进，车载智能计算基础平台将成为竞争焦点。此外，汽车不仅是传统能源的消耗品，也可以作为存储和消纳可再生能源的重要载体，汽车制造、软件设计、硬件生产、能量存储等产业将深度融合。

本章小结

21世纪以来，随着全球人口数量和经济规模的不断增加，能源的过度使用带来的一系列环境问题已经严重威胁到了人类的生存和发展。在此背景下，“低碳社会”“低碳经济”“低碳技术”等概念悄然兴起。低碳经济作为由传统高污染能源向新能源利用转变的一个绿色经济增长模式，其关键在于通过技术创新、产业转型、政策引导等方法来减少高碳能源（煤炭、石油等）的消耗，降低碳的排放，保证能源产业的绿色可持续发展，进而打造经济社会发展与生态环境保护共赢的局面。在日常能源需求与能耗危机的双重压力下，推行更加低碳化、可持续化的能源战略，是维持经济稳定增长和解决环境污染问题的新选择。新能源在代替传统能源，弥补能源短缺问题的同时，可以减少传统能源使用所带来的二氧化碳排放和环境污染问题，对于改善大气环境有很大的帮助。新能源产业作为新兴产业之一，是我国未来能源产业发展的主要方向。在能源需求总量不断增长的过程中，必须不断扩大新能源的比例，使经济发展逐渐向绿色低碳发展转变。

[1] 杨天华，李延吉，刘辉. 新能源概论[M]. 北京：化学工业出版社，2020.

[2] 陈砺，严宗诚，方利国. 能源概论[M]. 北京：化学工业出版社，2018.

[3] 李辉，庞博，朱法华，等. 碳减排背景下我国与世界主要能源消费国能源消费结构与模式对比[J]. 环境科学，2022，43(11)：5294-5304.

[4] DINCER I, ACAR C. Smart energy systems for a sustainable future[J]. Applied Energy, 2017, 194: 225-235.

[5] 童光毅，等. 智慧能源体系[M]. 北京：科学出版社，2022.
[6] 曾鸣，许彦斌，潘婷. 智慧能源与能源革命[J]. 中国电力企业管理，2020(28)：49-51.
[7] LUND H，ØSTERGAARD P A，CONNOLLY D，et al. Smart energy and smart energy systems[J]. Energy，2017，137：556-565.
[8] 冯玉军. 国际能源大变局下的中国能源安全[J]. 国际经济评论，2023(1)：4-5，38-52.
[9] 王安建，高芯蕊. 中国能源与重要矿产资源需求展望[J]. 中国科学院院刊，2020，35(3)：338-344.
[10] 孙远涛，王云龙，朱荣福，等. 新能源汽车技术及其产业发展现状[J]. 内燃机与配件，2022(16)：118-120.
[11] 吕文春，马剑龙，陈金霞，等. 风电产业发展现状及制约瓶颈[J]. 可再生能源，2018，36(8)：1214-1218.
[12] 周希唯，段沛一. 国际能源署发布《2022年世界能源投资报告》[J]. 世界石油工业，2022，29(4)：77.
[13] Statistical Review of World Energy 2022 [EB/OL]. [2022-09-20]. https://www. bp. com/content/dam/bp/business-sites/en/global/corporate/pdfs/energy-economics/statistical-review/bp-stats-review-2022-full-report. pdf.
[14] 刘明亮，卫浩，盖玉龙，等. 中国、美国、欧盟及世界一次能源消费现状与展望[J]. 煤化工，2022，50(2)：1-5.
[15] 赵宏，郑加平，王皓芸. 国际能源危机产生原因、应对措施及其启示——基于历史演进视角的比较分析[J]. 价格理论与实践，2021(S1)：28-31.
[16] GOULD T，王晓波. 加快中国和世界实现碳中和的步伐——《2021年世界能源展望》洞见[J]. 中国投资(中英文)，2022(Z1)：62-65.
[17] 王捷，林余杰，吴成坚，等. 碳中和背景下太阳能光伏产业现状及发展[J]. 储能科学与技术，2022，11(2)：731-732.

1. 什么叫能源？能源的具体分类方法有哪几种？具体怎么划分？
2. 智慧能源的定义是什么？
3. 智慧能源的特征内涵和基本特征各是什么？
4. 智慧能源体系的作用是什么？
5. 智慧能源生态体系与体系架构有什么关系？
6. 我国能源存在哪些问题？应该如何解决？

1. 《能源概论》，化学工业出版社，2018.
2. 《智慧能源白皮书——拥抱数字时代育先机开心局》，2019年。
3. 《智慧能源体系》，清华大学出版社，2020年。
4. 公众号：智慧国家能源，国家能源投资集团有限责任公司。

能源技术基础

【学习目标】

1. 了解传统能源技术与新能源技术的类型及现状。
2. 掌握新能源技术的分类。
3. 了解能源技术的研究进展,明晰传统能源技术与新能源技术的区别。

【章节内容】

经济增长得益于丰富而廉价的能源,而我国“富煤、贫油、少气”的能源禀赋和现有的能源基础设施决定了煤炭在保证我国能源安全稳定供应方面起到“压舱石”作用。第二次工业革命以来,人类进入了工业文明时代。工业发展消耗了大量能源,尤其是化石能源(如石油、煤炭和天然气)。然而,化石能源的消耗造成了严重的环境问题,最终影响了人类健康。巨大的化石能源消耗和严重的污染排放在不断挑战地球的承载能力和可持续发展性。因此,21 世纪以来,人们开始积极开发新能源,促进能源结构转型。

2.1 传统能源技术

2.1.1 清洁燃煤

2020 年,煤炭占一次能源总产量的 67.6%和能源消费总量的 56.8%,煤炭对电力部门尤其重要,约占我国总发电量的 80%。然而,我国的大部分空气污染都是燃煤造成的,其中 90%的 SO_2 排放、70%的粉尘排放、67%的 NO_x 排放均来自煤炭。因此,发展清洁燃煤技术似乎是我国能源的明确战略选择。

清洁燃煤技术是指在煤炭开发和利用的过程中减少污染并提高其利用效率的加工、燃烧及污染控制的技术,是使煤炭的潜能得到最大限度的利用而释放的污染物被控制在最低水平的一种高效、清洁利用的技术。清洁燃煤技术通常意味着比传统燃煤发电(通常具有较高的运行温度和压力)更高效,或者会捕集和封存运营期间排放的二氧化碳。此外,清洁燃煤技术还包括减少局部污染物的技术,如 SO_x、NO_x、颗粒物(PM10、PM2.5)及汞等重金属。在许多司法管辖区使用脱硫,NO_x 还原和洗涤、过滤技术是存在明确的技术标准的。与欧洲和美洲国家相比,我国对清洁燃煤技术的研究开始得相对较晚。美国于 20 世纪 50 年代后期在超临界和超超临界煤粉技术的设计和建造方面处于领先地位,德国于 1965 年开始使用超临界发电厂,日本于 20 世纪 70 年代开始建造超临界工厂,而我国于 20 世纪 90 年代才开始使用超临界技术。

虽然清洁燃煤技术在我国起步较晚,但清洁燃煤技术在过去几十年中取得了较大进展。清洁燃煤技术主要可以分为高效燃烧和先进发电技术、煤炭转化技术、整体煤气化联合循环(IGCC)技术和碳捕集与封存技术。

1. 高效燃烧和先进发电技术

下面将介绍超临界和超超临界技术、循环流化床和烟气脱硫脱硝技术等关键高效燃烧和先进发电技术的发展及现状。

(1) 超临界和超超临界技术。锅炉出口蒸汽参数越高,机组效率越高,但锅炉出口蒸汽参数受金属材料、制造工艺等因素的限制。水的临界状态点的参数为 22.12MPa、374.15℃,因此将锅炉出口蒸汽的参数高于临界状态点的机组称为超临界机组。超超临界是相对于超临界机组的蒸汽参数而言的。目前世界上对超临界和超超临界参数的划分还没有统一标准。不同国家超超临界机组有不同的参数标准。比如,日本提出超超临界机组的标准为蒸汽压力≥24.2MPa,蒸汽温度≥593℃;而丹麦提出超超临界机组的标准为蒸汽压力≥275MPa。尽管如此,国际上普遍认为,在常规超临界参数的基础上压力和温度再提升一个档次,也就是主蒸汽压力超过 24.2MPa,或者主蒸汽温度/再热蒸汽温度超过 566℃,都属于超超临界的范畴。我国对超临界和超超临界系统的研究起步较晚,但近年来发展迅速,超过 150 台容量为 600MW 或以上的超临界或超超临界机组已投入运行或正在建设中。

(2) 循环流化床。流化床燃烧过程有助于发电厂燃烧各种燃料,同时满足严格的污染物排放要求。目前,易于放大生产、低排放能力和燃料灵活性使循环流化床(CFB)成为我国中型(300～450MW)和大型(400～600MW)公用设施机组的重要选择。2006 年,江西首台 210MW CFB 1 025t/h 锅炉成功投入商业运行。CFB 技术转让过程中的一个重要里程碑是白马项目,这是中国第一个大型 CFB。白马电厂隶属于四川白马 CFB 示范电厂有限公司,其主要股东为国家电网和四川巴蜀电力发展公司。该工厂目前作为 300MW 的示范工厂投入运营,其具体目的是证明阿尔斯通具备在我国成功设计和制造大型 CFB 锅炉的能力。阿尔斯通与中国东方锅炉合作供应 CFB,在法国完成的工程和制造由阿尔斯通和东方工厂共享。

(3) 烟气脱硫脱硝技术。燃煤电厂的烟气脱硫系统根据具体的化学反应和流动条件可分为四类:湿式洗涤器、喷雾式干式洗涤器、吸附剂喷射和可再生工艺。湿法烟气脱硫技术因其廉价而丰富的固体硫剂、易于使用的副产品、对煤炭的适应性广及大幅降低工程成本的可能性而成为全球最常用的技术。燃煤电厂产生的 NO_x 因煤种、锅炉尺寸、燃烧技术、锅炉负荷和运行条件而有很大差异。因此,燃煤锅炉 NO_x 的排放控制比其他污染物的排放控制更为复杂。燃煤电厂的主要脱硝技术可分为低 NO_x 燃烧、选择性非催化还原(SNCR)、选择性催化还原(SCR)及这三种脱硝技术的组合。为响应 2012 年颁布的火电厂

大气污染物排放标准(GB 13223—2011),脱硝装置在火电厂中广泛应用,导致燃煤电厂 NO_x 排放量从峰值持续下降。

2. 煤炭转化技术

(1) 气化。气化是通过将原料在高温下与受控量的氧气和/或蒸汽反应,将碳质材料(如煤、石油或生物质)转化为一氧化碳和氢气的过程。气化是从许多不同类型的有机材料中提取能量的非常有效的方法,还可以作为清洁废物处理技术。因此,气化是煤炭转化技术中最重要的环节之一。我国正在发展的主要气化技术有灰分团聚流化床煤气化、无渣和有渣两级夹带流床煤气化、两级干进料夹带流床煤气化、对置多燃烧器水煤浆气化、多料水煤浆气化等。

(2) 液化。自 1993 年以来,石油需求的稳步增长使我国成为石油净进口国,其中石油主要来自中东。由于运输部门能源消耗的显著增长,高速公路运输的显著增长和汽车使用的急剧增长,预计石油需求将大幅增加。出于能源安全原因,应避免大量进口石油,我国应利用其最丰富的资源煤炭,开发替代运输燃料,包括甲醇、二甲醚(二甲醚)和氢气。甲醇是一种重要的化学原料,也可以用作油的替代液体燃料。它不仅提供了替代车辆燃料,还可以用作二甲醚、甲醇制烯烃或甲醇制丙烯工厂的原料。近年来,我国在煤液化技术方面取得了长足的进步。中国煤炭科学研究院、神华集团合作有限公司、中国科学院山西煤炭化学研究所、兖矿集团等都开发了直接或间接的煤液化技术。我国已经掌握核心煤液化技术并开始产业化。

3. 整体煤气化联合循环(IGCC)技术

IGCC 技术是一种用于同时进行电力和化学生产的能量转换系统。该技术的关键能力是从各种碳质原料(如煤、生物质和石油精炼过程中的副产品)中合成多功能化学产品。IGCC 过程涉及在燃气轮机中燃烧合成气,该燃气轮机与联合循环中的蒸汽循环相连,以实现高效发电过程。IGCC 越来越多地被评估为一种潜在的清洁煤发电工艺,与传统煤燃烧相比,它在减少 CO_2 排放方面具有固有的优势。当试图从传统煤燃烧过程中捕集 CO_2 时,整体过程效率会显著降低,称为能量损失。这种能量损失的后果是需要部署大量额外的容量来实现捕集过程,这反过来又需要增加煤炭消耗以实现相同的功率输出。使用 IGCC,CO_2 捕集和封存可以显著降低能量损失,因为大部分气体处理发生在高压下且未被燃烧空气稀释的合成气中。因此,CO_2 的去除过程更为有效、经济。此外,在同等功率输出下,IGCC 工厂的总排放量约为传统煤燃烧工厂排放量的 1/3～1/10。与传统煤燃烧相比,IGCC 还具有额外的环境效益,如用水量减少约 30%,熔渣的可浸出性更低。所有这些都使 IGCC 成为同时解决能源安全和可持续性问题的首选方案,并且文献显示近年来对该技术的关注度越来越高。

4. 碳捕集与封存技术

CO_2 捕集技术有三种:燃烧前捕集、燃烧后捕集和富氧燃烧。关于燃烧前捕集,我国的绿色煤电 IGCC 项目拟从发电效率为 48.4%的 IGCC 发电厂捕集 $2Mt \cdot a^{-1}$ 的 CO_2。该项目的实施计划分三个阶段进行,第三阶段完成后,捕集的 CO_2 将用于提高石油采收率。燃烧后捕集技术是市售的成熟技术,目前我国有三个示范项目正在运行,规模分别为 $3\,000t \cdot a^{-1}$、$10\,000t \cdot a^{-1}$ 和 $100\,000t \cdot a^{-1}$。2011 年年底,3MWt 中试全氧燃烧锅炉投产,年可捕集

CO_2 7 000t，使锅炉 CO_2 浓度降低 80%。2014 年年底，新建一座 35MWt 全氧锅炉包括空气分离装置、锅炉、CO_2 压缩和净化单元，它的运行将提供额外的设计和运行数据及富氧燃烧方面的经验。清洁燃煤技术的主要挑战之一是 CO_2 的封存问题，这在短期和长期都限制了全球范围内大规模的清洁燃煤技术应用。我国盐碱含水层的 CO_2 储存量为 1.19×10^{11}t。然而，这仅能覆盖燃煤电厂所产生的一小部分 CO_2。

煤炭是最丰富的能源，将继续成为主导能源，并在很长一段时间内用于我国的发电。然而，煤炭利用率增加的最关键问题是环境污染。必须发展清洁燃煤技术，在不损害环境的情况下利用煤炭，提高煤炭利用效率。应对气候变化和环境保护的全球举措及中国能源基础设施的快速增长正在为清洁煤炭技术的开发和部署提供机会。

2.1.2 石油炼制与加工

原油加工后，生产汽油、柴油和喷气燃料等石油产品，这些产品为汽车、卡车、飞机和其他形式的运输及农业、建筑和制造业中使用的设备提供低成本燃料。石油工业由三个主要部分组成：第一部分是勘探和生产部门（上游）；第二部分是炼油和营销部门（下游）；第三部分通常被称为中游，由用于运输原油和石油产品的基础设施组成。

炼油厂主要通过蒸馏过程将原油转化为石油产品，该过程根据沸点范围将原油分离成不同的馏分。一桶原油可以生产不同数量的汽油、柴油、喷气燃料和其他石油产品，具体取决于炼油厂的配置和正在精炼的原油类型。通过增加专用设备可以优化炼油厂，以生产更大比例的特定类型产品或使用不同等级的原油。目前，石油炼制行业的四项关键技术分别是集成流化床催化裂化（FCC）、催化加氢处理、残留物升级和润滑油生产。

（1）催化裂化。这项技术自 20 世纪 40 年代问世以来，一直是用于提高汽油和柴油等轻质组分产量的最常用技术。基于催化裂化工艺，特别是 FCC 系列技术和新型催化剂已经不断发展。虽然我国的 FCC 或残余物 FCC(RFCC)装置生产约 80%的汽油和 30%的柴油，但它们的进一步发展正面临着重型原料供应增加和对石油炼油产品更严格法规的挑战。我国正在优先开发 FCC 和 RFCC 相关技术，以提高汽油、柴油和轻质烯烃的产量，并减少汽油、柴油中硫和烯烃的含量。

（2）催化加氢处理。催化加氢处理包括加氢裂化和加氢处理，是石油炼制行业最大的技术家族之一。虽然使用不同的原料和工艺配置，但加氢处理技术的共同目的是提高馏分油（石脑油或渣油）或石油产品的质量。加氢裂化包括馏分油升级、高压加氢裂化和轻度至中度加氢裂化。加氢处理包括各种石油产品的脱硫、石脑油中芳烃的饱和，以及催化重整或催化裂化原料的预处理。

（3）残留物升级。自 20 世纪 90 年代以来，由于对中间馏分油的需求增加和对高硫燃料油的需求减少，残留物升级对炼油厂变得越来越重要。正在进一步开发残留物升级工艺，如 RFCC、焦化和残留物加氢裂化，以便从残留物中提取更多的轻质组分。RFCC 被认为是升级残留物的主要技术，但被归类为催化裂化子领域。焦化是处理高含硫残留物的另一种主要工艺。一些最有潜力的残留物加氢裂化和加氢处理技术是加氢脱硫、加氢脱氮和加氢脱金属。可用的商业技术包括雪佛龙专利的固定床 ARDS/VRDS(大气/真空残留物脱硫)工艺，IFP(法国石油、天然气研究中心)专利的 H-Oil 沸腾床工艺和 Hyvahl 固定床工艺，

ABB鲁玛斯集团专利的LC澄清(沸腾床)和壳牌专利的Hycon工艺(移动床)。残留物升级技术的选择取决于原料的加工难度,需考虑的因素包括原料是大气残留物(AR)还是真空残留物(VR),原料中金属和残留碳的量及所需的转化水平。

(4) 润滑油生产。润滑油和沥青等特种产品通常来自特定的原油。润滑油通常由原油中的真空瓦斯油/残渣范围材料制成。理想的基础油应优先含有石蜡和/或环烷烃和芳烃。中石油现在是我国最大的润滑油生产商和供应商,因为该公司拥有丰富的资源(如大庆油田的石蜡原油和克拉玛依油田的环烷原油),适合生产高黏度指数或低凝固点的高品位润滑油基础油。润滑油生产是中石油炼油领域最具竞争力的业务之一。

石油是我国第二大能源。2019年,我国炼油工业的产能占全球总量的17.1%,而石油能源消费占能源消费总量的20.8%。石油炼油行业污染严重、能源密集,与当前严重的环境问题密切相关。以前的研究表明,炼油行业在节能减排方面具有巨大的潜力。对石油炼制行业清洁生产指标体系的研究可以帮助工厂管理者和政策制定者更准确地把握工厂的清洁生产水平。其中,碳排放体系也有助于碳中和总体目标的实现。

2.1.3　可燃冰

天然气水合物俗称可燃冰,是天然气与水在适宜条件(通常为低温高压)下形成的一种冰状物质,其主要化学成分是甲烷。天然气水合物在低温和高压下保持稳定,通常分布于永久冻土区、海底和湖泊沉积物中。目前,已在70多个国家和地区发现了可燃冰,至少有30个国家和地区对其进行了研究。据不完全统计,全球可燃冰储量约为$2.1\times10^{16}m^3$,是已知剩余天然气储量的130倍,总有机碳资源相当于全球已知化石能源碳含量的2倍。可燃冰是国际公认的石油和天然气替代能源,被誉为“未来能源”和“21世纪能源”,其丰富的储量可供人类使用至少1 000年。在我国,天然气水合物的储量丰富,约为常规天然气储量的两倍,是优化能源结构、缓解能源短缺最具前景的清洁能源之一。近年来,我国十分重视天然气水合物的开采。2007年5月,我国成功获得天然气水合物实物样品,成为继美国、日本和印度之后第四个能够提取天然气水合物实物样品的国家。2013年,天然气水合物开发生产发展规划列入“国家863计划项目”,加快相关研究。一般来说,天然气水合物的研究在我国起步较晚,但发展迅速。2020年,我国完成商业化生产的初步准备工作,包括采矿技术和海底天然气水合物评估。我国将于2021—2035年进行海上商业生产试验,2036—2050年进行大规模海洋商业生产。

迄今为止,世界各国已在多年冻土区和深水区成功进行了多次可燃冰试采,初步验证了热激发法、减压法、化学试剂注入法、CO_2置换法、固体流化法等可燃冰主要开采方法的技术可行性,并实现了成功试采和商业开矿。

(1) 热激发法。在这种方法中,天然气水合物储层被直接加热到高于其平衡温度,这有利于天然气水合物分解成水和天然气。加热方式经历了从热流体直接注入天然气水合物、火驱和井下电磁加热到微波加热的发展过程。该方法可实现循环注热,并能快速发挥作用。加热方式的不断改进,加速了热激发法开采的发展。但是,这种方法还没有解决热利用效率低的问题,只能局部加热,需要进一步改进。

(2) 减压法。通过降低压力可以促进天然气水合物的分解,即可通过物理方法对可燃冰进行减压以达到分解的目的。减压的具体方式主要有两种:①用低密度泥浆钻孔;②抽空天然气水合物储层下方的游离气体或其他流体(如果有)。减压法无须连续励磁,成本低廉,适用于广泛开采,特别是开采储层中含游离气体的天然气水合物储量,是传统天然气水合物开采方法中最具发展前景的技术。但对天然气水合物储量的性质有特殊要求。只有当天然气水合物储量位于稳态压力平衡边界附近时,它才是经济可行的。

(3) 化学试剂注入法。该方法是将生理盐水、甲醇、乙醇、乙二醇、甘油等化学试剂注入天然气水合物储层,破坏天然气水合物的平衡条件,从而推动其分解。该方法虽然初始能量投入少,但存在化学试剂成本高、对天然气水合物储层作用慢、环境问题明显等缺陷,因此相关研究较少。

(4) CO_2 置换法。该方法以天然气水合物稳定带的压力条件为基础。天然气水合物需要具有比 CO_2 更高的压力才能在特定温度条件下保持稳定。因此,当 CO_2 气体注入天然气水合物中,会使可燃冰在特定的压力范围内分解,而 CO_2 会与分解产生的水反应,形成稳定的 CO_2 水合物。

(5) 固体流化法。固体流化法是直接收集海底的固体天然气水合物并拖到浅水进行控制分解。该方法后来演变为组合开发法。具体而言,首先将天然气水合物原位分解为气液混合相,收集含有气液固水合物的混合泥浆,然后倒入海上服务船或生产平台进行处理,以促进天然气水合物完全分解。南海可燃冰埋深小、胶结作用弱、易去碎裂,非常适合固体流化法的使用。因此,该方法一经提出就引起了我国许多学者的研究兴趣。据悉,我国于2017年5月首次采用固体流化法在南海北部试产成功,获得气体 $81m^3$,纯度高达99.8%,证明了固体流化法开发浅层非成岩可燃冰的可行性。

但总体而言,可燃冰开采研究仍处于探索阶段,尚无能够经济有效开采可燃冰的技术方法或方法组合,距离实现可燃冰开采还有很长的路要走。

2.1.4 电能转化与存储技术

与可储存的商品市场不同,电力市场依赖供需的实时平衡。虽然当今大部分电网可以在没有存储的情况下有效运行,但具有成本效益的电能转化和存储技术可以使电网更加高效和可靠。电能转化与存储是指将来自电力网络的电能转换为可以存储的形式以在需要时转换回电能的技术。这样的技术使得电力能够在低需求、低发电成本或间歇性能源生产时生产,并在高需求、高发电成本或没有其他发电手段可用时使用。根据电能转化后的能源形式可以将电能存储技术分为物理储能、电磁储能和化学储能三大类型。其中物理储能包括抽水蓄能、压缩空气储能和飞轮储能等;电磁储能包括超导、电容器和超级电容器等;化学储能包括铅酸、镍氢、锂离子和液流电池等。下面主要介绍抽水蓄能、压缩空气储能、飞轮储能、电池储能、超导储能、(超级)电容器储能。

(1) 抽水蓄能(PHS)。PHS是使用最广泛的大规模电能转化与存储的技术。抽水蓄能系统通常由两个位于不同海拔的水库、一个将水泵送到高海拔的单元(在非高峰时段以水力势能的形式储存电力)及一个涡轮机(在高峰时段将水返回低海拔时的势能转换为电能)组成。显然,储存的能量与两个水库之间的高度差和储存的水量成正比。一些高坝水电站具有存储能力,可以作为PHS调度。地下抽水蓄能,使用被淹没的矿井或其他空腔,在技术上也是可行的。公海也可以用作下层水库。PHS是一种成熟的技术,具有体积大、存储周期长、效率高、单位能源资本成本相对较低等特点。由于蒸发和渗透少,PHS的储存期可以从通常的几小时到几天甚至几年。考虑到蒸发和转换损失，用于将水泵入高架水库的 71%～85%的电能可以恢复。PHS 的典型额定功率约为 1 000MW(100～3 000MW)，PHS 设施继续以每年高达 5GW 的速度在全球范围内安装。PHS 的额定功率是所有可用的电能转化与存储技术中最高的，因此它通常用于能源管理、频率控制和储备供应。PHS 的主要缺点是两个大型水库和一个或两个水坝的可用地点稀缺，较长的交货期(通常为 10 年左右)、建筑和环境问题(例如，在水库被淹没之前从大量土地上移除树木和植被)及高成本(通常为数千至数亿美元)。

(2) 压缩空气储能(CAES)。CAES 是除 PHS 外唯一能够提供非常大的储能交付能力(单个单元超过 100MW)的商用技术。图 2-1 是 CAES 技术示意图。它由五个主要部件组成。

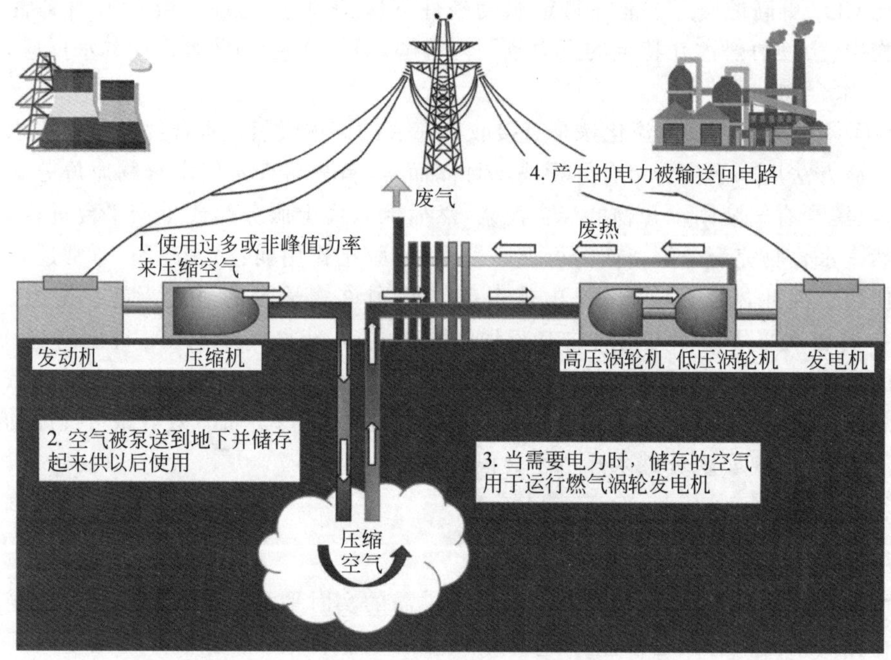

图 2-1　CAES 技术示意图

① 电机/发电机，使用离合器为压缩机或涡轮机组提供交替啮合。

② 两级或多级空压机，带有中间冷却器和后冷却器，以达到压缩的经济性，降低压缩空气的含水量。

③ 涡轮机系列，包含高压和低压涡轮机。

④ 用于储存压缩空气的空腔/容器，可以是通过挖掘相对坚硬和不透水的岩层形成的地下岩洞、通过溶液或干法开采盐层形成的盐洞，以及由水形成的多孔介质储层。承压含水层或枯竭的天然气或油田，如砂岩和裂隙石灰。

⑤ 燃料储存和热交换器单元等设备控制和辅助设备。

CAES 系统设计用于每天循环，并在部分负载条件下高效运行。这种设计方法允许 CAES 装置从生成模式快速切换到压缩模式。受益于 CAES 的公用事业系统包括那些在日常周期中负载变化很大，并且成本随发电水平或一天中的时间而显著变化的系统。此外，CAES 工厂可以响应负载变化以提供负载跟踪，因为它们旨在维持频繁的启动/关闭周期。与传统的中间发电机组相比，CAES系统还具有更好的环境特性。CAES具有相对较长的存储周期、较低的资本成本和高效率等特点。CAES系统的典型额定功率为50～300MW。这比除PHS以外的其他存储技术要高得多。其存储期可以超过一年，由于损失非常小，除PHS外，比其他存储方法更长。CAES的存储效率为70%～89%。CAES设施的资本成本取决于地下存储条件，通常在每400～800美元/kW。与PHS类似，实施CAES的主要障碍也是对有利地理位置的依赖，因此，只有附近拥有岩矿、盐洞、含水层或枯竭气田的发电厂才在经济上可行。此外，CAES不是一个独立的系统，必须与燃气轮机工厂相关联。它不能用于其他类型的发电厂，如燃煤、核能、风力涡轮机或太阳能光伏电站。更重要的是，燃烧化石燃料的要求和污染排放使CAES的吸引力降低。因此，一些改进的CAES系统被提出或正在研究中，包括具有制造小型容器的小型CAES、具有热能存储（TES）的高级绝热CAES（AACAES）和加湿压缩空气存储（CASH）等。

（3）飞轮储能。飞轮被用来储存能量已经数千年了。飞轮储能在非高峰时段通过电动机/发电机系统为飞轮供电，并在高峰时段通过飞轮的转动惯性释放能量，以旋转质量的角动量存储能量。飞轮系统的总能量取决于转子的尺寸和速度，额定功率取决于电动发电机。图2-2所示为一个典型的飞轮储能系统，它由一个飞轮组成，该飞轮以非常高的速度旋转，以在给定的约束条件下实现旋转动能的最大存储；一个提供高真空环境的密封系统（10^{-8}～10^{-6}大气压力），以最大限度地减少风力损失并保护转子组件免受外部干扰；轴承组件为飞轮转子的支撑系统，以及用于操作飞轮以存储能量或按需发电的功率转换和控制的系统。

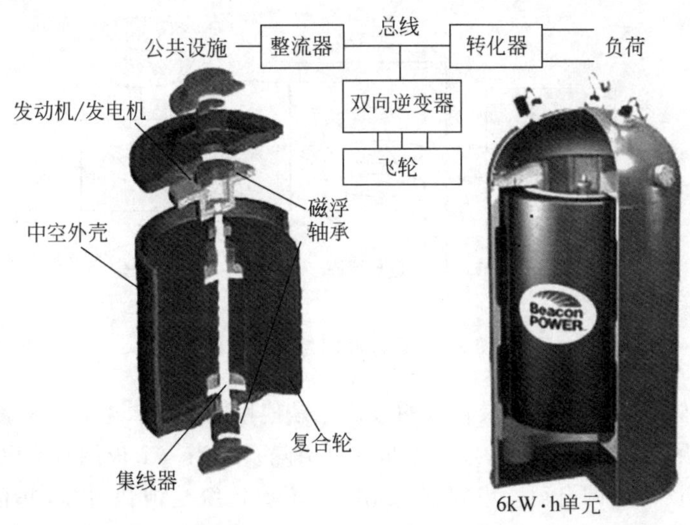

图2-2　飞轮储能系统示意图

飞轮相对于电池的主要优势在于它们具有较长的使用寿命，能够提供数十万次完整的充放电循环。飞轮的效率很高，通常为90%～95%。飞轮的应用主要是高功率/短时应用（如100kW/10s）。飞轮常可用作应急电源、稳压电源等，凡是在需要电能瞬时快充快放的场合，飞轮储能都可以发挥作用。MW级飞轮还可用于通信设施和计算机服务器中心等对电能质量敏感的客户的无功支持、旋转备用和电压调节，使用磁悬浮轴承时持续时间可达数十分钟。与其他电能转化与储存系统相比，相对较短的持续时间、高摩擦损失（风阻）和低能量密度限制了飞轮系统在能量管理中的应用。

(4) 电池储能。可充电/二次电池可以化学能的形式存储电力,是最古老的电力存储形式。电池由一个或多个电化学体系组成,每个电化学体系由液体、糊状或固体电解质及正极(阳极)和负极(阴极)组成。在放电过程中,两个电极发生电化学反应,产生通过外部电路的电子流,并且这种反应是可逆的,允许通过在电极上施加外部电压对电池进行充电。电池在某些方面非常适合电能存储应用。它们可以非常快速地响应负载变化,并接受第三方电源,从而提高系统稳定性。电池通常具有非常低的待机损耗,并且具有60%~95%的高能效。短交货时间、便捷的使用方法及该技术的模块化有助于二次电池的构造。然而,由于能量密度低、功率容量小、维护成本高、循环寿命短和放电能力有限,大型公用事业电池存储一直很少见。此外,大多数电池含有有毒物质,因此,必须始终考虑电池处理处置过程对生态环境的影响。正在使用和/或可能适用于公用事业规模储能应用的电池包括铅酸电池、镍镉电池、钠硫电池、钠氯化镍电池和锂离子电池。

(5) 超导储能(SMES)。SMES是目前唯一已知的将电能直接存储到电流中的技术。它将电能存储为直接电流,并通过由超导材料和圆形制成的电感器(线圈)无限期地循环,损耗几乎为零。SMES也可用于将能量存储为电流产生的磁场。为了保持电感器处于超导状态,需要将其浸入充满液氦的真空绝缘低温恒温器中。通常,导体由铌钛制成,冷却剂可以是4.2K的液氦或1.8K的超流体氦。如图2-3所示,SMES系统通常由三个主要组件组成:超导单元、低温恒温器系统(低温冰箱和真空绝缘容器)和电源转换系统。SMES线圈中存储的能量可以通过 $E=0.5LI^2$ 计算,其中 L 是线圈的电感,I 是通过它的电流。

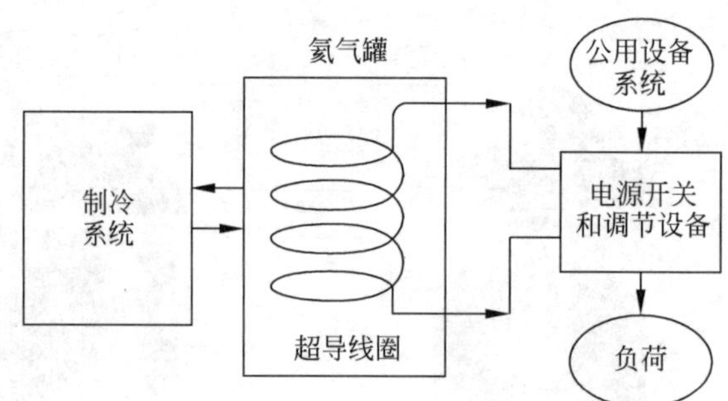

图2-3 超导储能系统示意图

(6) 电容器储能。存储电能最直接的方式就是使用电容器。电容器一般由两块金属板组成,两块金属板之间由被称为电介质的非导电层隔开。当一个板用直流电源充电时,另一个板将感应出相反符号的电荷。电容器的充电速度比传统电池快得多,并且可以高效循环数万次。常规电容器已被开发用于夏季每日峰值负载不到1h的小容量。然而,传统电容器存在的主要问题是能量密度低。如果需要大容量,则电介质的面积必须非常大,这使大电容器的使用很不经济,并且通常很麻烦。

电化学电容器/超级电容器的最新进展使其比传统电容器具有更大的电容和能量密度。超级电容器通过两个固体导体之间的电解质溶液而不是电极之间更常见的固体电解质布置来存储能量。电极通常由多孔碳或另一种作为导体的大表面积材料与水性或非水性电解质制成。由于活性炭的表面积非常大,并且由于极板之间的距离非常小(小于1nm),因此使用超级电容器可以实现非常大的电容和能量存储。超级电容器的储能能力比传统电容器高出大约两个数量级(10～100 倍数)。

与飞轮类似，电容器的主要问题是持续时间短和由于自放电损耗而导致的高能量耗散。因此，电容器主要用于电能质量应用，如穿越和桥接，以及公共交通系统中的能量回收。另外，虽然小型电化学电容器发展良好，但能量密度超过 $20kW \cdot h/m^3$ 的大型单元仍处于发展阶段。

尽管目前市面上有各种可用的电能转化与存储系统，但没有一个存储系统能够满足所有要求——成熟、寿命长、成本低、密度高、高效率及对环境无害。每个电能转化与存储系统都有一个合适的应用范围。比如，PHS、CAES、大型电池、液流电池、燃料电池、太阳能燃料和 TES 适用于能源管理应用，而飞轮、电池、电容器和超级电容器更适用于电能质量和短时供电。

2.2　新能源技术

新能源是指可以利用新技术开发的可再生能源，本书中涉及的新能源主要有地热能、生物质能、核能、海洋能、氢能、风能及太阳能等。与传统的化石能源相比，新能源具有低污染排放及可持续性的优势。新能源技术是指所有与新能源的开发和利用相关的技术。通常，新型能源技术具有以下特点：①资源随时可用，通常具有可再生性，可供人类可持续利用；②具有能量密度低、开发利用空间大；③分布广泛分布有利于小规模分散利用；④其高波动性的间歇性不利于连续供电；⑤除水电外，可再生能源的开发利用成本高于化石能源。随着全球变暖的加剧，新型能源技术受到越来越多的关注。随着科学技术的飞速发展，在低碳经济的背景下，新型能源技术进入了快速发展期，已成为实现人类社会可持续发展的支柱。

2.2.1　太阳能技术

太阳能是地球取之不尽、用之不竭的自由能。太阳能技术是指能够采集、利用转化太阳能的手段或者方法。与传统的化石能源相比，太阳能资源优势十分明显，太阳能清洁安全、分布广泛且储量丰富。每年能辐射到地球表面的太阳能资源相当于 130 亿吨标准煤完全燃烧释放的能量，相当于全世界每年消耗的能源总和的 2 万倍以上。因此，太阳能技术有望改善全球因化石能源消耗而带来的能源和环境问题。

1. 太阳能分布

太阳辐射穿过大气层到达地面的过程中，纬度、昼夜变化、气候和地理变化等在很大程度上决定了穿过地球大气层的太阳流入强度。地球大气层接收的平均太阳能量约为 $342W/m^2$，其中约 30%被散射或反射回太空，留下约 70%的能量可用于收获和捕获。地球上阳光最充足的地方在非洲大陆，澳大利亚的每平方米太阳辐射量是各大洲中最高的，拥有世界上最好的太阳能资源。据报道，在澳大利亚大陆，日太阳辐照度相对较高，在非洲北部和南部的沙漠地区、美国西南部、墨西哥邻近地区和南美洲太平洋沿岸地区也有相近水平的太阳辐射。我国地处北半球亚欧大陆的东部，主要处于温带和亚热带。因此，我国大部分地区的太阳能辐射资源也很丰富，太阳能利用前景非常广阔，青藏高原的年辐射总量达到 $9\times10^9 J/(m^2 \cdot a)$。据估算，我国的陆地每年能接受到的太阳能资源总量相当于 1.7×10^{12} t

标准煤完全燃烧释放出来的热量。

2. 太阳能利用技术

通过对太阳能资源进行收集、储存与分配，可以直接实现太阳能资源的利用，无须转化为任何其他形式(如用于发电)。这种利用太阳能的形式通常被称为被动式太阳能利用技术。主动式太阳能技术则是通过系统收集太阳辐射并使用机械和电气设备(如泵或风扇)将太阳能转换为电能和热能等。

(1) 太阳能发电技术。太阳能发电技术主要通过太阳能捕集系统收集太阳能，并转化成热能，再把热能转化成机械能，最终转化成电能，如图 2-4 所示。常见的太阳能发电系统有两种类型：一类是利用反射镜或集热装置将太阳能聚集起来，通过加热水或其他介质，形成蒸汽或者热流推动涡轮发电机完成发电；另一类是将聚集的太阳光和热直接发电。太阳能热发电站有四种：塔式电站、碟式电站、槽式电站、碟式和线性菲涅耳式电站。

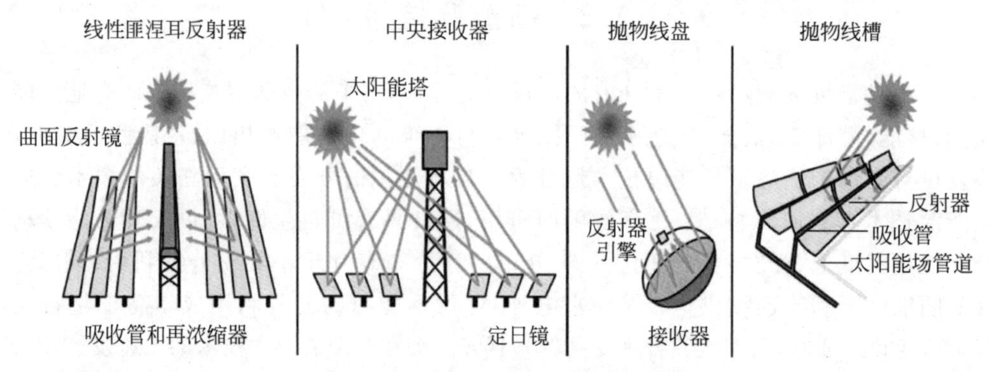

图 2-4 主要的太阳能捕集系统示意图

(2) 太阳能光伏技术。光伏转换是将太阳能直接转化为电能的技术。光伏转换的设备坚固耐用且设计简单，几乎不需要维护。其最大的优势是它们作为独立系统的构造，可提供从微瓦到兆瓦的输出。因此，它们被用于电源、抽水、远程建筑、太阳能家庭系统、通信、卫星和航天器、反渗透工厂，甚至是兆瓦级的发电厂。如此广泛的应用对光伏的需求每年都在增加。光伏发电系统由多个组件组成，如电池、机械和电气连接和安装件，以及调节和(或)修改电输出的装置。这些系统连接到一个大型独立电网，并将电力并入电网。在太阳能光伏转化的整个运营生命周期中，产生的化学废弃物较少，公众接受度总体良好。当光伏装置安装在屋顶建筑物上时，视觉影响可能是微不足道的，而对于安装在居住区附近的植物来说，视觉影响可能很重要。尽管光伏装置的能量密度低、间歇性高且生产成本相对较高，但在大多数国家，存在有利的法律框架。因此，光伏转换技术是全球发展最快的行业之一。

(3) 太阳能供暖技术。太阳能供暖技术是利用太阳能集热器吸收太阳辐射，将其转化为有用的热量，并传递给工作流体的技术。目前，常用的太阳能集热器分为非集中式和集中式两大类。集中式太阳能集热器由一个反射面组成，将太阳辐射聚焦到一个较小的区域，常见的类型有复合抛物线、抛物槽、线性菲涅耳反射器和抛物面碟式。其中，复合抛物线集热器是一种可以集中入射到孔径上的漫射辐射的直接部分和主要部分的集热器；抛物槽集热器由一个反射抛物槽组成，它将直接太阳辐射集中到一个由真空玻璃盖包围的管状接收器，只有直接辐射被集中，因此必须使用单轴太阳跟踪系统，该系统确保在高工作温度下具有更高的效率，但其特点是安装和维护成本高；线性菲涅耳反射器更经济可行，其制造成本更低，结构更简单，旋转高压部件更少。抛物面碟式集热器由一个凹面镜组成，它将直接太阳辐射集中在一个单点接收器中，并使用一个不断跟踪太阳的两轴太阳跟踪系统。非集中式太阳能集热器的拦截区域与吸收区域重合，包括平板和真空管两类集热器。平板式集热器由一个吸收器板组成，该吸收器板与将热量从吸收器传递到工作流体的通道集成在一起。为了最大限度地减少热量损失，将绝缘材料放在底部，并在顶部放置一个透明的盖子，从而通过适当的盖子选择来确保低辐射排放。通常使用玻璃，因为它对入射太阳短波辐射的透射率高达 90%，而对吸收体发出的长波辐射的透射率低。这种集热器的维护要求非常低，工作温度(30℃～80℃)相对较低，但适用于空间供暖和生活热水，广泛应用于家庭供暖。真空管集热器由被真空管包围的热管组成，可减少热能损失，并通过使用选择性涂层确保在阴天和寒冷条件下的更好性能。

(4) 太阳能制冷技术。太阳能制冷技术是利用太阳能集热器与辅助加热单元，将热量输送到热驱动空气压缩机组以产生冷冻水，实现制冷的技术。太阳能制冷技术可分为太阳能电力、热力和联合动力/冷却循环三大类。大多数太阳能电力制冷系统是可以独立运行的；热电系统利用珀尔帖效应使两种半导体材料产生温度梯度。当直流电流通过一对(或多对)n 型和 p 型半导体材料时，一个导体的温度降低并从其周围空间吸收热量。热量通过 n 型和 p 型半导体从冷侧传递到热侧，然后热量被排出到外部。如果电流方向反转，热流方向也反转。与传统的蒸气压缩循环相比，热电冷却缺乏循环液体，且成本高、效率低。但是热电设备不含氯氟烃，潜在泄漏非常低，是一种十分环保的冷却技术。热电可用于冷却电子设备、冰箱和空调。热电设备可以用于军事、航空航天、仪器的特殊应用、医药和工业；联合动力/冷却循环技术可以实现将机械能量转化为热能(有用的冷却)。冷却循环分为四个过程，在环境温度下，压缩过程的动力由外部电源提供，如供电的电动机来自主电网电力或太阳能通过光伏电池。当压缩和膨胀活塞处于左边的位置时，压缩活塞向右移动。当两个活塞向右移动时，热气进入蓄热室。压缩活塞向右移动，而膨胀活塞固定，气体膨胀发生在膨胀空间(等温膨胀)，热量被冷热吸收交换器，并变得更冷。冷气体从空调空间或机器中吸收热量，气体吸收热量并恢复到环境温度。整个循环一般需要大空间，因此初始成本高。但运行泵和风扇的电力消耗非常少，依靠废弃能源或太阳能来提供所需热能发电，因此运行成本非常低，而由于没有运动部件，噪声低或振动非常小，且热电不需要制冷剂，因此对环境影响小。

3. 太阳能技术的优点及局限

太阳能蕴含巨大的能量潜力，理论上完全能够满足全世界的电力需求。同时，太阳能是可持续的、可再生的，所以不需要考虑太阳能最终可能会耗尽的风险。目前，全世界面临着全球变暖所带来的各种困扰，包括极端天气的频繁出现，各种环境问题及自然灾害。而发电厂(尤其是燃煤电厂)是温室气体的重要来源，约占所有人为排放的 25%。太阳能发电过程(包括制造、安装、运营和维护)中相关的温室气体排放量极少。因此，通过用太阳能替代煤炭和天然气发电已成为当前全球变暖危机最可行的解决方案之一。太阳能被认为是一种无污染、可靠、清洁的能源。与其他能源不同，它的使用不会伴随有害气体(如 C/N/S 的氧化物和/或挥发性有机化合物)和颗粒物(如烟灰、炭黑、金属和颗粒物)的排放。燃气发电厂的化石燃料燃烧排放已被指控导致神经损伤、心脏病发作、呼吸问题、癌症等。因此，用可再生能源替代化石燃料可以最大限度地减少过早死亡率、工作日损失,并降低医疗保健的总体成本。此外,化石燃料发电厂的运行需要大量的水,以对当前的缺水问题产生重大影响。在干旱和热浪期间,有限的水可及性通过限制发电厂的发电来阻碍发电。另外,太阳能装置产生的电力不需要水来运行,不存在燃料副产品或放射性废物储存要求。

与机械化和资本密集型的化石燃料技术相比,太阳能技术被认为是劳动密集型技术。太阳能行业需要雇用兼职或全职工人,从事制造、安装和销售工作。平均而言,与化石燃料相比,太阳能每单位电力生产可以创造更多的就业机会。此外,负责太阳能供应链系统的行业也将受益匪浅,而一些不相关的本地企业(由于商店和餐馆营业时间的延长)也将有助于整体收入的增加。此外,当地太阳能项目将使资金在当地经济中流通,从而节省目前用于从其他地方进口化石燃料的大量资金。从经济角度来看,由于税收优惠、消除电费、增加财产价值和高耐用性,太阳能在多种方式上都是有益的。

近年来,太阳能技术的效率大幅提高,同时成本稳步下降,预计成本将进一步下降。随着太阳能市场的成熟和越来越多的公司利用太阳能经济,太阳能的可用性在持续快速增长。虽然太阳能技术的优势十分明显,但是该技术也存在明显的局限性。首先,太阳能的不均匀分布是限制太阳能技术广泛应用的最重要因素。太阳能技术的高效使用需要太阳能的持续、稳定供应。在全世界大多数地方,太阳能充足的天气或气候条件是不可持续的。因此,太阳能不是最可靠的能源来源。同时,太阳能利用系统的初始安装成本高,且大规模利用太阳能通常需要大片土地。通常,一个带有晶体电池板的 1MW 太阳能电站(效率约为 18%)将需要约 4 英亩(16 187m^2)的土地面积。安装区域的空气污染水平也会影响太阳能电池的有效性。暴露在废气和气溶胶中会使硅太阳能电池的电流降低。此外,大多数家用太阳能电池板的效率为 10%～20%,这是太阳能技术的另一个缺点。电池寿命短和废电池的安全处理是太阳能系统的另一个问题。电池通常又大又重,因此需要很大的存储空间。此外,太阳能电池板是由稀有或贵重金属(如银、碲或铟)制成的,而回收废旧电池板的设施不足。与系统维护相关的因素,如缺乏熟练劳动力,以满足太阳能发电系统安装、维护、检查、维修和评估日益增长的需求,也是另一个制约因素。

通过提高太阳能利用系统的转化效率,降低太阳能利用系统的成本,降低占地面积等,太阳能技术将是满足未来能源需求的最佳选择之一。

2.2.2 风能技术

1. 风能利用技术发展概述

风能是地球上广泛存在的另一种可再生的、清洁的、环境友好型能源。风能只占地球总能量的小部分。人类很早就开始了对风能的利用。例如,古埃及人利用风力沿尼罗河推进船只。到公元前 200 年,我国使用了简单的风车抽水。直到 20 世纪初,风力才被用来提供机械动力,用来抽水或碾磨粮食。在现代工业化初期,波动的风能资源被化石燃料发动机或电网所取代,后者提供了更稳定的电源。20 世纪 70 年代初,随着第一次油价冲击,人们再次对风力发电产生了兴趣,开发了第一批用于发电的风力涡轮机。此后,这项技术逐步得到改进。到 20 世纪 90 年代末,风能重新成为最重要的可持续能源之一。利用风能进行发电过程中不会产生有毒气体,并且只需要很少的土地面积。

2. 风力发电技术

风能可以直接用作机械动力，也可以通过将风能转换为电能间接使用。任何风能系统中最重要的部分都是风力涡轮机，它将风能转换为可用于各种应用的机械功率。第一台用于发电的风力涡轮机是在20世纪初开发的。到20世纪80年代初，风力涡轮机技术逐步商业化。尽管风力涡轮机技术一直在逐步改进，并在风力涡轮机设计方面取得了显著进步，但是主流设计的架构变化很小。

现代风力涡轮发电机有水平轴风力涡轮机和垂直轴风力涡轮机两种类型，如图2-5所示。和垂直轴风力涡轮机相比，水平轴风力涡轮机具有更高的效率和能量输出，在大多数风电行业中占据主导地位。风力涡轮机通常由叶片、转子、杆塔、齿轮箱和发电机组成，其工作原理是风力推动空气转化成力，形成机械能，最终转化成电能。涡轮机的设计和尺寸在发电中起着至关重要的作用。风力涡轮机研究的两个主要目标是提高风力的捕获能力和降低成本。目前，商用风力涡轮机的额定功率从几千瓦到兆瓦。涡轮机的直径是一个重要参数。最近的趋势是大型涡轮机，因为更长的叶片从更大的区域扫风，产生更大的输出能量。当空气流过任何表面时，它会产生两种类型的气动力：一种是气流方向的气动力(称为阻力)；另一种是垂直于气流的气动力(称为升力)。其中一个或多个力可用于产生旋转叶片所需的驱动扭矩。涡轮机的转子由类似飞机机翼的大叶片组成，通常的涡轮机转子由三个叶片组成，但两个叶片涡轮机也可以正常工作。转子叶片尺寸非常大。机舱位于涡轮机塔架顶部，连接在转子上，包含的主要技术部件有转子轴、齿轮箱和发电机。机舱通过轴承连接到风塔，并能够根据风向旋转利用最大风能。齿轮箱的转速通常低于100r/min，但大多数发电机需要1 000～3 600r/min才能发电。因此，齿轮箱用于实现低转子速度转换为较高速度，使发电机运行。发电机将转子的机械能转换为电能。风塔的目的是将转子放置在高空，以捕获更多风能。此外，控制器、风速计、热交换器和风向标是风力涡轮机中的其他重要部件。控制器是一个计算机操作系统，控制涡轮机的运行，热交换器冷却发电机，风速计测量风速，风向标检测风向。

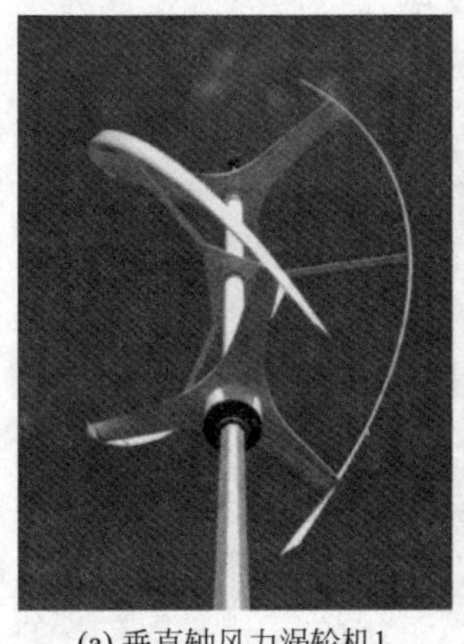
(a) 垂直轴风力涡轮机1

(b) 垂直轴风力涡轮机2

(c) 水平轴风力涡轮机

图2-5　风力涡轮机

根据风力涡轮机在不同区域的应用情况又可以将风力发电分为陆上风力涡轮发电和海上风力涡轮发电。陆上风力涡轮发电是将涡轮机安装在陆地上，通常塔架高度为50～

100m，转子直径为50～100m。风力涡轮机设计的总体趋势是增加塔架高度和转子叶片长度。高塔架和长叶片的组合允许风力涡轮机安装在风能潜力低的地区。现代涡轮机的转子和轮毂组件速度为12～20r/min，远低于20世纪80年代安装的涡轮机(组件速度为60r/min)。因此，现代涡轮机能够在更低的风速下有效地发电，且这些涡轮机的发电能力显著提高。如今，风暴控制技术使风力涡轮机即使在非常高的风速条件下也能运行。陆上风力涡轮发电厂的规模通常为5～300MW。海上风力涡轮发电是将风力涡轮机安装在海岸以外的区域。与陆地相比，海上风的流动速度更快、更均匀。海上站点有能力建立具有更大风力涡轮机的大型发电厂。海上风力涡轮机通常比陆上风力涡轮机具有更多的额定容量值。此外，世界上最大的城市一般位于沿海地区，因此可以避免更长距离的电力传输。例如，美国53%的人口分布在沿海地区。充足的海上风能资源有可能满足美国许多主要沿海城市的能源需求，如纽约和波士顿。美国拥有丰富的海上能源站点，但目前没有建设海上发电系统。海上涡轮机技术与陆上涡轮机技术有着惊人的相似之处，最显著的区别是地基的设计，它需要浮动和/或其他特殊的地基来解决水下塔淹没的问题。主要的海上风力涡轮机的基础类型包括浮式结构。如今，许多制造商正在开发用于更深水域的浮动涡轮机。

3. 风力发电技术发展方向

由于风速的随机性，风能转换系统产生的风能波动剧烈。电力波动会引起电网频率波动、有功功率波动、电网母线电压闪变等严重问题，这样就会产生电力系统质量差和不稳定的问题，现已提出各种功率平滑方法来解决这些问题。大多数方法都是基于储能系统，如电池、飞轮。然而，储能系统的成本很高，因此，无须储能系统的低成本电力平滑方法是未来的趋势。风力涡轮机通常位于偏远地区，容易受到极端环境的影响，这些因素不仅增加了运营和维护成本，而且因风能转换系统的停机时间而降低了风电的可用性。为了使风电能与传统电力技术竞争，一个关键问题是关注降低运行和维护成本、提高风能转换系统的可用性。实现这种改进的一种有效方法是应用故障诊断，这是容错控制的要求。在风能转换系统的故障诊断领域，近年来提出了几种通用的方法。随着风力发电在电网和海上风力发电中的比重越来越大，未来风能转换系统的故障诊断将变得越来越重要。由于意外成本高昂，所以有必要开发可靠的风能转换系统。风能转换系统中使用的功率转换器，尤其是满量程转换器，具有与半导体或控制电路故障相关的高故障概率。随着具有全尺寸变流器的现代风力涡轮机的日益普及，变流器的容错性变得越来越重要，可提高系统可靠性。容错转换器旨在内部故障发生后维持其操作，直到可以安排维护操作，现已提出各种拓扑来赋予标准三相转换器容错能力。风能转换系统中更有效的容错拓扑结构和控制方法有待未来研究。

海上风电已成为最具发展潜力的可再生能源之一。与传统的陆上风能转换系统相比，收获海上风能转换系统的成本较高。由于与大电流、低压电缆相关的刚度和重量，机舱到海的电缆也确实成为一个问题。然后必须将变压器放置在机舱中，这将推动机舱重量进一步增加。因此，无变压器发电机或转换器在大型海上风能转换系统的情况下是有益的。近年来，研究者已经提出了几个概念来增加没有配电变压器的风能转换系统的输出电压，更有效的概念可能会在未来实现并应用。为了增加风力涡轮机的电流和电压能力，使用了转换器的并联连接，这对应支路数量的增加，因此导致使用多相发电机。多相结构提供模块化的优势，对制造过程、组装、运输和维护产生直接影响。此外，多相机的容错能力优于传统的三相机。当多相机器的一个或多个阶段发生故障时，机器仍然可以使用剩余的健康阶段继续运行，而无须额外的硬件。因此，多相发电机在未来的风能转换系统中具有很大的应用潜力。

2.2.3 磁流体发电技术

1. 磁流体发电技术概述

磁流体(MHD)发电技术是一种根据法拉第感应定律，在电场作用下通过发电机内的导电工作流体(等离子体)产生电动势，将工作流体的焓能直接转换为电能的技术，如图 2-6 所示。MHD 发电是一种很有前途的高效能量转换技术，为了提高 MHD 发电的效率，必须提高用作工作流体的磁流体动力学等离子体的电导率。传统上，在大多数情况下，通过向惰性气体中加入少量具有低电离电势的碱金属来产生种子等离子体。与涡轮发电机不同，使用 MHD 发电时，发电机不包括任何移动机械部件。因此，热约束被放宽，工作气体可以在更高的温度下工作，从而保证更高的发电效率。以惰性气体为载气、非平衡等离子体为介质的非平衡磁流体发电大致可分为种子等离子体发电和无种子等离子体发电。在种子等离子体 MHD 发生器中，将种子(碱金属)添加到 2 200～2 400K 的惰性气体中，通过电离提供电导率，从而表现出更高的效率。

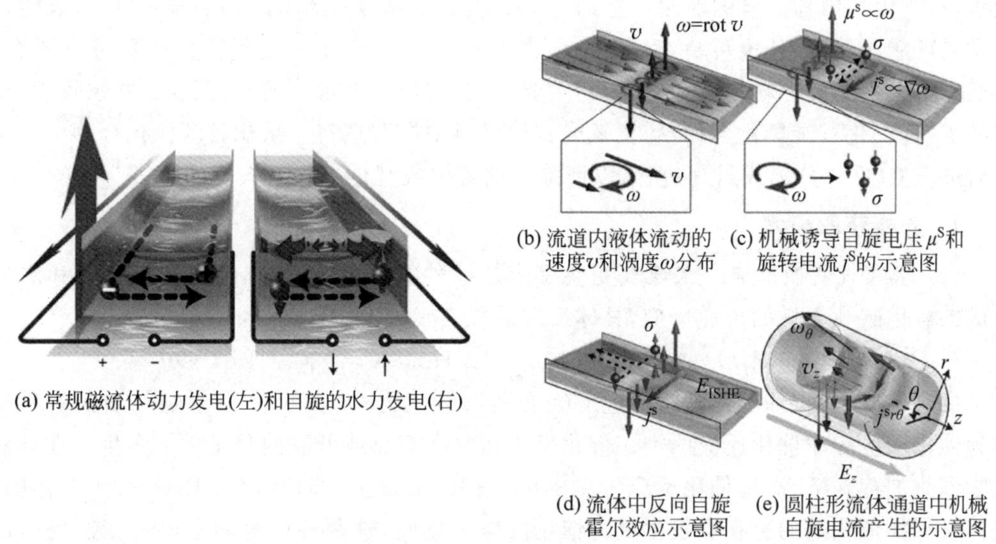

(a) 常规磁流体动力发电(左)和自旋的水力发电(右)

(b) 流道内液体流动的速度v和涡度ω分布

(c) 机械诱导自旋电压μ^S和旋转电流j^S的示意图

(d) 流体中反向自旋霍尔效应示意图

(e) 圆柱形流体通道中机械自旋电流产生的示意图

图 2-6 磁流体发电示意图

2. 磁流体发电技术现状

目前，各发达国家和发展中国家均积极开展磁流体发电技术的研发与创新。其中，欧美和亚洲的部分发达国家已经研发并推广了开式循环磁流体发电技术。开式循环 MHD 发电机是一种具有高热力学效率的高工作温度热机。但由于发电机焓提取最多为 30%，因此工作温度必须保持在 2 300K 以上，气体才能导电，实现开式循环磁流体发电过程。与传统的电机不同，MHD 发电机在再生布雷顿循环中运行，输出电力而不是机械轴功率。MHD 发电机具有电磁涡轮机的性质，其中导电气体(即等离子体)流过施加的磁感应场，该磁场抵抗

感应的洛伦兹力而膨胀，从而将热能直接转换为电能。由于MHD循环高温单元中不涉及机械运动部件，因此MHD发电机具有热力学优势，即最高工作温度不受材料机械强度的限制，而是受高温和高热通量环境的兼容性的限制。等离子体驱动的MHD发生器有两种基本类型：一种涉及使用由碱性化合物（如碳酸钾）接种的燃烧产物，另一种涉及惰性气体，该惰性气体在陶瓷卵石或空心砖型高温热交换器中加热，并接种碱金属（如铯蒸气）。前者和后者分别构成开放循环MHD发电系统和封闭循环MHD发电系统。由于高碰撞频率和每次碰撞的能量传递，燃烧等离子体中的电子和重气体颗粒处于热平衡状态，而它们应该在惰性气体等离子体中与升高的电子温度处于热不平衡状态，以便在相对较低的气体温度下保持足够的导电性。这是通过在闭合循环MHD发电中电子和气体原子之间相对较低的碰撞频率下的欧姆加热实现的。我国的磁流体发电技术起步于20世纪60年代。受我国资源禀赋的影响，我国磁流体发电燃烧介质以煤炭为主体，在发展液态金属作为发电媒介的发电技术方面近年来才逐步兴起。

2.2.4 氢能技术

1. 氢能技术概述

氢能是21世纪最具发展潜力的新能源，氢气无毒、重量轻、能量密度高，燃烧后产物仅为水，不产生污染物。氢的能量产量约为122kJ/g，是碳氢燃料的2.75倍。因此，氢能技术的发展对能源保障、环境可持续发展、减缓温室效应、优化城市空气质量等具有重要意义。自然界中发现的许多材料都含有氢，它主要存在于盐水（海水）、河流、雨水或井水等中，也可以从生物质、化石碳氢化合物、硫化氢或其他材料中提取氢气。从化石碳氢化合物中提取氢气后进行CO_2的分离或封存过程，以消除温室气体或其他气体对大气的污染。

2. 氢能获取技术

（1）水煤气变换反应。水煤气变换反应是一种氧化还原反应，涉及一氧化碳和水分子形成二氧化碳和氢气的可逆反应，具体反应过程表示如下：

$$CO + H_2O \longrightarrow CO_2 + H_2 \qquad \Delta H298K = -41.1kJ \cdot mol^{-1} \tag{2-1}$$

放热反应表明，降低温度将促进CO和蒸汽转化为CO_2和H_2。水煤气变换的反应可分为催化反应和非催化反应两类。催化反应通常在高温或低温两种条件下发生。在铁铬氧化物催化剂存在下，高温催化反应将在300℃～500℃发生。同时，在210℃～250℃范围内，铜锌氧化物催化剂的存在会发生低温催化反应。然而，这两种传统的水煤气变换反应催化剂都是非环境反应，连续运行稳定性低。

（2）变压吸附技术。目前，这种分离的完成是通过成熟的变压吸附（PSA）技术在其假设边界附近运行的。来自该提取的剩余气体可以燃烧或回收。还可以将合成气转化为含氧化合物和碳氢化合物，将它们升级为可重整或液体转化燃料，从而制造用于燃料电池实施的氢气。制氢过程中形成的二氧化碳的去除是通过封存和捕获技术完成的。可以通过开发针对氢气制造和分离过程的所有阶段的先进和新技术来降低成本，这些技术目前正在相关平台中构建。随着环境问题和能源需求的增加，研究集中在能源载体替代技术的开发上。特别是，氢被认为是一种环境友好的燃料，有可能替代目前使用的化石燃料，是解决环境问题的重要物质。

(3) 化学循环技术。化学循环技术(CLT)的一个著名过程被命名为化学循环燃烧(CLC)。CLC 是一种不常见的燃烧，该过程涉及两种类型的反应器的使用，同时需要具有循环反应的金属氧化物。CLC 的系统可如图 2-7 所示，第一个反应器称为燃料反应堆(FR)，颗粒物质在这里将被还原成 CO_2 和 H_2O，具体的化学氧化过程如等式(2-2)所示。

$$(2n+m)M_xO_y + C_nH_{2m} = (2n+m)M_xO_{y-1} + mH_2O + nCO_2 \tag{2-2}$$

第二个反应器称为空气反应器(AR)，接收来自 FR 的氧化产物，与 O_2 反应。AR 中的反应如等式(2-3)所示。随着氧气在两个反应器的不断融合，在两个反应系统中均可以形成最终产品 H_2。

$$M_xO_{y-1} + \frac{1}{2}O_2 = M_xO_y \tag{2-3}$$

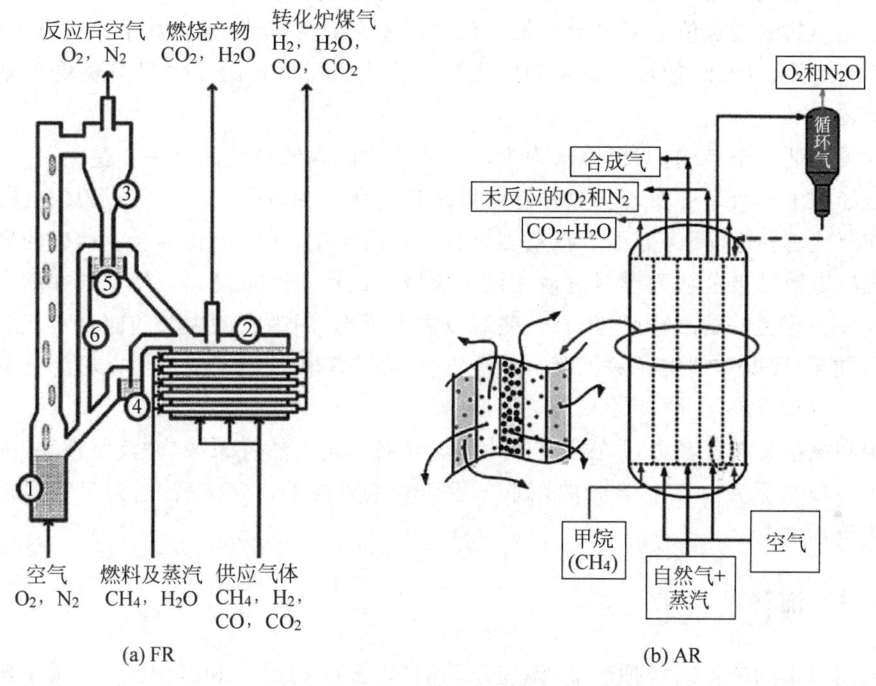

图 2-7　FR 和 AR 中的重整器示意图

(4) 蒸汽甲烷重整。氢气生产涵盖二氧化碳或蒸汽的重整、自热重整(ATR)及部分氧化重整(POX)等转化碳氢化合物化石燃料的方法。如今，全球 80%～85%的 H_2 生产是通过使用天然气蒸汽甲烷重整(SMR)实现的。SMR 系统由重整器、反应器和热交换器组成，它们用于不同的目的以产生纯化的 H_2。SMR 工艺首先从甲烷的脱硫工艺开始。脱硫后的甲烷在 970～1 100K 的温度范围内催化重组形成合成气。SMR 的初始过程是吸热的，需要高温来维持整个过程。为了保持反应器中的持续供热，天然气在熔炉中通过变压吸附(PSA)燃烧。因此，整个过程中将存在一氧化碳和二氧化碳。

(5) 热化学水分解。水分解反应是指水分子分解的连续循环，它通过过渡反应经几个系列的化学反应阶段发生，以产生纯 H_2 和 O_2。理想情况下，这个过程只需要电力供应，这意味着将高度依赖热能。该制氢技术具有氢气和氧气的分离不需要使用膜、只消耗低电压

等优点。水分解过程的循环可以分为两个主要循环，或者单独使用热能(纯热化学循环)，或者混合热化学循环，其中涉及使用热能与另一种形式的能量(如光子和电)之间的结合。水可以直接从太阳能或核反应堆的高温加热，水分子分解成 H_2 和 O_2 的过程可以一步完成。然而，由于混合热化学循环所需的热量消耗太高，这些步骤转向循环到一个以上的循环，记录在低于 2 000℃的温度下进行。

3. 氢在相关行业的应用

氢有可能被用作其他燃料的发动机的替代燃料，其广泛的可燃性提供了良好的发动机功率。与轻量级相比，高密度的液态氢利用价值更高，而低密度的氢气不受液体反应性的影响。就储存能力而言，氢气比液氮更受青睐，因为当储存在高压储罐中时，气体分子可以节省空间，这与对制冷装置要求较高的液态形成对比。燃料的燃烧只能以汽化或气态进行，氢气在非常低的温度下达到气态。闪点是燃料产生足够蒸汽以在空气中形成火焰的温度，存在点火源。燃料的闪点值低于其沸点值。低温可能会减少汽化，表明如果没有点火源，燃料火焰将不会持续。因此，预计氢基发动机比使用其他类型燃料的发动机需要更少复杂的点火和启动设备。

氢气具有低污染结构，并已被选为汽车行业主要能源的替代品之一。毫无疑问，许多能源系统已经在电动汽车中实现。氢基能源系统在消费者中占据首位，因为它具有许多优势，特别是在节能、高效和环保方面。在众多燃料电池汽车中，通过电化学反应产生的聚合物电解质膜燃料电池已被公认为燃料电池在汽车领域中最伟大的系统。虽然氢气在燃烧过程中不会排放任何有害的副产物，但仍有一些观点需要考虑，因为它的生产和储存对氧气存在高度反应，可能导致爆炸作用。除了燃料电池汽车，在汽车相关市场上也可以看到带有氢气的内燃机。

英国利兹市公布了其通过在管道中使用氢气而不是天然气来成为“氢城市”的战略。日本宣布了一项总额为 400 亿日元的东京奥运会实施氢技术，将氢气输送到工业规模的燃料电池为建筑物供电。

2.2.5 海洋能技术

海洋能以不同的形式包括热能(温差)、动能(以潮汐的形式和波浪)、化学能(来自海洋的化学物质)和生物能(海洋生物质)存储在海洋中，是可替代化石燃料的另一种重要新型能源。通过海洋能技术实现海洋能的利用是一种新型的能源利用手段。

1. 海洋能潜力

(1) 潮汐能。潮汐能最早在十多个世纪前的欧洲被用于驱动谷物磨坊，而目前主要转化为电力使用。潮汐能产生的功率与表面积和水位差的平方大多呈线性关系。潮汐能技术可分为三类。第一类是潮差技术，主要是指使用拦河坝(水坝或其他屏障)从高潮和低潮之间的高度差中获取能量。为利用潮差发电使用了一些新方法，包括建设潮汐泻湖、潮汐礁、潮闸，低水头潮汐拦河坝等。第二类是潮流利用技术。该技术和潮差技术的主要区别是涡轮机。第三类是混合应用技术，是一种具有许多潜力的潮差技术，其设计和部署可以与新建设的沿海基础设施的规划和设计相结合。潮汐能潜力的大小取决于海洋的涨落水位。除了海滩，范围为 4～12m 的小潮和大潮可以产生 1～10MW/km 的电力。1920 年，英国是第一个提出利用潮汐能发电的国家。目前，全世界只有少数潮汐发电厂在运行。

（2）波浪势能。季风和广阔海域的结合产生了海浪，在强风和暴风的作用下，通过相互作用产生了无序和混乱的局部波场，最终导致从风暴区传播的一系列更规则的涌浪，产生巨大的波浪能。据估算，海浪电流的全球技术潜力约为500GW（转换效率为40%）。大波浪能资源遍布全球。在南半球，涌浪一般向东北方向传播；在北半球，涌浪向东南方向传播，导致每个盆地的波浪周期由西向东上升。澳大利亚和新西兰的南部海岸线是最适合开发波浪能的地方，因为它们全年都有波浪能。受传输距离的限制，波浪能收获的电力一般在各国沿海地区使用。

（3）海洋温差势能。海洋表面的热盐水和800～1 000m深度的冷海水之间的温度梯度可以通过海洋热能转换技术产生巨大的能量。温暖的盐水被用来产生蒸汽（作为工作流体），驱动涡轮机。另外，冷水冷凝蒸汽并保证蒸汽压差足以驱动设备。东南亚国家周边热带地区温差最大，这些国家在应用海洋热能转换技术方面具有更大的潜力。

（4）盐度梯度势能。盐度梯度功率能量通常是当河水流入大海时，由两种流体（最常见的是淡水和盐水）之间的盐分含量差异产生的能量。全球范围内，盐度梯度发电的全部技术潜力预计约为647GW，相当于5 177TW·h的年发电量（2011年全球电力容量为5 456GW）。这种潜力未考虑对盐度梯度部署的任何生物学或法律限制，加拿大、哥伦比亚、德国、荷兰和挪威是对取水的生态和法律影响进行广泛研究的国家。由于来自废水和海水淡化设施的废物流通常比周围的海水具有更高的盐浓度，所以这些应用的技术和经济可能性很大。每体积盐水产生的能量会更大，总成本会更低。

2. 海洋能利用技术

（1）潮汐能利用技术。潮汐能有两种不同的形式：潮差（电位）和潮流。第一种是拦河坝利用海平面的周期性上升和下降，从潜在的水位差中提取能量，类似于水力发电。第二种是以类似风力发电的方式使用当地潮流。该技术使用潮汐涡轮机等潮汐能转换器来提取流动水的动能。

涨潮和涨潮之间的水位差异产生的势能可以通过潮差装置收集。潮差能量是可预测的，它主要受周期性星体和月球、太阳和地球的重力控制，从而形成可预测的双周、双年和年度周期。大多数潮汐发电厂基本上起源于潮汐拦河坝。从作业方式上，潮汐拦河坝可分为单向退潮、单向洪水和双向退潮。潮汐拦河坝可以引导机械能，而涡轮机可以从潮汐流中获取能量。随着流体流动并撞击涡轮机的叶片，产生不同类型的力：升力使叶片向上移动，而阻力使叶片向另一个方向移动，升力和阻力的结合产生扭矩。最后，扭矩使转子围绕其轴线旋转以进一步转化为电能。目前的潮差项目在使用现有水坝或综合体的情况下具有显著优势，这与近年来水质改善有关。与潮汐能发电厂相关的最大问题是拦河坝和水坝的高建设成本。此外，它还可能对环境产生重大影响，如原始特征的变化、潮汐冲刷制度的改变及水生栖息地的减少。因此，采用潮汐涡轮机实现潮差能的利用和转化是一个有前景的方向。

近年来，潮流技术在商业化方面取得了巨大进展。目前正在开发近40种新设备，有少数已在英国水域进行了全面测试。潮汐流或潮汐流技术中的动能被转换为可用能量（电能）。潮流能量转换器可分为水平轴潮流涡轮机、横流或垂直轴潮流涡轮机和其他非涡轮机设备。平行于（水平）或垂直于（垂直）水流的叶片分别用于具有水平轴或垂直轴的潮汐涡轮机。涡轮机的设计类似于风力涡轮机，然而，由于水密度增加，叶片更小并且移动更慢。根

据现有的潮流项目评估，水平轴涡轮机占所有涡轮机的 76%，而垂直轴涡轮机占 12%。其他非涡轮设备由多样化的设计概念组成，包括振荡水翼、潮汐风筝、颤振叶片、水力风险设备和压电设备等。

(2) 波浪能利用技术。海浪基本上是由海面上吹来的风产生的，可以直接从表面波中提取海浪能量，也可以利用波浪下的压力波动来提取海浪能量。波浪能最初转化为机械能，机械能进一步转化为电能。常用的波浪能转换器包括柱状式震荡转化器、振动体转换器、越顶式转换器及波激活体转换器等。其中，柱状式震荡转化器可将截留的空气保持在水柱上方。当波浪接近时，它迫使柱子像活塞一样上下移动，导致水上升和下降。此外，空气被吸出腔室，然后被吸回。最后，水通过转子叶片引导并驱动空气涡轮发电机组，结果产生了能量。这些系统的显著优势在于它们的简单性(没有移动部件，除了空气涡轮机)和可靠性，但是其性能相对较低，因此，需开发新的控制技术和涡轮机理念，以提高发电性能。振动体转换器通常利用发生在深度超过 40m 的深海中的较强波浪，其系统更加复杂，尤其是它们的动力输出系统，通过将液压油缸系统将浮体的摆动(直线或角)运动(或两个运动体之间的相对运动)转换为液体(水或油)的高压，液压马达(或高扬程水轮机)在液压回路的另一端运行发电机。蓄能器系统可以消除往复活塞(或多个活塞)提供的高度可变的液压动力，从而实现更稳定的电力生产。平滑效果与蓄能器体积和工作压力成比例增加。由于大多数振动体转换器都是浮动设备，因此它们具有体积小且用途广泛的优点。越顶式转换器由漂浮或附着在地面上的水库结构组成，所收集的水的高度高于海平面(相当于微型水力发电厂)，使用普通的低水头水轮机将势能转化为电能。这个系统的主要好处是它的基本概念：它可以储存水，然后在水满时通过涡轮机；当波相互作用驱动浮体时，波激活体会提取能量。波激活体设置为部分浮动配置，其中设备与主要波浪方向对齐。浮体遵循通过波的轮廓，当波穿过波激活体时，机芯能够通过液压或机械传动将动能转换为电能。浮体使用万向节牢固地连接成阵列，万向节固定并允许物体移动。该系统设计简单，转化效率有明显提高。

(3) 海洋热能利用技术。海洋热能转换系统可以持续地利用海洋表面和海洋深部之间的温差产生的能量。当温差达到 20℃及以上时，使用海洋热能转换系统可以实现从海洋表面到更深处的温差热能转化为电能。海洋热能转换系统有多种形状和尺寸，包括开式和闭式循环系统，可用于海水淡化系统，为通风和浇水提供冷水，为海洋养殖提供营养丰富的水，还可为电网供电。闭式循环海洋热能转换电力系统比开式循环系统需要更小的涡轮机，因为它们在更高的压力下运行。温暖海水的温度使闭式循环系统中的工作流体蒸发，然后蒸汽通过涡轮发电机膨胀，产生能量。膨胀的蒸汽进入冷凝器，冷海水在冷凝器中冷凝蒸汽，然后由锅炉给水泵加压以完成循环。具有低沸点的工作流体，如氨、氯氟烃、氢氯氟烃和氢氟烃，是闭环系统中的理想流体。然而，这些流体大多数都是温室气体或者对生物有不同程度的毒性，因此，可选择的工作流体成为限制其发展的重要因素。温盐水直接用作开式循环海洋热能转换系统中的工作流体。在蒸发器中，温暖的海水在部分真空下被闪蒸。然后蒸汽通过涡轮膨胀，在与凉爽的海洋接触时冷凝之前产生能量。最后，任何剩余的凝析油和不凝气都会被挤压和排出。可用于开式循环系统的两种冷凝器为直接接触式冷凝器和表面冷凝器。直接接触式冷凝器将凉爽的海水喷射到水蒸气上，使不同温度的流体直接接触，因此既经济又高效。表面冷凝器在热水和冷水之间使用了屏障，因此表面冷凝器更昂贵且更难维护,但是它提供淡水作为副产品。开式循环系统的缺点之一是它们容易受到空气泄漏的影响,并且在部分真空下运行时会刺激形成不凝性气体。因此,加压和释放这些气体的过程会消耗能量。此外,由于蒸汽密度低,需要更大的体积流量来产生单位功率。

(4) 盐度梯度能量利用技术。盐度梯度能量通常称为蓝色能量,是20世纪50年代最初发现的一种能量。作为一种可替代的可持续能源,盐度梯度能量具有诸多优势。它通过混合两种不同浓度的盐溶液产生的吉布斯能量发电。海底和地表水流运动会导致全球盐度变化,在各种盐度盐溶液混合的情况下,如当淡水流入大海或排放工业盐水时,可以获得基于盐度梯度的电力。据预测,仅河口就具有2.6TW的全球能源潜力,约占全球能源需求的20%,超过了全球电力消耗(2.0TW)。常用的盐度梯度能量利用技术有压力延迟渗透技术和反向电渗析技术。在压力延迟渗透系统中,两种不同盐度的溶液通过半透膜聚集在一起,半透膜只允许溶剂(水)通过,同时保持溶质(溶解的盐)。水从稀释溶液通过半透膜传输到浓缩溶液,将具有不同盐度的两种溶液混合的自由能转化为压力延迟渗透系统中的能量。目前,大多数压力延迟渗透系统基本组成部分的膜是无效的,因此建立这项技术的工作并不多。在反向电渗析系统中,阴离子交换膜和阳离子交换膜在阳极和阴极之间以振荡排列的方式放置,只允许传输盐离子。通常,阴离子膜具有固定的正电荷,只允许将阴离子传输到阳极。阳离子膜上设置了负电荷,只允许阳离子传输到阴极。隔板控制浓缩和稀释进料室的流体动力学。在阳极释放的电子随后通过带有外部负载的外部电路传送到阴极。离子在电池堆的内部电路中传输电荷,而电子在外部电路中携带电荷。氧化还原过程发生在堆栈外表面的电极上,将离子电流转换为电流。

3. 我国海洋能技术进展概述

中国经济一直保持高速增长,这意味着巨大的能源需求和消耗。我国漫长的海岸线蕴藏着大量的潮汐能,估计达110MW。潮汐能是由洪水和退潮引起的,其原理与水力发电类似。潮汐能可以通过在河口或沿海入口建造大坝(拦河坝)来提取,大坝用涡轮机来发电。迄今为止,我国现代潮汐能开发利用经历了三个时期。第一个时期始于1958年前后。小型潮汐能站最早出现在广东省顺德区,并很快遍及浙江、山东、江苏、上海、福建、辽宁等省(市)。之后中国科学院和水电部在上海召开全国潮汐能会议,已建成广东大凉潮汐能站等小型潮汐能站44座,但只有位于浙江省温岭县的沙山能源站和位于湖南省长乐市的周东能源站长期运行发电。第二个时期是20世纪70年代,潮汐能站建设出现在我国沿海地区,总数达20多个,如山东晋港陈港站。二期潮汐能站有了较大的改进:规模更大、标准更规范,设计、运行、设备要求更严格。大部分站的装机容量在100～200kW,如浙江江夏潮汐站和山东省白沙口站,这些都是国家建设的,规模更大,运行更规律,总装机容量分别为320kW和960kW。在此期间,对浙江省乐清湾的潮汐资源进行了研究,最终提出了四个发展规划。江夏潮汐试验站是最小方案的实施。除了江夏站、白沙口站外,还有海山站、浙江月浦站、江苏六合站、甘珠滩站等站长期运行。位于乐清湾北端的江夏潮汐电站试点是三个电站中最引人注目的一个,另外两个是法国的拉朗斯潮汐电站和加拿大的安纳波利斯潮汐发电站。江夏潮汐电站于1974年开工建设,1985年竣工,总装机容量3.2MW。江夏潮汐电站工程人员多年从事潮汐发电产业化研究,在水库减泥、防冲刷、浮法、运行自动化、优化调度等发电机组可靠性方面取得了显著成果。第三个时期是从20世纪70年代后期到90年代。这一时期是改善、巩固、稳步推进的时期。20世纪80年代初,在水利部的领导下,由沿海省市

水利部门完成了第二次全国沿海潮汐能资源调查。后期，在国家海洋局（现"自然资源部"）和水电部的领导下，两系统相关单位完成了沿海农村海洋能源资源规划和区域规划，包括装机容量的开发，建成了江河潮汐试验站、白沙口、海山潮汐能站等能源厂。20 世纪以来，经过技术升级，工厂的自动化和安全性得到了提高。

我国的波浪能研究于 1978 年从上海兴起，最初借鉴日本气动原理，研制出 1kW 空气涡轮波浪能浮标。1kW 空气涡轮波浪能浮标在浙江省舟山群岛海域进行了测试并投入使用，但由于缺乏测试手段，未能实测准确数据。此后，经过近 30 年的研发，波浪能技术得到了飞速发展。气动航标灯漂浮微波能量装置是第一个成果并已投入商业生产。现在南北海岸有 600 多艘航标，用浮动微波能量装置解决了电力供应问题。与日本合作研制的肘浮标波浪能装置已出口国外，技术处于国际领先水平。1990 年，广州能源研究所成功在珠江口大湾山岛进行了 3kW 海岸波发电试验的研究。1996 年，在广东汕尾成功建设了 20kW 波浪能实验能源站、5kW 波浪能船和 100kW 波浪力实验能源站。我国波浪能研究历史较短，波浪能装置示范试验规模远小于挪威和英国，试验开发方式远不如日本。小装置离实用化还很遥远，其运行稳定性和可靠性还有待进一步提高。

我国的海洋热能发电技术始于 20 世纪 80 年代初，在广州、青岛、天津等地进行了研究。1985 年，广州能量转换研究所进行了开放式循环海洋热能转换的研究，采用液滴提升循环的方法，提高了海水的势能和热能密度，缩小了系统的规模。1986 年，热能转换模拟装置试验在广州完成。中国台湾从 1980 年开始对台湾岛东海岸的海洋热能资源进行研究，对花莲县和平河、石梯坪、台东县的自然环境条件进行评价和方案设计，并给出了规划。利用海洋热能的有前途的方法是海水源热泵（SWHP）技术。我国第一家采用 SWHP 系统的电厂是 2004 年 11 月的青岛电厂。实践证明，冬季利用 SWHP 供暖的成本远低于燃煤供暖的成本。

洋流能量是流动海水的动能，主要是由海峡或航道中相对平稳的洋流和有规律的潮汐流产生的。电流的功率与速度的立方通量成正比，速度越高，电流越大。从渤海到南海，洋流能源资源分布不均。渤海大部分地区目前流速小于 0.77m/s，除渤海海峡水道外，其中最高流速可达 2.5m/s。黄海沿岸流速大于渤海 0.5～1.0m/s。1987 年，浙江省在西堑门以 3m/s 的速度制造了潮流转换试验装置，利用了 5.7kW 的电力。2002 年 1 月，哈尔滨工程大学建造了国内第一台浮式系泊潮流涡轮机，并安装在龟山航道（浙江岱山）（万向 I）。"万向 I"由两个垂直轴转子、从动系统、控制机构和浮动平台组成，每 2.2m 直径的转子由四个变桨距的垂直叶片组成。

通常，海水（35%盐度）和淡水之间的潜在化学电可以直接驱动涡轮发电。经计算，我国沿海盐度梯度能源总量可达 3.58×1 015kJ，但分布不均。我国北方相对稀少，长江以南地区占总量的 92.5%，尤其是长江口和珠江口。上海和广州分别位于长江入海口和珠江入海口，这两个地区经济最发达，能源消耗大。20 世纪 80 年代，我国开始研究盐度梯度发电和半透膜。1985 年，在西安成功研制盐湖浓缩发电实验室装置。试验中，溶剂（水）对溶液（卤水），穿透水柱的溶液增加到 10m 加氢装置，发电能量从 0.9W 增加到 1.2W。虽然海洋盐度梯度能源开发原理简单，但要实现商业化和产业化，仍有许多困难需要解决，如投资高、对环境影响大。显然，我国的盐度梯度发电研究还处于起步阶段。

2.2.6 核能技术

1. 核能技术概述

核能是众所周知的低环境退化相关能源。在过去的几十年中，核能利用率增加了 40%以上，产生了世界 12%的电力，并满足 2018 年世界主要能源需求的约 5%。目前，已经有 6 种候选反应堆技术，包括气冷快堆、铅冷快堆、钠冷快堆、熔盐堆、超临界水冷堆和超高温堆。其中一些反应堆设计将于 2030 年开始商业部署。国际原子能机构成立了专门工作组，推动快堆、创新堆、燃料循环、小型模块化反应堆的技术开发和应用部署。现今，正在积极开发的是第四代核反应堆，以提高安全性和经济性，最大限度地减少核废料并增强抗扩散能力，预计 2030 年后进入市场。第四代快反应堆技术使用混合氧化物燃料运行，预计寿命延长至 40 年，预计建造时间为 5.5 年。快反应堆的效率提高了约 40%。它的容量约为 1 450MW，而平均电力成本被描述为 2.68 欧分/kW·h，甚至低于加压反应堆技术。该反应堆在整个生命周期内的排放量可能更少。它使用快速中子产生的裂变材料比它消耗得多，因为它的中子经济性足够高，可以从肥沃的材料中产生裂变燃料。通过这种方式，核燃料循环几乎可以关闭，并且可以产生更少的废物，甚至更少的放射性（在几个世纪内衰减）。然而，与所有核技术一样，核能技术也伴随着社会接受度、公众舆论、事故和安全风险。在这种情况下，对扩散或滥用的担忧甚至更多，因为浓缩技术可用于武器扩散，而衍生燃料的转移可用于化学加工以获得钚，甚至制造核弹。

2. 核电技术现状

与大多数其他低碳能源不同，核能技术已经使用了 50 多年。目前，全球 29 个国家正在运行 440 座核反应堆用于发电，15 个国家正在建设 65 座新核电站。目前，核电站主要分为以下 4 类。

(1) 含有天然铀-石墨-气体的植物。石墨是一种很好的慢化剂，它可以减慢中子的速度而不会过多地吸收它们，易裂变铀，仅占 0.7%的燃料中保持链式反应。冷却剂 CO_2（通常是加压的）是一种较差的慢化剂，并且具有廉价的优势。直到 1969 年，法国核工业首次使用这类反应堆。

(2) 水反应堆（轻水或重水）-石墨-浓缩铀。重水是最著名的慢化剂，但产品成本高，因为需要分离水的两种同位素——氢和氘（轻水仅含有 160 毫克重水或氘/kg）。这种重水也可以用作使用浓缩铀的反应堆的冷却剂。这类反应堆中最常见的是苏联开发的切尔诺贝利型反应堆，它使用石墨作为慢化剂，轻（沸）水作为冷却剂，浓缩铀作为燃料。

(3) 轻（沸腾或加压）水反应堆-浓缩铀。轻水价格低廉，既可用作慢化剂，也可用作冷却剂。然而，轻水是一种低效的慢化剂，因为它吸收了大量的中子。这就是为什么必须使用浓缩铀而不是天然铀的原因：燃料中含有 3%～4%的 U-235（而不是 0.7%），这是一个相当大的缺点，因为必须建造昂贵的浓缩装置也是用电大户。富集可以通过几种不同的方式进行：通过气体扩散、通过气体离心机或通过激光。在这一类中可以有两种类型的工厂：压水反应堆（PWR）和沸水反应堆（BWR）。这些是迄今为止世界上最常见的反应堆，尤其是压水堆。

(4) 快中子装置或快中子增殖反应堆。没有慢化剂，因此必须使用富含易裂变材料的

燃料,使用 Pu-239(20%)和 U-238(80%)的混合物。钚优于 U-235 有三个原因:一是它在裂变时释放更多的中子,从而有助于维持链式反应,并使大部分 U-238 转化为钚 239;二是这类反应堆允许重新使用从第一类反应堆获得的钚(Pu-239 不再是废物,而是成为燃料。请注意,由于这种快增殖反应堆类别已被放弃,一些 Pu-239 在 PWR 反应堆中与 U-235 混合,作为 MOX 燃料);三是如果没有 Pu-239,则需要高度浓缩 U-235 才能运行此类反应堆。使用的冷却剂是液态钠,它可以很好地承受热量并且吸收很少的中子。这种类型的反应器的主要优点(除了某些废物的再利用)是具有较大的转换系数。在链式反应过程中,产生的裂变原子比被破坏的原子多。Pu-239 的裂变释放出三个中子,它们要么与钚接触(从而维持反应),要么被 U-238 吸收,然后转化为可裂变的 Pu-239,因此,每年消耗 900kg 的裂变材料。

3. 核能技术展望

在第一次石油危机之后,核能的发展比 20 世纪 70 年代所希望的稍差,重大疑虑依然存在。核能在当今世界能源总体形势中的作用相当有限。核能占法国电力生产的 78%以上,仅占全球的 16%。法国拥有全球 17%的核电装机容量和 55%的欧盟装机容量。许多国家不使用核能,其中一些仍在使用核能的国家已经计划逐步淘汰这种能源。核能的未来需要考虑多种因素。第一个是经济因素,核工业是一个资本导向的行业,需要先进的技术,因此,核电千瓦时的经济竞争力取决于替代品的价格(用天然气、燃料油或煤炭生产的千瓦时),还取决于资本成本(利率)和相关市场的重要性。通常需要选择大型机组以从规模经济中受益,因此核能不适用于电网比例适中的情况。第二个是环境因素,1979 年美国三哩岛事故和 1986 年乌克兰切尔诺贝利事故后,对核事故发生的恐惧极大地改变了核能在公众舆论中的形象。随着社会舆论对环境问题的日益关注,它逐渐成为人们的主要担忧。首先存在使用发电厂产生的某些废物(钚)扩散核武器的风险。最重要的是,对高放射废物的长期储存进行管理。但与此同时,在减少温室气体排放的政策背景下,核能可以被视为化石燃料的替代品,在讨论这种能源的环境维度时会产生一定的矛盾心理。第三个是技术成熟性因素,潜在的技术进步基于反应堆本身。某些技术将大幅提高燃料的燃耗率和反应堆的电力输出。第四个是政治因素,民用核工业是其军事同行的直接后裔,对核武器从电子核工厂产生的废物中扩散的恐惧已成为一种主要担心。政治力量不能忽视公众舆论的反应(有时是非理性的),在公投后放弃了某些核计划。然而,与此同时,政治大国也知道,在能源问题上寻求独立往往涉及接受核能,而对于某些发展中国家来说,掌握民用核技术是获得未来军用核技术的一种手段。

欧盟的 15 个国家中有 7 个使用核能,但比例不同。在法国,自第一次石油危机以来,核选择已证明是其能源政策的支柱之一。俄罗斯和东欧目前占全球核电装机容量的近 13%,亚洲似乎是核领域最具活力的地区。日本有 53 座反应堆,占全国电力生产的 36%。核能最有前景的是中国。

2.2.7 生物质能技术

1. 生物质能概述

在主要的可再生自然资源中,生物质能作为碳能源的代表,具有可持续、低污染的特点,来源广泛。生物质是来源于植物或动物的有机材料。传统上，生物质仅用作烹饪和取暖的能源。生物质作为能源或化学品的来源是通过热化学和生化转化。生物质的热化学转化方法主要有三种，即燃烧、热解和气化。生物质燃烧产生传统上用于过程工业的热量和电力。然而，在实际利用过程中应考虑 NO_2、CO_2 等的排放。生物质热解生产的生物油在下游加工中的利用有限和困难，限制了热解技术的大规模应用。生物质气化是一种很有前景的热化学过程，可在不同气氛(空气、蒸汽、O_2、CO_2 等)下将生物质转化为气体，产生的合成气还可通过费托合成用于高价值化学品的生产。

2. 生物质能利用技术

(1) 生物质气化。生物质气化是指通过不完全燃烧将生物质热转化为可燃气体混合物的过程。其中气体混合物由氢气、一氧化碳、甲烷和二氧化碳及氮气、水蒸气和杂质等组成。通常，生物质气化过程通过气化炉实现，气化炉内的气化包括四个子过程，干燥、热解、氧化和还原。这些子过程可以在固定床气化器中依顺序完成。如果气化所需的能量由生物质在同一气化器内的部分燃烧提供，则气化是自热的。在等温气化中，气化所需的热量主要通过加热床材料从气化器外部提供。生产气体的成分和其中的杂质取决于所用原料的类型、气化器类型、气化剂和气化器操作参数。生产气体中的六种不同类型的杂质包括颗粒、焦油、硫、氯、氮和碱化合物等。

(2) 生物质热解技术。通常，生物质热解是燃烧和气化过程的第一阶段，因此，热解不仅是一种独立的转化技术，也是气化和燃烧的一部分，这包括将初始固体燃料热降解为不含氧化剂的气体和液体。当有机物质在非反应性气氛中加热时，有机物质的热解过程非常复杂，包括同时和连续的反应。在此过程中，生物质中有机组分的热分解开始于 350℃～550℃，在没有空气/氧气的情况下，温度上升至 700℃～800℃。生物质中碳、氢和氧化合物的长链在热解条件下分解成气体、可冷凝蒸汽(焦油和油)和固体炭形式的小分子。这些组分的分解速率和程度取决于反应器(热解)温度的工艺参数、生物质加热速率、压力反应堆配置、原料等。

(3) 生物质发电技术。生物质发电作为一种易储存的可再生能源，越来越受到全球的关注。截至 2012 年年底，美国的生物质发电装机容量已超过 10 000MW，计划在 2050 年年底占总能源产量的 50%。此外，德国的目标是到 2030 年年底，利用生物质发电满足全国 16% 的电力需求、10%的供暖需求和 15%的电动汽车电力。我国拥有丰富的生物质能源资源，每年的生产力约为 50 亿吨，这一数量仅次于化石能源。因此，我国可以发展生物质发电产业。然而，与水电、核能、风能和太阳能的发展相比，我国的生物质发电直到 2006 年才全面发展起来。2008—2012 年，装机容量从 140kW 增加到 550kW，投资从 168 亿元增加到 586 亿元，这两个指标的年均增长率均达到 30%以上。目前，我国的生物质发电装机容量已超过 3 000kW。

(4) 生物厌氧消化技术。厌氧消化(或沼气技术)是一种在我国广泛采用的生物转化技术，特别是在农村地区。秸秆、人粪尿、动物粪便和有机废弃物按一定比例混合，在厌氧环境条件下即可制取沼气。沼气的主要成分是 CH_4，占 60%～70%，其热值约为 2.5×10^4kJ/m^3，相当于 1kg 原煤或 0.76kg 标准煤。自 20 世纪 80 年代中期以来，我国农民开始自筹资金、少量集体补贴建设沼气池。此后，标准化技术指导得到加强。沼灯、灶具压力表等新技术、新产品已走进千家万户。农村广泛使用的沼气池为水力沼气池，占比 90%，被誉为“中国沼气池的典范”。具有结构紧凑、运输使用方便、造价低的特点。由于其具有波动压力大(4～6kPa)、排放困难和产气量低等缺点，新型沼气池、曲流式、上流式、活塞流式、塔式和浮动沼气池应运而生。这些家用沼气池产气量高，建设成本低，维护管理简单，使用寿命长，易于推广。我国沼气的覆盖面和技术水平在发展中国家处于领先地位。沼气是一种应用型生态农业技术。畜牧生产废弃物与秸秆结合利用沼气综合利用，可促进农业生产，改善农村生态环境。北方提出“四合一”模式，沼气池、猪圈、温室、厕所相结合，沼液可用于种植蔬菜、喷洒叶肥和防治作物病虫害；沼气可用于提高温室的温度和温室内的二氧化碳浓度；随着温室温度的升高，蔬菜可以长得好，猪也能吃得好。在我国南方，“猪—沼—果”“猪—生物质—蔬菜”“猪—生物质—粮食”等“三合一”模式非常流行，其中畜牧养殖和粪便从养殖场进入沼气池。沼气可以成为家庭燃料的解决方案，沼肥用于种植果树、蔬菜和谷物，也可用作害虫防治剂。绿色食品可以从格局中发展起来。在一些地区，畜禽养殖场的沼气工程也很流行：养鸡场的鸡粪进入第一个厌氧消化池，实现沼气发酵，其残渣可以添加到猪饲料中喂猪；猪粪进入第二个厌氧消化池进行沼气发酵；沼液和沼肥流入池塘养鱼；剩余的沼液和沼肥可用于蔬菜和果树以及多肉植物。沼气可以为养殖场和食品加工提供能源与动力。

(5) 生物质燃烧技术。常见的生物质燃烧技术包括分层燃烧技术和流化床燃烧技术。其中，分层燃烧技术通过生物质与空气分布混合，逐渐进入干燥、热解、燃烧和还原过程，可燃气体和二次空气分布在上述混合燃烧的空间中。例如，丹麦 ELSAM 公司开发的改造 Benson 型锅炉加热分为两个阶段，由四个平行给料器供应材料，秸秆、木屑可以在炉排中充分燃烧，还可以在炉膛和管道中设置纤维过滤器，以减少烟气中的有害物质对设备的磨损和腐蚀。实际运行证明，改造后的生物质锅炉运行稳定，取得了良好的社会效益和经济效益。我国已有多家研究单位根据所用生物质燃料的特点开发了各种类型的生物质层燃烧器，实际运行效果良好。它们基于所用原料的燃烧特性，分层燃烧炉的结构是为了优化生产和炉膛结构，包括双室结构、封闭式炉膛或炉膛结构和其他结构。

而流化床燃烧具有传热传质性能好、燃烧效率高、有害气体排放低、热容量大等一系列优点，非常适合燃烧含水量大、热值低的生物质燃料。目前，国外流化床燃烧技术开发利用生物质能源已经非常广泛。例如，美国 B&W 公司制造的木材燃烧流化床锅炉于 20 世纪 80 年代末和 90 年代初投入运行。瑞典使用树枝和树叶等森林废弃物作为大型流化床锅炉的燃料，其热效率高达 80%。丹麦采用高效循环流化床锅炉，将干草和煤以 6∶4 的比例送入炉膛燃烧，锅炉处理规模为 100t/h，热功率达到 80MW。自 20 世纪 80 年代末以来，我国对生物质流化床燃烧技术也进行了深入的研究，国内研究单位与锅炉厂合作，联合开发了各种燃烧生物质流化床锅炉，投产后运行效果良好，并得到推广，有很多出口到国外，生物质能源在我国的使用起到了很大的促进作用。例如，华中科技大学根据稻壳的理化性质和燃烧特性，设计以流化床燃烧方式为主，辅以悬浮和固定床燃烧的组合燃烧型流化床锅炉，该锅炉具有良好的流化结焦性能，有燃烧稳定、不易燃烧等特点。

2.3 “双碳”背景下节能减排技术

2.3.1 工业节能技术

工业部门使用的能源比任何其他用途部门都多，目前消耗的能源约占世界总交付能源的 37%。未来 25 年，全球工业能源消耗预计将从 2006 年的 51 275ZW 增长到 2030 年的

71 961ZW，平均每年增长1.4%。因此，工业部门发展节能减排技术迫在眉睫。工业节能技术主要包括三个方面：一是钢铁、有色金属、石化、化工、建材、机械、电子、轻工、纺织等行业广泛应用的生产过程节能新工艺或工艺替代技术，重点工序或关键设备革新优化技术，工艺系统集成优化技术等；二是煤炭等化石能源清洁高效利用、可再生能源利用、工业绿色微电网、储能应用、氢能高效制备及利用、原燃料替代等能源清洁高效利用技术；三是系统能源梯级利用、余热余压余气回收利用技术等能源回收利用技术。技术的应用具有减少工业能源消耗的巨大潜力。下面主要以钢铁工艺为例介绍一些工业节能技术。

钢铁工业是我国国民经济的基础原材料生产部门。2017年，我国粗钢产量已达8.32亿吨，占世界钢铁产量的49.2%。我国正处于工业化、城镇化加速发展阶段，基本建设和制造业发展所需的钢材消耗量长时间保持高位。我国已成为全球冶金生产和消费中心。然而，钢铁行业对我国的能源消耗和污染排放负有重大责任。钢铁行业能耗占我国工业总能耗的16%，而炼铁过程能耗占钢铁冶炼全过程的90%左右。环境保护和碳减排压力正日益成为现阶段影响我国钢铁企业可持续发展的关键因素。实现钢铁行业节能减排的关键在于炼铁工艺创新，主要思路有两个：一是对现有炼铁工艺进行改进；二是开发新的炼铁工艺。

(1) 高炉炼铁工艺燃料替代。在高炉炼铁过程中，消耗大量焦炭和煤粉作为还原剂和能源。然而，煤炭资源是不可再生的。可再生能源材料在高炉中的应用不仅可以缓解煤炭资源短缺的问题，减少污染物和温室气体排放，还可以为含烃固体废物资源开发有效的清洁利用途径。生物质能一直是人类使用的主要能源形式，约占世界能源供应的10%～14%。研究开发生物质能源替代化石能源用于高炉生产已成为国内外众多学者关注的热点。其中，日本、巴西、加拿大、澳大利亚、欧洲、美国和我国的许多学者都进行了很多研究。日本JFE工程公司发现，将压榨生物质与煤混合制备冶金焦是完全可行的。北京科技大学对炼铁用生物质焦的制备及性能进行了研究。九州大学和亚琛大学对高炉中不同的木粉进行了研究，发现它们的燃烧效能不亚于煤粉。除了生物质，将废塑料注入高炉也是可行的。废塑料的H/C比明显大于等量的煤粉。H_2的扩散和还原能力大于CO，因此在高炉炼铁过程中用废塑料代替煤粉有利于提高生产率和降低焦比。废塑料的低灰分和硫含量可以减少高炉中的石灰量，从而降低高炉渣比和炼铁成本；废塑料的反应速率也比煤粉好得多。一些国家较早地就将废塑料注入高炉进行了研究，其中德国和日本已经实现了工业化。日本NKK公司从1996年开始尝试将无氯废塑料注入高炉，试验注入量达到200kg/t，2000年注入量达到9万吨。我国目前正处于理论研究和可行性论证阶段。与直接焚烧相比，废塑料高炉喷射技术具有以下优点：理论上不产生二噁英；能源利用效率高于其他废塑料处理技术，热利用率高达80%；将废塑料注入高炉的实践证明，处理成本仅为焚烧处理方法的60%。

(2) 氧气高炉炼铁技术。1970年，德国的Wenzel教授和Gudenau教授提出了氧气高炉炼铁工艺的概念(图2-8)。该工艺在现有高炉的基础上进行了改进：风口吹入常温氧气和大量煤粉，炉顶煤气循环进入炉膛。该工艺不仅可以提高生产效率，还可以提供高热值气体供外用，也为二氧化碳的分离和捕集提供了可能，进一步减少碳排放。然而，该工艺尚未应用于工业生产，主要原因是随着富氧率和喷煤量的增加，鼓风风量和鼓风带入的物理热量减少，导致炉料受热不足，从而严重影响矿石的还原过程，使煤焦替代率下降，整体燃料比显著提高。为此，冶金行业的许多学者对氧气高炉进行了大量的研究工作，但都处于理论研究阶段。2007 年有学者对容积为 8.9m^3 的高炉进行工业试验，发现氧气高炉炼铁工艺焦比可从 400～405kg/tHM 降低到 260～265kg/tHM，碳排放可减少 24%。

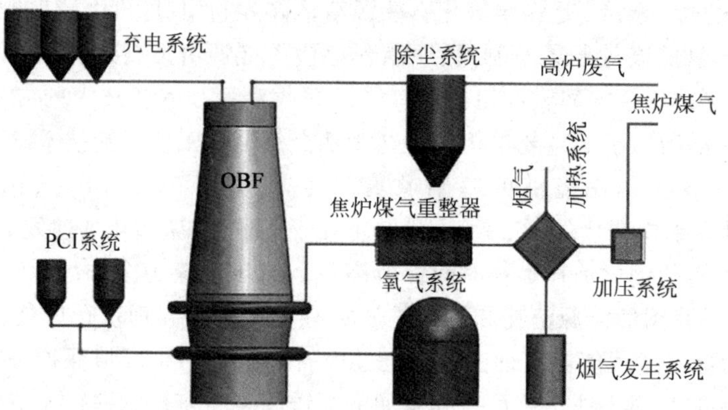

图 2-8 氧气高炉炼铁工艺示意图

(3) HIsmelt/HIsarna 熔融还原炼铁工艺。HIsarna 工艺起源于之前的 Isarna 工艺。Isarna 基于熔池技术，使煤在反应器中预热和部分热解。HIsarna 是 ULCOS 开发的 Isarna 技术与 Rio Tinto 旗下的 HIsmelt 冶炼技术相结合，将 HIsmelt 冶炼技术与旋风矿石冶炼和预还原技术相结合。这种旋风技术起源于英国钢铁公司 Hoogovens 和 Ilva 早期开发的旋风分离器(CCF)。HIsarna 工艺的最终还原和煤气化阶段基本上是改进的 HIsmelt 工艺，因此 HIsarna 工艺是基于 HIsmelt 冶炼技术的改进版本。HIsarna 工艺中的铁水成分与高炉铁水的成分不同。由于 HIsarna 工艺的炉渣氧化程度高于高炉渣，因此 SiO_2 和 P_2O_5 的还原减少，铁水中 Si、Mn、P 等的含量很低，而 S 含量高。该渣中 FeO 的含量为 5%～6%。HIsarna 工艺生产用于 BOF 或 EAF 工厂的液态铁水，目前在中试运行，计算煤耗为 750kg/t。如果扩建成年产 100t 铁水的商业规模示范厂，折算煤耗将低于 600kg/t。近年来，HIsarna 工艺的中试仍在进行中，该工艺发展到工业应用还需要一段时间。

(4) COURSE50 技术。COURSE50 技术起源于日本，由新能源与工业技术开发机构(NEDO)资助，是日本多家钢铁公司和研究机构联合研究的国家项目。该项目主要包括降低 CO_2 排放的高炉炼铁技术和高炉煤气的捕集、分离和回收技术。该项目兼顾了环保要求和节能减排的经济效益，最终目标是减少 30%的 CO_2 排放(氢气还原炼铁减少 10%，高炉煤气分离减少 20%)。

(5) 转底炉铁块工艺。1995 年，神户制钢发现含碳颗粒高温加热时渣铁分离的现象。还原温度为 1 350℃～1 450℃，反应时间仅需 10min 左右，得到的产品为粒状铁块，主要成分为 Fe 和 C，纯度高于高炉生铁，称为“第三代炼铁技术”(ITmk3)。之后，日本、韩国、德国、美国的研究机构对这一炼铁新工艺进行了基础研究。神户制钢在进行基础实验室研究的同时，还开展了 ITmk3 的产业化研究。2010 年 1 月，美国电力钢铁公司利用这项技术在明尼苏达州建设了一座年产 50 万吨的商业化工厂并投产。其产品可用作电炉炉料、转炉炼钢冷却剂和铸造用优质清洁铁源。实验表明，当块铁的添加比例为 15%～20%时，出钢时间可缩短 2～3min，生产率可提高 5%～8%。

（6）余热回收技术。废热是在燃料燃烧或化学反应过程中产生的热量，然后排放到环境中，它仍然可以重新使用或用于经济目的。如何回收这种热量取决于废热气体的温度和所涉及的经济性。余热回收的效益大致可分为两类：直接效益和间接效益。直接效益包括回收对过程效率有影响的废热，并减少工业过程的消耗和成本。间接效益包括减少污染，缩小设备尺寸，如风扇，烟囱，管道，燃烧器等和燃料消耗。省煤器是一种用于从烟气中回收废热的装置，由一系列水平管状元件组成。根据 Abdelaziz 的说法，在工业锅炉中安装省煤器时，年度总账单节省和平均投资回收期的结果分别为 238 573 令吉和 2.2 年。同样根据 Willims 的说法，增加一个效率提高 2.4%～4%的省煤器，每年将节省 20 000～32 000 美元的燃料成本。这些结果表明，在工业部门安装省煤器时，可以节省大量费用。

（7）高效电机使用。工业部门的大部分电力消耗是通过电动机进行的。该行业的活动和流程在很大程度上依赖于电动机，包括压实、切割、研磨、混合、风扇、泵、材料输送、空气压缩机和制冷。高效电机具有许多优点，包括由于绕组和轴承的温度较低，因此维护费更低，使用寿命更长；损耗更低，可靠性更高。在欧洲，改用高效电机驱动系统可节省高达 2 020 亿千瓦时的电量，相当于每年为工业减少 100 亿欧元的运营成本。据报道，使用高效电机可以减少 7 900 万吨二氧化碳排放量（EU-15），或大约是欧盟京都目标的 1/4。如果允许行业根据节约的能源来交易这些减排量，这将产生每年 10 亿欧元的收入流。

2.3.2　建筑及民用节能技术

建筑物在生命周期的每个阶段均需消耗不同水平的能量。人类消耗的不可再生资源（水、能源和原材料）中约有一半用于建筑。因此，建筑行业需要提高对节能技术的重视程度，节能技术应该贯穿在建筑物生命周期的每一个阶段，包括设计、施工甚至使用和运行（民用）阶段。

科技的发展使人们逐步进入大数据时代，给许多行业带来了新的发展机遇。对于建筑行业而言，在节能技术的应用上要充分利用大数据技术的优势。在建筑设计过程中可以使用建筑信息模型（BIM）来对建筑节能设计进行优化，进一步保证节能技术的科学合理性。BIM 是一种相对较新的技术，它是一种数据模型，将工程项目的所有相关信息与三维数字技术集成在一起。BIM 主要用于设计阶段，但也用于最终的施工和运营阶段。利用 BIM 可显著提高设计效率，并降低整个工程和施工过程中的风险。许多研究人员已经探索了使用 BIM 模拟能耗的可能性。Person 等人在一项研究中使用建筑物 LTH（Derob-LTH）技术的动态能量响应分析了瑞典的一座低能耗建筑，发现窗户对住宅建筑的能源消耗和温室气体排放有相当大的影响。具体而言，窗户尺寸被证明会影响建筑物的冬季热负荷和夏季冷却负荷，Derob-LTH 分析成功地为住宅建筑提供了最有效的朝南窗户尺寸。在另一项研究中，Nikoofard 等人使用基于加拿大混合住宅最终用途能源模型构建的能源模拟及温室气体排放信息，评估了窗户改造的经济可行性。他们的研究结果表明，热改进的窗户可以大幅减少加拿大住宅部门的能源消耗和温室气体排放。

施工阶段主要由主管部门进行节能控制。在施工阶段，有序地节约能源、促进建筑业健康发展、节能减排控制必须从主管部门开始。主管部门需要检查施工图和设计是否符合节能标准，相关技术是否可行。对于最有可能产生的保温工程，如墙壁和屋顶覆盖物热桥和热力学缺陷，应加强质量控制，以确保相关部件状况良好。在节能控制施工阶段，所使用的建

设材料非常重要，关系到整体的质量水平。因此，在建筑节能技术发展中优化建设材料结构是重点之一。在实际设计中，相关部门要建立完善的建设材料管理机制，坚持绿色环保的施工原则，尽量将对环境的污染降至最低。另外，在建设过程中，要结合施工现场的实际情况对发展方向进行调整，使用合理的方法来提高材料的利用率，减少材料的损耗。此外，要加强对建设材料的管理，建立健全相关管理体系，加强对节能环保理念的宣传，扩大绿色材料的使用范围，为提高建筑节能效果打下良好基础。比如对于墙体材料的选择，需要大力推广具有更强保温隔热性能的有机材料（模压聚苯乙烯泡沫板、挤塑聚苯乙烯泡沫板、硬质 PU 泡沫等）。与传统保温材料相比，这些材料可以大幅度减少热量耗散，具有明显的节能效果。此外，新型阻燃蜂窝复合墙体环保材料不仅可以减少废物排放、实现清洁生产，还具有能耗低、重量轻、加筋水泥用量少等优点，发展前景广阔。对于门窗材料，西方发达国家在 20 世纪 80 年代研制出低辐射玻璃，可见透光率高达 70%～85%，日光反射 50%以上，这种玻璃可以有效地改变玻璃的采光和其他物理性能，特别适合夏季炎热地区的土建施工，可节约约 20%能源。近年来，中空玻璃以其优异的保温隔热性能得到了广泛的应用。同时为了配合中空玻璃的应用发明了隔热桥梁截面型材，以降低建筑能耗并提高室内舒适度。随着新能源技术水平的提升，为使节能措施更为完善，建筑行业需在建筑节能技术中合理融入新能源技术。同时，还需完善资源管理体系，使各项资源得到高效利用，避免资源浪费，进一步提高工程的经济效益。比如，太阳能属于可再生绿色资源，利用太阳能实现一体化建筑，能够有效节约不可再生资源，最大化降低能源的损耗。目前，太阳能的应用技术有太阳能光伏技术、太阳能集热技术、太阳能热发电技术和绿色照明技术等，对于建筑物的供电及供热都有一定作用，能够有效节约能源。此外，还可以在建筑节能设计中加入雨水的收集利用系统。借助建筑屋面、地面等对雨水进行回收，即利用雨水积蓄系统以及雨水过滤除污、园区雨水利用等系统，与城市总体规划相结合，对城市的生态环境系统进行改善，进而实现城市的节水及防涝、防洪工作。同时，安装群体配套设置实施水处理能够有效实现水循环使用，避免的水污染情况的出现，对于环境保护及水资源节约有一定帮助。

任何建筑物使用的大部分能源都是在建筑物生命周期的使用或运行阶段消耗的。因此，为降低建筑工程运行或使用阶段的能耗，首先，需要合理利用采光技术，扩大自然采光范围，从而有效缩短照明系统使用时间，起到节约电能的作用。因此，采光技术也是建筑节能技术发展的重点。一般而言，采光技术包括直接采光与间接采光两种。间接采光技术在使用中具有一定的局限性，必须考虑建筑物的结构形式，而直接采光技术的应用范围则较广，但在设计中不可避免地会有一些地方应用直接采光技术不能做到全面采光，而利用间接采光技术能提高光照质量，降低建筑物自身所需要的热能，由此可见，间接采光技术的应用范围也在逐渐扩大。其次，暖通空调系统节能技术也十分关键。暖通空调系统节能技术包括可再生能源利用、蓄冷技术、热回收技术、热板低温辐射供暖技术和变频技术。通过应用太阳能、地热等可再生能源技术，缓解供电压力，避免使用传统电动空调产生的热岛效应，有利于保护环境。蓄冷技术是指在夜间电价低时开冷气的同时开启部分制冷制冰蓄能。在用电高峰期融冰提供低温水，释放储存的能量，缓解大量用电需求，有效降低用电成本。热回收技术就是利用能量回收技术，最大限度地利用系统能量。循环利用空调机组排放的热量是为了避免直接排放造成的浪费，减少热污染，使废物变得有利可图。低温热板辐射加热技术是通过将热水管直接埋在地板内，利用地面辐射热来加热地板。一般辐射体表面温度不超过 45℃。这种供暖方式以对流的形式向上传递热量，实现底部高于上部的室内温度。这种加热方式不仅舒适贴心，还能有效减少灰尘、节省室内空间。变频技术是通过改变频率来调整压缩机功率以达到更低的开关损耗，实现低频运行效率的效果。在不改变送风温度的前提下，当室内达到设定温度时，减少空气以调节室内温度。同时，通过调整能量传输，变频电机可实现更有效的节能。变频技术可实现节能 30%。

低碳节能理念已成为现代建筑设计的重要理念之一。设计师应继续研究节能建筑技术，熟悉节能建筑材料，采用新型节能产品、先进技术和科学的理念为人们创造舒适、健康的生活环境，使建筑节能技术在我国不断深化和完善，从而践行低碳发展理念，建设节约型社会。

2.3.3　交通节能技术

目前，全球交通运输部门的能源消耗约占世界能源消费总量的 1/3，这一比例在我国约占 20%。几十年来，随着我国经济的不断发展，能源消耗迅速增加，我国在 2019 年的能源消费继续超过美国，成为世界上最大的能源消费国。同时，我国交通运输能耗大幅增长，交通终端能耗比重大幅扩大，因此运输部门的节能具有重要意义，这不仅涉及能源安全、生态环境保护，还涉及全球气候变化。在我国，这类问题正变得越来越突出。作为人口众多、经济第二大的国家，我国交通节能问题引起了全世界的关注。目前，我国交通运输部门正处于大规模建设和发展的时期。随之而来的是能源消耗和温室气体排放的增加。我国需要减少能源消耗和温室气体排放，以改善国家环境，应对全球气候变化。未来 5～10 年是我国实现交通节能的关键时期，因为我国正在加快交通方式的变革和发展现代交通系统。

我国交通运输部门主要分为公路运输、铁路运输、水路运输和民航四个部分。这些运输部门承担了几乎所有的客运和货运。总体而言，我国公路运输在中短途运输中占有重要地位，铁路运输对长途运输起着至关重要的作用。水路运输和民航只承接少量的运输量，但它们在国际运输中发挥着重要作用。与美国和日本等国家相比，我国与这些国家之间存在明显差异。在美国，其公路运输和民用航空承担了大部分客运，其铁路在货运中占有最大份额。在日本，其客运主要依靠铁路，其货运由日本公路和水路运输共享。我国的燃油经济性水平低于欧洲、日本和美国。我国公路运输每 100t・km 的油耗是世界发达国家的两倍。通过先进技术实现节能是我国交通运输的重要途径。这些技术不仅包括运输设备、基础设施和通信，还涉及行政计量，如建设综合运输系统。有研究表明，先进技术和合理的能源战略可以使我国至少在未来 50 年内实现经济发展、能源安全和温室气体减排的目标。

如今，我国交通部门的主要技术集中在智能交通、现代物流、信息技术等方面，如智能交通系统(ITS)、公共交通信息服务系统、全球导航卫星系统(GNSS)等。此外，我国正在推广使用先进设备，开展新能源汽车示范和扩建计划，探索停泊船舶岸电技术的应用。我国交通运输系统中虽然应用了一些技术，但对交通节能有较大影响的关键技术较少。例如，在道路运输中，汽车驱动系统和新能源汽车是两个关键技术领域。只有通过技术进步，利用这些关键技术，我国才能提高在交通领域的能源利用效率。下面将简要介绍目前我国 4 个交通运输部门中的主要节能技术。

1. 公路运输

由于运输需求的不断扩大，我国道路运输的能耗迅速增加。一些研究探讨了我国的交通能源消耗。这些研究从不同角度评估了我国降低能耗的方案。例如，Yan 等人不仅分析了过去的能源消耗，还评估了中国道路运输部门减少能源消耗的可能措施的有效性。在他们的研究中，一种是“一切照旧”(BAU)情景，其中政府被认为不采取任何措施来影响道路运输能源需求的长期趋势。另一种是“最佳情况”(BC)情景，其中假设实施了一系列可用的减排措施。到 2030 年，BAU 案例中的总能源需求将达到 444 百万吨石油当量。这种能源需求是 2005 年的 5 倍多。但在 BC 的情况下，总能源需求仅为 264.1 百万吨石油当量。

对于汽车驱动系统而言，发动机是影响汽车整体性能的核心部分。在我国，已得到开发应用的发动机节能技术包括发动机稀薄燃烧、燃油分层喷射、电磁阀驱动系统、E-GAS 电子节气门技术等。为了提高汽车驱动系统的效率，必须通过传动系统将发动机的有效功率转化为驱动功率，提高驱动功率的方法包括应用节油自动离合器、多档机械式变速器和无级变速器技术等。推进系统也是汽车驱动系统的关键部分，其核心技术是控制策略和控制系统。控制策略非常复杂，是混合动力推进控制系统的关键技术之一。结果表明，基于高效优先控制策略的混合动力客车与我国武汉市常规公交车相比，可节省约 27.3%的油耗。

交通系统节能技术转型势在必行。在我国，能源动力系统的技术转型路径包括扩大使用气体燃料、开发和推广混合动力技术、重点研发和示范燃料电池汽车和氢能技术。一个普遍的共识是，动力必须多元化、电气化。在我国城市，一些替代燃料汽车技术已经得到实际应用，如压缩天然气(CNG)、甲醇和二甲醚(DME)公交车技术。混合动力电动汽车和燃料电池公共汽车技术也处于不同的演示或部署阶段。对于电动汽车，近年来，由于技术和成本的障碍，其在世界范围内的发展相对缓慢。因此，一些团体开始专注于探索其他途径。例如，电动汽车重点项目组着力发展整车技术，研究开发了燃料电池、混合动力和纯电动汽车(包括太阳能汽车)三类电动汽车。此外，对于电动巴士，与柴油巴士相比，二氧化碳捕获和储存(CCUS)是一种潜在的可以减少约 65%的温室气体排放的方法。

2. 铁路运输

虽然铁路通常被认为是一种节能的旅行模式，但铁路运输系统的运行实际上每天消耗大量的能源。例如，中国香港地铁公司仅一个火车站的每周电力成本就达到 230MW·h。如此巨大的能源消耗有时可能会产生严重的能源浪费。因此，只有对铁路运输进行节能设计，合理利用铁路运输方式，才能避免不必要的能源消耗，实现其可持续运营和发展。

对于列车的供电系统，提供良好的基础设施设备和采用先进的技术是降低移动设备能耗的重要途径。在我国，关键的节能技术包括以下几个方面：能量回收和传导、分布式供电系统、大容量电力电子系统的发展，以及再生制动和储能系统。空调节能对于铁路运输也很重要。我国铁路运输的具体空调节能措施包括：①将上送风系统改为下送风，这样不仅可以改善乘客周围的空气质量，还可以提高能源效率；②采用板翅式换热器从废气中回收能量，对新风进行预热或预冷，空调列车可节省近 20%的用电量；③根据温度提出有效的空调系统调整方案，减少制冷、制热设备的使用时间。此外，新型模块化综合牵引系统(MITRAC)节能器为其铁路运输部门节省能源消耗提供了一种途径。它提升了公共铁路运输业已确立的环境优势。经验证，轻轨车辆(LRV)可节省 30%的能源并相应减少排放，符合当地和全球的各种节能计划。

对于列车的运行系统，在给定牵引机、车辆、线路及一些运行和管理方式的情况下，改进列车运行模式是一种高效、直接可行的节能方案。例如，火车在滑行时消耗的能量强度相对非常小。合理选择列车在沿着铁路线滑行时的地点，能够避免制动器改变速度并损失动能，从而有效降低列车在整个行程中的能源消耗。我国应用计算机技术研究开发了多种列车运行模式，如列车优化运行微机引导系统、微机控制系统和运行模拟系统等。

对于我国的铁路运输来说，标准化体系非常重要。例如，在铁路货运中，将传统铁路改造为优化现代铁路运输的关键步骤是建立托盘、集装箱、装卸设备等标准化体系。该标准化体系可以有效提高运输效率、降低能源消耗。

3. 水路运输

船舶节能已成为世界航运业的重要研究课题。这是因为船舶节能与节省燃料资源和成本、环境保护和经济效益等有关。我国采用的船舶节能关键技术包括船舶优化设计，船舶与发动机、螺旋桨、舵、动力装置的优化匹配等，船体线条设计，选用省油主机，使整船匹配协调。此外，还应提高推进效率，降低燃料消耗和运营成本。优化船舶动力仪表也是船舶节能的重要措施之一。其主要技术和措施包括以下几个方面：开发高效发动机和新型燃料添加剂，利用主机废气节能，利用电子燃油喷射系统，排放扩散器和轴带发电机系统节能技术，优化布置机舱和改善主机通风环境。未来我国要提高水路运输能源利用效率，必须完善内河航道，增加深水航道里程。此外，在海运方面，大吨位、高效率的船舶应成为运输船队的主要组成部分。对于我国内河水路运输，驳推一体化船队应发挥重要作用。此外，应广泛使用一些先进成熟的节能技术，如主机优化调整、经济航速、船体抗拖曳、实施减速箱、气象导航等。

4. 民航

在我国民航领域，无论是科技发展水平，还是航空运输的数量和结构，都不能满足现实的运输需求。金属材料和精密铸造是发动机制造过程中的技术瓶颈。这些瓶颈制约了民航产品未来的快速增长和完善。目前，几乎所有飞机和先进设备都需要进口。这导致在我国民航技术领域更多关注的是现有飞机的维修和保养，但是一些维修企业规模小、维修能力弱、技术水平和管理水平低。因此，我国民航未来节能的发展方向是提高组织管理水平、充分利用航空器和设施、减少无效运输。以下技术措施可以很好地提高能源利用效率：增加空气层密度有助于增加空中交通流量，减少航线延误和交通堵塞。完善航线网络、优化运输资源配置、提高飞机利用率，也是节能减排的有效措施。优化飞机设计是我国民航降低能耗的又一途径。如果飞机机翼可以从空气动力学的角度进行设计，飞机油耗和二氧化碳排放量将减少20%。

本章小结

通过新旧能源的改革与发展，我国逐步形成了全球最大的能源供应体系，建成了以煤炭为主体，以电力为中心，以石油、天然气和可再生能源全面发展的能源供应格局，促进了国民经济和社会的快速发展。21世纪以来，人们开始积极开发新能源，促进能源结构转型。新能源技术是高技术的支柱，包括太阳能技术、风能技术、磁流体发电技术、氢能技术、海洋能技术、核能技术、生物质能技术等。其中，核能技术与太阳能技术是新能源技术的主要标志，对核能、太阳能的开发利用，打破了以石油、煤炭为主体的传统能源观念，开创了能源的新时代。要实现碳中和，需要未来多年持之以恒的关键举措与实际行动，需要在各行各业大力推进节能减排技术的实施和发展。其中,工业部门由于其对能源的大量消耗,应尤其注重生产过程中的节能减排技术的发展,以源头、工艺装备、过程管理、信息化手段及精细化的末端治理手段等方面形成系统工程,推动节能减排目标的实现。

[1] 国家统计局. 中国统计年鉴 2021[M]. 北京:中国统计出版社,2021.

[2] PETROLEUM B. BP: Statistical Review of World Energy [J]. Economic Policy, 2011, 4: 1-48.

[3] HAMEER S, VAN NIEKERK J L. A review of large-scale electrical energy storage[J]. International Journal of Energy Research, 2015, 39(9): 1179-1195.

[4] MS A, MA B, TA C, et al. A critical review on the development and challenges of concentrated solar power technologies[J]. Sustainable Energy Technologies and Assessments, 2021, 47: 101-143.

[5] RABOACA MS, BADEA G, ENACHE A, et al. Concentrating Solar Power Technologies[J]. Energies, 2019, 12(6): 1048.

[6] TAKAHASHI R, MATSUO M, ONO M, et al. Spin hydrodynamic generation[J]. Nature Research, 2016(1): 12-24.

[7] SAZALI N. Emerging technologies by hydrogen: A review[J]. International Journal of Hydrogen Energy, 2020, 45: 18753-18771.

[8] WENZEL W. Hochofenbetrieb mit gasformigen Hilfsreduktionsmitteln[J]. Germany Patent, 1970: 203-216.

[9] ATABANI A, SAIDUR R, SILITONGA A, et al. Energy Economical and Envirotment Analysis of Industrial Boiler Using Economizer[J]. International Journal of Energy Engineering, 2013, 3(1): 33-38.

[10] NIKOOFARD S, UGURSAL V I, BEAUSOLEIL-MORRISON I. Technoeconomic Assessment of the Impact of Window Improvements on the Heating and Cooling Energy Requirement and Greenhouse Gas Emissions of the Canadian Housing Stock[J]. Journal of Energy Engineering, 2014, 140(2): 152-167.

一、单选题

1. 煤炭能源消费总量占我国能源消费总量比重高于(　　)。

   A. 30%　　B. 40%　　C. 50%　　D. 60%

2. 下列电能存储技术中属于势能存储技术的是(　　)。

   A. 飞轮储能和压缩空气储能　　B. 抽水蓄能和压缩空气储能

   C. 抽水蓄能和飞轮储能　　D. 抽水蓄能和超导储能

二、判断题

1. 我国的能源消费结构是以煤炭为主。(　　)

2. 可燃冰就是甲烷。(　　)

三、思考题

1. 总结不同电能转化与存储技术的优缺点。

2. 简述提高太阳能发电效率的具体方法。

3. 简述太阳能技术的优缺点。
4. 对比陆上风力发电和海上风力发电的优缺点。
5. 简述常见的氢能获取技术及其特点。
6. 分析三种以上海洋能利用技术的优缺点。
7. 简述一种核反应堆的反应原理。
8. 简述建筑中常见的新能源技术。
9. 简要阐述目前新能源交通工具的现状及瓶颈,并思考可行的发展方向。

推荐书籍:《新型能源技术与应用》《中国能源转型:走向碳中和》。

第3章

智慧能源管理技术原理

【学习目标】

1. 了解智慧能源建设的基本思路。

2. 形成对相关技术体系的框架式理解。

3. 为具体的应用实践打下基础。

【章节内容】

智慧能源建设的前提是信息化，本章所介绍的内容包括信息化的整体路径、历史源流和技术前瞻，以及作为相关基础环节的硬件技术基础知识与软件方法的基本体系，力争做到“软硬结合”。人类的信息化技术的发展和演化历史漫长，当前的相关硬件技术繁盛，而主流的软件方法体系也处在蓬勃发展时期。由于篇幅所限，此处仅对具有代表性的部分相关知识进行通识层面的介绍，主要目的在于为读者在后续的学习中建立清晰的基础认知路径。

3.1 系统论与协同论

系统论是研究系统的一般模式，结构和规律的学问，它研究各种系统的共同特征，用数学方法定量地描述其功能，寻求并确立适用于一切系统的原理、原则和数学模型，是具有逻辑和数学性质的一门科学。系统论的核心思想是系统的整体观念。它从系统整体出发，根据总体目标的需要，以系统方法为核心并综合应用有关科学理论方法，以计算机为工具，进行系统结构、环境与功能分析与综合，包括系统建模、仿真、分析、优化、运行与评估，以求得最好的或满意的系统方法并付诸实施。

协同论也称为协同学，是系统科学的重要分支理论。协同理论认为，千差万别的系统，尽管其属性不同，但在整个环境中，各个系统间存在相互影响而又相互合作的关系。协同作用是系统有序结构形成的内驱力。任何复杂系统，当在外来能量的作用下或物质的群聚态达到某种临界值时，子系统之间就会产生协同作用。这种协同作用能使系统在临界点发生质变产生协同效应，使系统从无序变为有序，从混沌中产生某种稳定结构。协同论以现代科学的最新成果——系统论、信息论、控制论、突变论等为基础，吸取了结构耗散理论的大量营养，采用统计学和动力学相结合的方法，通过对不同领域的分析，提出了多维相空间理论，建立了一整套的数学模型和处理方案，在微观到宏观的过渡上，描述了各种系统和现象中从无序到有序转变的共同规律。

3.2 信息化传输技术

人类社会在进化出成体系的语言文字之前，就已经开始了结绳记事等原始的信息化活动，即对现实世界的信息用某种形式进行记录。从古生物学、考古学等学科领域所研究的时代一直到农业革命、工业革命、电气化革命、信息革命各时期，人类的信息采集和数据传递技术越发成熟，这体现在精度的提高、覆盖范围的扩展、天网密度的提升、传输的即时性等多个方面。本节将对人类历史上能源矿产开发利用等相关场景中的信息采集和数据传输等技术的演化进行简要的介绍，使读者能够以发展的眼光看待这一领域，避免局限于一时一地。

3.2.1 从信息到数据

人类社会的各种活动中往往都存在物质的流动，即物质流(Material Flow)，如华夏文明早期的大规模水利工程、埃及古文明在尼罗河三角洲搬运石料进行的大型建筑工程、古罗马在欧洲兴建的城市引水工程等。物质流的运动过程通常是伴随着对能源的消耗而发生的，这种能源消耗的过程本质上是能源的流动，即能源流(Energy Flow)，如各个历史时期水利工程和灌溉工程中对水动能的利用、近现代城市化过程中在管网建设基础上的集中供暖等。在物质流和能源流的过程中，各种相关的信息也形成了结构复杂而规模庞大的流动形式，即信息流(Information Flow)，如各地水流的形态和规模、区域间道路交通运输条件、各种形式能源产品的供需关系和价格变动等。由于物料成本、时间成本和技术条件等多方面的因素，人类对信息进行的采集是受限的，往往未必能够全面覆盖理想的时间、空间范围，而是只能进行抽样采集，得到数据流(Data Flow)，如天气气象数据、水文条件数据、市场价格数据等。

上述的四种流动过程整体上呈现出从具体到概括的趋势，即其抽象程度逐渐提高。在物质的流动过程中，有的是人类能够直接观察的，如水体的流动；有的则是无法直接看到的，需要根据所引发的相关现象来进行观察，如空气的流动。能源能量的流动过程就已经基本无法通过视觉来进行观测，但冷暖变化等尚可以被生物体所感知。信息发生的流动则基本超出了生物学意义上人类所能直观感知的范围，而人类利用各种手段针对物质流和能量流的过程进行信息获取，就得到了数据。可以认为，从信息到数据，这种对抽象事物进行系统认知的过程是人类作为智慧物种区别于其他动物的典型特征。这一过程对经历了长期文明演化的人类来说是充满挑战的。

随着人类社会的技术进步，尤其是在工业革命进入电气化时代以后，人类的生产规模和贸易范围进一步扩张，逐渐产生了全球化(Globalization)的趋势。此时局部的、小规模的数据流渐渐无法满足社会发展的需求。于是在20世纪中晚期，能够实现更大范围数据流动的互联网(Internet)应运而生，也标志着人类正式迈入信息时代。

值得注意的是,在互联网形成与发展的早期,参与联网和进行数据传递的设备主体基本仅限于计算机,参与和控制数据流的主体也仅限于计算机的用户。此时的数据生成、传输、使用,基本上是以人为中心的。此时的互联网本身也可以看作由人构成的网络,是传统人际交流模式获得的新形态,因此在应对现实世界丰富多样的具体需求场景时,往往面临着较大的挑战。在很多学科信息化建设的早期发展阶段,各种具体样品和数据指标的采集、测量和录入都是通过人工完成的,这使得相关的低效重复劳动消耗了大量的财力、物力和人力资源,极大地影响了相关领域数字化进程的速度和效率。以能源勘探开发的相关工作为例,研究人员需要耗费大量精力来使用精度和稳定性都难以保障的传统罗盘、手绘地图来记录野外工作点位和所发现的能源矿产的具体地理位置等关键信息,野外工作中仅有一小部分时间真正用于具体的地质工作。另外,由于人工环节难免出现的纰漏和失误,这一历史时期相关领域的数据质量往往也受到较大影响。

随着全球定位系统(Global Positioning System)、地理信息系统(Geographic Information System)、遥感技术(Remote Sensing Technology)、传感器技术(Sensor)和无线通信技术(Wireless Communication)等相关新兴领域的全面建立与发展,人们在传统互联网的基础上进行延伸和扩展,提出了物联网(Internet of Things,IoT)的概念,其基本特征在于将物理世界(Physical World)与数据世界(Data World)相连接,使数据的生成、传输、使用等过程中,有了直接来自物理世界的、基本未经过人工解译的原生数据(Raw Data)。相关技术的进步使得整个产业链条上的几乎所有工作流程都得到了效率的提升,并且提高了数据质量的稳定性和可靠性,进而实现了数据"井喷式增长",又带来了大规模数据和持续增长数据的新挑战。

3.2.2 信息化传输技术的广泛应用

人类所构建的早期的数据世界存在代表性、精度和有效范围等多个层面上的困难。造成这些困难的原因是多样的:首先,离散数据和连续信息之间存在固有的矛盾,人类的数据采集在过程上通常是离散的(Discrete),而物理世界的原始信息往往是连续的(Continuous);其次,由于测量技术和仪器设备等多方面的限制,早期的测量结果在精度上存在着较大的振荡空间,在标准单位和进位体系等方面也存在壁垒,在缺乏具有针对性的有效处理方法的状况下不利于联合应用;最后,由于缺乏大规模持续存储数据并进行有效分析的基础设施和技术手段,前工业革命时代的数据采集所能覆盖的信息在时间尺度和空间范围上相当有限,这一限制也大幅制约了所采集数据在历史和地理上的有效应用范围。

以太阳能为例,作为植物光合作用的重要能源来源,这是人类应用历史最悠久的能源,对农业文明来说尤其重要,因此相关的观测数据也具有极高的战略意义。华夏文明对太阳进行了长期的观测和研究,进而制定了高度成熟的历法体系,并形成了节气等概念,指导农业生产,实现对太阳能利用的最大化;然而,这一体系主要适用于黄河流域中游地区,由于地域间存在地理位置和地貌形态等多种因素引发的气候状况差异,不能完全照搬到长江流域、珠江流域及东北的辽河流域和松花江流域。

另外,由于全球气候存在周期性或非周期性的变化,根据相对较短时间尺度内的观测数据所推演出的规律也往往可能陷入局部最优化甚至过拟合的困境,无法适用于其他历史时期。例如,殷商末年到周代初期、东汉末年、唐代末年五代时期及明朝末年,在华夏地区都出现了小冰期寒冷气候，迥异于常态的连年寒冷极端气候，导致了农业减产和社会动荡。

3.2.3　前沿应用：全面加速赋能

随着物联网及各种相关基础技术实现了物理和数据这两个世界的连接，越来越多的新兴信息技术被应用到能源相关产业，包含开采、传输、交易、加工、利用等整个能源生态链条的众多环节。针对新时代能源领域所遇到的新问题，各种新兴技术被全面引入，实现了行业的整体加速赋能。

大数据（Big Data）技术的引入有效解决了数据在时间尺度和空间范围上持续扩展与积累带来的存储和统计分析等重大基本问题；发端于网格计算的云计算（Cloud Computing）等新型算力组织和分配模式为能源相关产业带来了算力支持上的灵活性和便利性；边缘计算（Edge Computing）及云边结合等进一步发展形态调和了中心化和分散化的结构冲突；机器学习（Machine Learning）等相关技术的应用提高了应对风险的能力；在去中心化、加密、分布式存储等技术基础上发展来的区块链（Block Chain）相关技术为能源交易等传统场景带来了路径上的新选择。

在此基础上，更有学者提出了将物理世界和数据世界进行全面联接互通的畅想，即元宇宙（Metaverse）的概念。在能源相关领域，也已经有一些学者针对这一强交互性和超时空性的生态系统在能源相关场景的应用上提出了探索性的构想。

3.3　物联网技术

由于篇幅和题材的限制，本节介绍的仅仅是与智慧能源体系建设密切关联的、当前普遍应用的部分技术框架，难以做到全面覆盖，更不能包含完整的演化路径和发展趋势。对更深入内容有学习需求的读者，可以去阅读相关领域的专门著作，以及相关技术联盟的官方网站和官方文档。对于初学者来说，官方网站和官方文档往往是最具有参考价值的信息来源：官方网站一般会有相关项目的持续更新通告和详细说明；官方文档往往会对相关技术所涉及的各种场景提供全面的、详细的介绍。此外，相关技术的爱好者论坛、开发者群组等网络社区也往往是与之相关技术研讨的重要平台和媒介，可以用于了解相关技术的最新应用场景，获得样例代码参考等。

3.3.1　物联网技术概要

物联网（Internet of Things，IoT）的概念是对互联网的扩展和延伸，将人类信息网络从人之间延伸到人与物之间，扩充了网络主体，丰富了网络结构成员的多样性。物联网可以划分成感知层（Perception Layer）、网络层（Network Layer）、应用层（Application Layer）三层结构，这三层结构之间的关系，实际上也体现了物联网这一概念从产生到发展再到成熟的历史沿革。

在物联网这一概念提出伊始，首先要解决的是对物体进行标记的问题，即要做到“任何一个物体都有一个标记”。标记（Label）是对事物进行特征描述（Feature Description）和数据采集（Data Collection）的必要基础。与语言学意义上的事物名称不同，物联网语境下的标记往往要面对多个同类个体之间相互区分，以及对不同类别个体进行检索等复杂场景。通用用户标识符（Universal User Identifier，UUID）、射频识别（Radio Frequency Identification，RFID）、条形码（Bar-code）和二维码（Quick Response Code，QR Code）等技术手段的出现和广泛应用已经逐渐解决了对事物进行标记的问题。

在标记的基础上，物联网在功能上随着社会需求的发展而逐步进化，各种用于感知温度、湿度、重力、压力、光强、压强、加速度、地磁场等外界环境参数的传感器逐步被广泛应用。结合上述标记技术，逐步形成了全面感知、个体识别和数据采集的基础功能层，即物联网的感知层（Perception Layer）。

感知层就像生物体对外界自然环境进行感知的各种感觉体系，各种传感器设备在为物联网提供视觉、听觉、嗅觉、味觉、触觉等基础感觉类型的基础上，又增加了对加速度、磁场及特定化学成分等多方面的感觉功能。作为直接继承自标记功能的基础层面，感知层主要负责全面感知、个体识别和数据采集这三个方面的工作，是物联网发展的基础部分。感知层是最主要的信息来源，感知的及时性、识别的准确性、采集的可靠性对整个物联网的运转都至关重要，因为这些是后续数据传输和智能化应用的基础。

在感知层实现了对事物的感知、识别并进行数据采集后，就到了数据传输的环节，这就需要网络层（Network Layer）的参与。网络层在物理上可以看作是传统互联网的超集（Super Set）。物联网的数据传输既可以利用传统互联网进行信息传输，如光纤、双绞线、同轴电缆、无线网络（Wi-Fi）和网状蓝牙网络（Mesh Bluetooth）等多种传统网络传输介质，也可以根据具体场景的特点和实践中的具体需求来灵活应用具有对应性的物联网体系架构，如电力线通信、微功率短距离无线通信（如 ZigBee 协议）、低功耗广域网调制通信（如 LoRa 技术）、窄带宽蜂窝互联网络（如 NB-IoT 技术）等。常见物联网所用无线通信技术对比如表 3-1 所示。

表 3-1 常见物联网所用无线通信技术对比

通信方式	Wi-Fi	Mesh-Bluetooth	ZigBee	LoRa	NB-IoT
部署方式	节点＋路由	节点	节点＋网关	节点＋网关	蜂窝组网
节点容量	小	大	小	大	大
续航时间	数小时	约数天	约 2 年	约 10 年	约 10 年
常用范围	50 米	10 米	10～100 米	10 公里以上	10 公里以上
造价成本	高	低	低	中	高
频段范围	免授权 2.4GHz、5GHz	免授权 2.4GHz	免授权 868MHz、915MHz 和 2.4GHz	免授权 Sub_GHz	运营商频段
适合场景	室内	室内	室内外小范围近距离低数据量场景	室外大范围蜂窝覆盖	室外大范围无蜂窝覆盖

在具体的应用场景上，由于要考虑节点成本、组网方式、运行寿命、传输速率、覆盖范围、部署难度等多方面的因素，目前并没有一种能够满足所有的物联网智慧能源系统的技术方案。本书后文将介绍几种已经得到普遍应用且基本实现规模化和商用化的技术方案，并对各自适合的应用场景进行简要的说明。

网络层所传输的数据在到达应用场景后就到达了应用层（Application Layer），其主要的使命是使用所接收到的各种数据来实现具体的功能需求。应用层是物联网体系架构的最顶层，需要实现的最基本功能是对数据的存储和加工，在此基础上为用户提供丰富多样的服务，如智能化识别、定位追踪、监控管理、特征提取与类别划分等。

特别要注意的是，应用层所涉及的识别与感知层的智能化识别并不是同层次或者相似的识别，而是在抽象程度上存在显著差异的不同概念：感知层所进行的识别往往是针对一般性个体与其他个体进行简单区分的具体识别；而应用层的识别通常是在达到相当规模的数据积累后基于所获的数据利用数据科学方法而得到的抽象识别。类似地，在定位追踪上，感知层所进行的也往往是针对某个具体事物个体的位置记录，而应用层的追踪对象通常是跨个体的位置认知或者与个体事物未必具有直接对应关系的抽象概念。以识别的对象举例来说，在感知层可能会识别到某个事物个体是一个球形，而应用层会识别出该事物是足球。

另外需要特别关注的是，对物联网的分层是抽象意义上的，而未必存在严格对应的物理层面的分层。例如，在实际的工程实践中，感知层和应用层就未必有物理上的区分。随着近年来移动设备在个体算力和存储容量的逐渐提高，以及相关工艺制程提升带来的成本逐渐降低，将感知层和应用层集中于移动设备并用于物联网应用实践的案例越发多见，甚至形成了主要由移动设备构成的移动云计算新范式。例如，基于双层融合的移动能源监测和管理架构在无人机集群等涉及国防安全领域应用的场景，在电子战和信息战成为时代主流的当下都具有重要的战略意义。

传感器等相关领域内容繁杂，而相关技术演进对于智慧能源领域的理论方法发展和技术改进应用等并不具备直观的相关性，因此不在本章介绍范围内。后文将主要介绍网络层的若干硬件基础技术和应用层软件方面的一些新时代信息技术。

3.3.2　短距离自组网络：ZigBee 协议

ZigBee 的得名源自蜜蜂在空中使用类似 Z 形的移动轨迹进行信息传递，Zig 即指代“Z”形，而 Bee 即蜜蜂。ZigBee 协议是一种低速率无线个人局域网络（Low-Rate Wireless Personal Area Network，LR-WPAN）协议，建立在 2006 年修订和 2007 年增强的 IEEE 802.15.4 标准之上。IEEE 802.15.4 标准定义了无线传感器设备、射频识别设备、条形码等工作的物理层和介质访问控制层。ZigBee 在该标准的基础上扩充了网络层实现对路由协议的支持，加入了加密层来支持数据安全，提供了面向应用开发的应用层。

ZigBee 协议的主要设计场景为短距离双向无线通信，其设计通信速率的范围是 20～250kb/s，设计传输距离为 1～1 500m，单个节点可以管理 254 个子节点，最大节点规模的网络可以支持超过 65 000 个节点同时连接。在所用频段方面，由于各地区的政策限制差异，ZigBee 使用的是免执照的工业科学医疗（Industrial，Scientific and Medical，ISM）频段，可以选择 868MHz、915MHz 和 2.4GHz 三个频段的网络进行通信：868MHz 适用于欧洲地区，可用通道数为 1；915MHz 适用于北美地区，可用通道数为 10；2.4GHz 则为全球通用频段，可用通道数为 16。各个不同频段之间的传输速率也存在差别，详情如表 3-2 所示。

ZigBee 可以方便地搭建层次化的结构和多样化的功能，同时支持动态、静态节点，能够实现多节点的自组织连接，并提供树型、星型、网状三种网络拓扑结构。由于其具有对地理定位功能的支持，ZigBee 非常适用于嵌入式环境、自动控制和远程控制等场景，也在智慧家居、商业智能和工业应用等众多场景中充当无线解决方案。

表 3-2 ZigBee 工作频率

频段类型	频率波段	使用区域	传输速率/kb/s	信道数目
ISM	868MHz	欧洲	20	1
ISM	915MHz	北美	40	10
ISM	2.4GHz	全球	250	16

ZigBee 的核心优势包括低功耗、低成本、低延迟、低风险。两节常规的五号电池一般足以支持一个 ZigBee 节点运行 6 个月以上,甚至可以达到 24 个月以上。由于 ZigBee 协议专利免费,且使用免费频段,其成本极低。ZigBee 节点的工作状态转行和网络接入等操作只需要几十毫秒的时间。ZigBee 还提供了支持 AES128 加密算法来保障数据安全。

如图 3-1 所示,ZigBee 的三种网络拓扑结构各具特点:星型拓扑结构最为简单,但容易存在通信的性能瓶颈,并且可能发生协调中心宕机带来的整体网络瘫痪风险;树型拓扑结构能够保障层级结构,实现消息路径传递的唯一性,但路由节点的故障依然可能会影响子节点与网络中其他成员的通信;网状拓扑结构是最具灵活性也最具可靠性的一种拓扑结构,在某台路由节点宕机后,ZigBee 的网络自组机制会寻找替代路径继续完成数据传递,但这种拓扑结构无法保障通信路径的确定性。

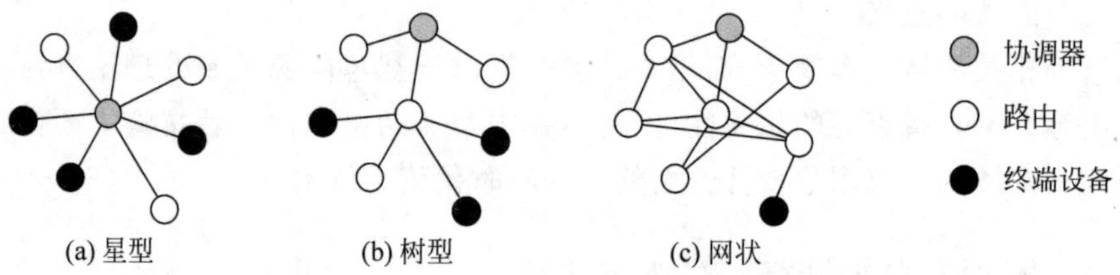

图 3-1 ZigBee 节点的三种拓扑结构

总结来看,ZigBee 网络适合的应用场景具有以下特征:①大规模数据采集或监控记录的需求;②对单个节点设备的成本敏感;③节点间的数据传输规模不大;④具有一定的数据加密需求。

需要注意的是,ZigBee 在应用中也存在技术上的缺陷,尤其是其全球通用的 2.4GHz 频段的信号容易受到多种来源的干扰,并且容易受到障碍物的阻隔。针对这类问题,采用射频放大或提高功率等手段会丧失 ZigBee 的低成本和低功耗优势。

综上所述,在智慧能源系统的建设中,对 ZigBee 网络的应用需要根据实际需求来确定,并且有必要根据对应场景的工作需求来灵活调整所用的网络拓扑结构。

3.3.3 广覆盖低功耗组网:LoRa 技术

LoRa(Long Range)技术是一项低功耗广域网调制专有技术,在 2010 年由法国创业公司 Cycleo 推出,后来被 Semtech 公司收购,首发于 2013 年 8 月,是由基于 Sub_GHz 的超长距离和超低功耗而实现的无线通信技术。LoRa 是首次将军用领域通信场景中常见的数字扩频、数字信号处理和前向纠错编码技术引入民用场景的芯片产品。

如图 3-2 所示,LoRa 在实际应用场景中使用的是经典的星形拓扑结构,具体结构成员分为网络服务器(Network Server)、网关(Gateway)和终端设备(End Device)。在 ZigBee

协议中，各成员节点在功能定位和连接协议等层面上往往是相对基本平等的；而 LoRa 技术的星形拓扑结构中的上述三种成员具有各自的独特功能，分别负责不同的工作层次，彼此间具有不同的连接方式。LoRa 中的网络服务器负责下行数据的处理和发送，并提供网络控制管理等功能；网关负责接受和转发终端设备所采集的数据；终端设备负责数据采集和向网关发送上行数据。LoRa 中的终端设备可以与一个或多个网关进行通信。LoRa 中，网络服务器与网关之间一般通过 TCP/IP 协议连接，而网关与终端设备之间则是 LoRa 协议连接。

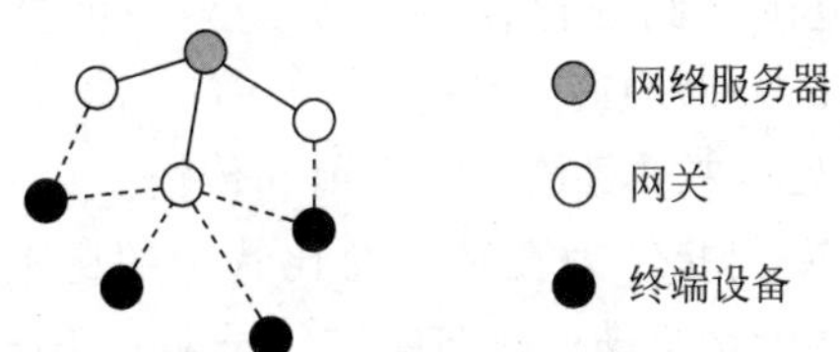

图 3-2 LoRa 的星形拓扑结构

需要注意的是，本节的标题上用的是“LoRa 技术”，这是因为在 LoRa 的应用场景中，不仅仅有网关与终端设备之间的连接使用的“LoRa 协议”，还存在使用 TCP/IP 协议的环节，因此要称整体为“LoRa 技术”，而不能称整体为“LoRa 协议”。此处需要广大读者注意区分。

在不同地区，LoRa 提供了针对对应区域频道标准的可用工作频率波段范围，如表 3-3 所示。为了实现长距离的信号传输，LoRa 利用了扩频通信(Spread Spectrum Communication, SSC)的原理，牺牲带宽，提升信噪比。在常见的 LoRa 模块上，可以修改的主要配置参数一般包括扩频因子(Spreading Factor，SF)、带宽(Bandwidth，BW)、编码率(Coding Rate，CR)和低速率优化(Low Data Rate Optimization，LDRO)选项。

表 3-3 LoRa 工作频率

频率波段/MHz	频道标准	适用区域
779～787	CN779	中国
470～510	CN470	中国
920.5～924.5	AS923	亚太
865～867	IN865	印度
920～923	KR920	韩国
902～928	US915	美国
864～870	RU864	俄罗斯
863～870	EU868	欧盟
433.05～434.79	EU433	欧盟
915～928	AU915	澳大利亚

扩频因子(Spreading Factor，SF)用于衡量构成单个符号(Symbol)的码片(Chip)规模，这个码片规模通常使用 2 的指数，此时的幂次数即扩频因子。例如，若单个符号包含 128 个码片，则此时的扩频因子为 7；若单个符号包含 256 个码片，则此时的扩频因子为 8。一般来说，在 LoRa 网络中的扩频因子范围通常为 7～12。扩频因子越大，因单个符号所用的码片规模越大，故从接收器端就需要获得的处理增益也越多。

带宽(Bandwidth，BW)是用于指代传输基带数据的线性调频信号的调频范围，LoRa 使

用的是双边带宽，带宽范围为7.81～500kHz。确定了扩频因子和带宽后，就可以计算传输单个符号所需要的时间，即空中时间，计算公式为

$$T_s = \frac{2^{\mathrm{SF}}}{\mathrm{BW}} \tag{3-1}$$

需要注意的是，初次学习相关知识的读者可能会在此处产生疑惑：此处的带宽与上面的频率波段的基础单位都是Hz，可能会被混淆。这两者实际上是要严格区分的：频率波段是发射信号时所使用电磁波的绝对波段，是一个连续电磁波的频率范围；而这里的带宽是发射信号所用信道的相对范围。此处提供一个实例来帮助读者进行区分：在某地使用CN779标准，频道波段为779～787MHz，带宽为125kHz，即可以在779～787MHz范围中选择一段宽度为125kHz的范围来进行信号的发射和传输。

编码率(Coding Rate，CR)是指有效比特在总比特中的比重。在LoRa技术中，除了有效比特外，支持使用额外的冗余比特进行前向纠错(Forward Error Correction，FEC)。一般来说，将4位的原始有效比特编码为5位、6位、7位、8位来进行传输，可以显著提高系统的健壮性。当然，作为纠错校验用途的冗余比特本身的增加，在提高通信质量和可靠性的同时也增加了传输时间，势必造成传输上的额外开销，如表3-4所示。因此，在工程实践中，设计和构建LoRa网络需要详尽分析所使用场景的具体需求，从而灵活选用合适的编码率，在传输效率和系统健壮性之间进行权衡。

表3-4 LoRa编码率工作频率

编码率	冗余比特	传输开销
4/5	1	1.25
4/6	2	1.5
4/7	3	1.75
4/8	4	2

确定了扩频因子、带宽、编码率这三个参数后，就可以得到数据速率(Data Rate，DR)的计算公式为

$$\mathrm{DR} = \mathrm{SF} \times \frac{\mathrm{BW}}{2^{\mathrm{SF}}} \times \mathrm{CR} \tag{3-2}$$

根据公式(3-2)可知，LoRa组网的传输速率受到扩频因子、带宽、编码率三个参数的共同影响。在实际工程应用中，上述参数的组合还决定了理想传播距离。下面以带宽为125kHz、编码率为4/5为例，对比不同扩频因子下的数据速率、理想传输距离和10字节数据的空中时间，如表3-5所示。

表3-5 带宽为125kHz、编码率为4/5的LoRa网络工作状况

扩频因子	数据速率/bps	理想传输距离/km	10字节数据的空中时间/ms
7	5 470	2	56
8	3 125	4	100
9	1 760	6	200
10	980	8	370
11	440	11	740
12	290	14	1 400

低速率优化(Low Data Rate Optimization,LDRO)选项用于低数据速率和超长空中时间的场景,将其设置启用可以将每个符号位数在指定的扩频因子基础上减去 2,有利于接收机对 LoRa 信号的跟踪。

需要注意的是,LoRa 技术在实际应用中存在一些不足之处。LoRa 终端所利用的免费频道容易受到攻击,需要使用者和维护者随时对安全漏洞保持警惕。另外,LoRa 技术整体受美国公司 Semetech 的控制,在国际贸易争端常态化和市场存在去全球化倾向的时代背景下,有可能带来专利和授权等多方面的潜在隐患。

3.3.4 窄带蜂窝互联网络:NB-IoT 技术

窄带物联网(Narrow Band Internet of Things,NB-IoT)是一种低功耗、广覆盖(Low Power & Wide Area)的物联网。

NB-IoT 可以看作在对 LTE(Long Term Evolution,一种 4G 无线宽带标准)进行精简和舍弃而得到的一种窄带无线接入技术,二者可以使用共同的物理设备,在同一个物理网络中可以同时支持运行。在现有的 LTE 网络上,也可以快速部署实现 NB-IoT 网络的搭建。

NB-IoT 的一大优势是其支持海量设备连接的特性,一个基站的网络接入可以容纳高达 10 万规模的节点。在同样的物理条件下,NB-IoT 能够最大限度地接入各终端,设计的理想覆盖范围是 LTE 的 20 倍左右,同一基站的接入容量是现有 LTE 网络的 50 倍以上。

NB-IoT 在安全上更有保障,所用频段为电信运营商专有频段,基于电信运营商网络提供服务支持,能够得到商用通信水准的安全保障。作为未来通信服务市场的潜在增量空间,我国的各大运营商均分配了用于 NB-IoT 的频谱资源,具体如表 3-6 所示。

表 3-6 中国四大电信运营商提供的 NB-IoT 频谱资源 单位:MHz

运营商	上行频段	下行频段	频段宽度
联通	909~915	954~960	6
	1 745~1 765	1 840~1 860	20
电信	825~835	870~880	10
移动	890~900	934~944	10
	1 725~1 735	1 820~1 830	10
广电	700	700	未分配

NB-IoT 另一个突出的优势是极低的功耗,使用电池供电的 NB-IoT 设备在理论上的续航时间可以达到 10 年以上。对应地,NB-IoT 的传输速率较低,下行峰值为 250kb/s,上行速率的范围为 160~250kb/s。

相比于 ZigBee 协议和 LoRa 技术,NB-IoT 由于使用了各自运营商提供的专有频段和商用通信级别的安全加密,在抗干扰和安全保障两个方面都有显著优势,其拓扑结构如图 3-3 所示。而且,由于 NB-IoT 可以直接利用已有的运营商网络,并且各大运营商提供了维护服务,其建设成本相对较低。不过,需要注意的是,其终端成本可能会高于 ZigBee 协议和 LoRa 技术;而且,随着运行周期的延长,硬件上的网络建设和维护的费用其实会被逐渐摊薄,而 NB-IoT 方案对通信运营商的依赖可能在长期使用的场景下带来价格波动等不可控因素。在国际视野的能源矿产开发场景中,尤其是在社会秩序存在动荡的国家和地区,尤其需要谨慎考虑这种对当地运营商的服务稳定性和可靠性存在极强依赖性的技术方案。

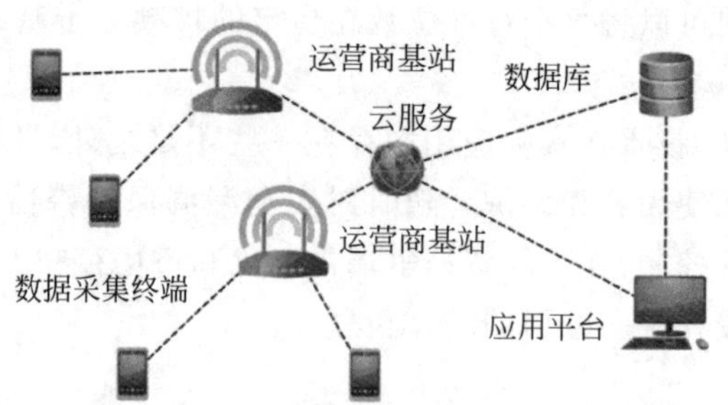

图 3-3 NB-IoT 基于运营商通信网络的拓扑结构

3.4 大数据与人工智能

离散的标量数据是传统数据的主要形态，无论是人工在野外或者工程实践场所直接采集或测量的数据，还是近现代以来使用各种仪器设备所采到的数据，在最初的状态上基本都是离散的一个个数值。这些原生数据(Raw Data)的离散(Discrete)主要体现在两个方面：一是测量和记录过程的离散性；二是测量数值在所测对象真实取值空间上的离散性。

离散矢量数据要对客观真实的自然世界进行描述，需要补充其在连续(Continuous)上的缺失。对此需要将离散标量数据矢量化，这一过程可以采用的方式主要有时间累积、空间分布、数值分析三种。时间累积的数据采集过程所得到的数据会形成时间序列，按照单向的时间轴可以构成与时间方向相同的数据矢量；空间分布的数据采集范围需要在数据采集工作开展之前对所研究的空间范围进行详尽分析，以实现最具有代表性的采样分布形态，但直接得到的数据往往是数值场的形态；数值分析方法可能是应用范围最普遍的数据矢量化方法，可以打破时间和空间对数据矢量构建的限制，进行更高抽象程度和概括程度的信息提取。

以太阳能和风能等在地表空间存在显著分布差异的能源为例，时间范围、地理位置、海拔高度、地表形貌、植被覆盖等多种参数都可能产生重要影响，因此使用单一类型的矢量数据已经无法进行详细描述，需要引入更高阶的张量数据。随着研究对象和相关过程的复杂化，在更复杂的分析过程中甚至要将数据扩张或投射到无穷维度，然后使用各种维度降低手段来获得具有代表性区分作用的新型特征组合。

随着数据维度、数据规模及研究问题的复杂程度的全方面提升，在智慧能源建设领域，全面引入新时代的信息技术成为必然的选择。后文将主要介绍在存储、基础应用、算力支撑、结构优化、风险应对等多个环节所用到的各种新兴信息技术。

需要特别指出的是，业内对于大数据和云计算的发展关系存在相对普遍的一致认知，即从网格计算到云计算是一条更早的发展路径，其中专门针对数据存储和分析的相关领域衍生出了大数据技术。然而，从数据的原始采集、网络传输、长期存储和大规模分析的数据流的角度来看，先介绍大数据技术或许更有利于初学者产生一个自然的认知过程。实际上，目前的云计算领域中，大数据技术所针对的是分布式存储和分布式分析这一基础层面的问题，而云计算的两大典型特征是虚拟化和多用户，是通过网络以服务的方式提供计算机相关的各种资源，其中大数据技术所涉及的仅限于以存储为主的部分资源。

另外，由于篇幅所限，本书未对虚拟化等技术细节进行单独的介绍，实际上这部分的相关技术在日常的系统搭建等基础工作中也极为重要。目前市场主体中的云计算服务，总体来说是以将大规模的计算机体系资源通过精细切割和灵活调度来提供给市场用户，这里主要用到的是一台宿主设备虚拟出多台客户设备，即"一虚多"；虚拟化的另外一个方向是"多虚一"，即将众多零散的计算机体系资源集合成一个整体来进行使用，这方面以超级计算机为典型案例。在能源矿产等具体应用行业，对虚拟化技术的应用往往已经植根于相关系统搭建的底层，读者在初步学习的阶段对上述内容稍作了解即可。

人类社会的数据采集和分析利用的规模是随着社会进步而扩大的。自工业革命，尤其是电气革命以来，人类活动在地表的覆盖范围越发扩大，以往历史上未被人类涉足的区域已经越来越多地得到了探索和开发；以往已经被人类所开发和利用的区域也展开了精度、深度和广度等多方位越发强化的全面利用。这些全面的提升得益于科学发展和技术进步带来的仪器设备创新，更受益于人类的数据存储技术的突飞猛进。在冯·诺依曼架构计算机初步实现民用后的20世纪中晚期，大型设备的存储空间也仅在KB规模。以1969年7月21日登上月球的阿波罗11号所用的制导计算机（Apollo Guidance Computer，AGC）为例，其中央处理器（Center Process Unit，CPU）主频只有2MHz，运行内存（Random Access Memory，RAM）和只读内存（Read-Only Memory，ROM）分别只有2KB和36KB，成功引导了对阿波罗飞船在地球和月球之间的往返。半个世纪后，到了21世纪20年代，作为极其常见的个人电子消费品，智能移动设备的处理器主频早已达到GHz级别，运行内存往往在4GB以上，只读内存更是高达上百GB甚至可能达到TB级别。需要注意的是，这里在讨论数据存储规模时所使用的大写的B是字节（Byte）的缩写；而前文中提到的信号传输场景使用的一般是小写的b，是比特（Bit）的缩写。一个字节等于8个比特。

存储容量的提升给依赖相关技术的产业提供了巨大的助力，随着单体存储器的容量增大和整体存储方案的改进发展，在各种工业应用场景中，研究人员利用回归分析、判别分析、聚类分析、因子分析、主成分分析和决策树分析等多种统计分析相关的数据科学方法，对具有相当规模的数据进行了充分挖掘和利用，在20世纪末至21世纪初期获得了大量的相关成果。

然而在现实世界中的若干领域里，数据的持续增长速度可能很快超过存储容量提升的速度。这一方面是由于人类的数据采集工作和智能化建设始终在持续和扩展；另一方面是由于硅基芯片的光学加工技术和磁性材料的存储技术等与存储相关的多个领域陆续遇到了瓶颈。

这带来了存储和利用两方面的巨大危机：在存储上，体现为数据规模过大，超过了单个存储器甚至多个存储器组成的单个设备所能承载的最大容量；在利用上，体现为单个设备的算力和输入输出吞吐带宽等各方面不足以承担对数据整体进行读取和分析的功能。在这种情况下，长期积累的巨大规模数据无法得到有效的存储和灵活的利用，成为相关产业数字化和智能化升级的瓶颈所在。类似情景在能源矿产开发等领域显得尤为紧迫。

大数据规模的"大"并不是仅仅停留在数据存储占用容量这一个衡量尺度上的，而是在特征维度、数据关系等多方面均有体现。上文中以数据规模和存储容量为例来进行讲述，只是希望能够给读者以较为简明且形象的初步认知。实际的研究与开发等工作中，有的数据

规模可能未必很大，但特征维度极高，或者数据内外关系极其复杂，超过了单机乃至简单的集群所能处理的范围，也可以使用大数据技术来处理。

另外，大数据分析和处理的速度要求是源自现实应用的相关场景对信息获得、数据传输及决策执行等关键步骤具有重要的时效意义。例如，在能源矿产的勘探开发、期货交易和安全预警等过程中都需要在某一时间窗口内及时得到稳定、有效且可靠的结论。

由于采集种类、数据来源和数据类型等多种因素带来的差异，大数据技术所要面对的数据往往具有跨域的特征和稀疏的维度，这使得基础的传统统计分析手段难以奏效，只有专门对其进行清洗维护和转换处理，再使用具有针对性的跨域数据分析方法，通过维度映射与特征萃取等手段，才能获得有效的分析结论。

价值的低密度性，往往是新接触大数据领域的读者容易产生疑惑之处。一般的读者在未作深入了解的情况下，往往误以为大数据的价值密度会更高，而实际上，大数据的价值密度通常都是降低的。首先要明确的是，这里的价值不只限于商业价值，更是一种抽象意义的概括。这里的价值密度既包含存储容量意义上的价值密度，也包含了从时间尺度上对数据价值的衡量。存储容量方面相对较好理解，人类社会所关注的信息价值往往是存在一定上限的，至少不会随着数据的无限积累而带来对应的价值的无限积累。随着数据规模的增大，总体数据所蕴含价值的规模也是增大的，但其增速一般来说将会随着数据规模达到某一程度而逐步降低，对应的就是数据整体的价值密度下降。同时，从时间角度上，大数据所发挥的效用往往是在某一时间窗口范围内的，而不是整个存储积累周期上的，而对这一时间窗口的出现往往难以判断。

大数据技术的重要里程碑是 Yahoo 公司在 21 世纪初期开发的 Hadoop 项目，类似的还有后面来自原 Facebook 公司的 Hive，以及来自加州大学伯克利分校的 Spark。

前文所涉及的硬件平台参数和智慧能源应用场景具有紧密的联系，因此对相关技术参数也进行了初步的介绍。这些大数据相关开源框架和技术体系的具体细节对智慧能源领域来说并无详细赘述的必要。因此本节将主要介绍智慧能源相关领域利用大数据分析与处理的几种常见方法。

可视化(Visualization)是能源矿场相关领域利用大数据分析的常见需求。这一需求存在于资深业内专家、行业从业人员、普通用户及观看查阅者等各个层次。可视化使得数据能够以直观的形象展示给观看者，形成最朴素、最直接的基本认知。需要注意的是，一般来说，大数据的“大”可能有多种层面的意思，有的是单纯的数据规模大，有的是数据维度高，还有的是数据关系极其复杂。在高维度数据的场景下，直接进行的可视化往往未必能够形成具有认知意义的初步印象，还需要对其数据实行进一步的挖掘。

数据挖掘(Data Mining)特别适用于简单可视化难以形成有效认知的大数据场景，当然也可以为可视化得到的初步印象进行更深层次的信息挖掘，得到更优质的结论。这一过程中所用到的算法需要考虑到不同的数据类型和格式，对待零值、空白项目、异常值和稀疏情况等都需要有对应的数据预处理手段。

数据质量管理(Data Quality Management)是大数据分析的基础保障，针对异常数据的各种预处理是前期的重要工作内容，新增数据的质量管控是运行过程中的系统保障，整体数据的快速增删改查是其核心功能。

预测(Prediction)是大数据分析最重要的应用目的之一。通过前面所述步骤萃取到数据的核心特征维度和内外关联关系，然后基于数据关系建立模型，从而通过模型对未来或者未检测的场景可能遇到的结果和发展趋势进行预测。

需要注意的是，上述过程之间并不具有固定的先后关系，在实际的能源矿产等相关场景的应用实践中，往往可以先进行初步可视化，得到初步认识，然后根据数据质量进行数据挖掘或者数据质量控制，再对萃取到的新数据进行再次可视化或应用各种统计分析手段，最终形成模型后进行预测。

综上所述，对大数据技术的全面整体利用，将构成产业升级的基础，为进一步应用云计算、边缘计算等高层次技术体系奠定基础。因此，大数据技术将成为未来智慧能源领域的重要基础设施建设项目。

3.5 区 块 链

2008 年 11 月 1 日，一位自称中本聪(Satoshi Nakamoto)的人发表文章阐述了基于 P2P 网络技术、加密技术、时间戳技术、区块链技术等的电子现金系统的构架理念；2009 年 1 月 3 日，第一个序号为 0 的创世区块诞生；2009 年 1 月 9 日，出现序号为 1 的区块，并与序号为 0 的创世区块相连接形成了链，标志了第一个区块链的诞生。

通俗地说，区块链技术的本质可以认为是一种分布式账本，这个账本记录了同一网络下的每一笔点对点的交易，经过确认和证明后，交易汇集在基于时间序列的每一个区块中，而区块之间通过加密算法得到的防伪标识和位置关系连接起来，形成了链式结构，因此就称为区块链(Block Chain)。

区块链网络的分类可以根据其权限结构的开放程度来划分成私有链、联盟链和公有链。私有链最为封闭，安全性最高，适合企事业单位或者特定机构内部使用；联盟链的系统仅面向注册许可用户开放，适用对象限于联盟成员，可以用于企事业单位或者机构之间；公有链则完全开放，允许任何人参与区块链数据的维护和读取。

在技术层面，区块链技术本身并不是凭空创造出来的，并非一种单独的技术，而是对已有的成熟技术进行组合创新，形成一种数据记录、存储和表达的新方式。其中的基础技术包括分布式存储、点对点传输、共识机制、加密算法和智能合约。具体来说：分布式存储构成了区块链技术的存储基础，是其数据的直观存在形式；点对点传输是区块链技术的传输基础，决定了其整体的网络拓扑结构；共识机制为区块链网络提供了秩序基础，保障了网络成员节点间的信任关系和有序行为；加密算法是区块链存储的安全基础，在传输和存储数据的具体层面及权限验证的抽象层面保障了各节点和整个网络的安全；智能合约在高度概括的层面为区块链的运行提供了信任基础，也是区块链技术在多种社会场景中展开应用的重要切入点。

从数据角度来看，区块链的本质可以看作强加密保护的分布式数据库(Distributed Database)。这里的"分布式"是具有双重意义的：首先是数据的存储层面上，区块链的数据存储形式是分布式的，这一点也是区块链的技术基础；在更深层面上，与传统数据库不同，区块链作为分布数据库，其控制权是分布式的，由整个系统的参与者共同维护。

去中心化(Decentralization)是区块链网络的重要特征，作为一个有众多节点的分布式存储系统，一个区块链网络中的各个节点都可以自由连接，形成新的连接通路，任何节点都可以在特定时间范围内成为阶段性的中心，但不具备强制的中心控制功能，如图 3-4 所示。这种开放式、扁平化、平等性的高度自治体现在分布式存储和分布式控制两个层面上：分布式存储实现了数据层面的去中心化，使得单个节点甚至若干节点的故障不会影响到整体数据的完整性；分布式控制实现了运行层面的去中心化，使整个网络的有序运行不对若干具体节点存在依赖性。

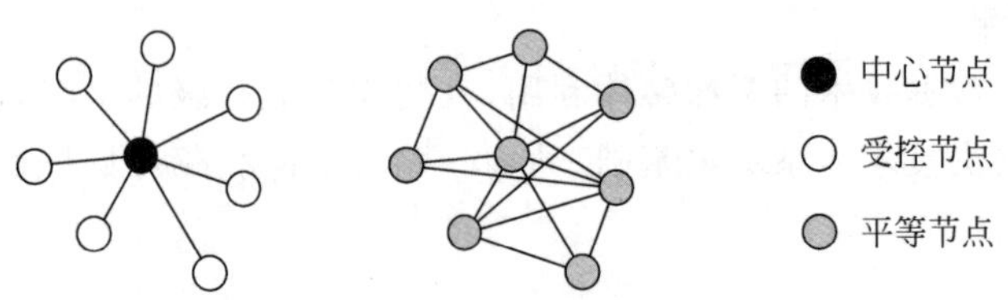

图 3-4 中心化与去中心化结构对比

共识是区块链技术的又一特征，这得益于其采用的共识机制(Consensus Mechanism)。目前在区块链领域中常用的共识机制包括工作量证明(Proof of Work，PoW)和权益证明(Proof of Stake，PoS)、委托权益证明(Delegated Proof of Stake，DPoS)和实用拜占庭容错算法(Practical Byzantine Fault Tolerance，PBFT)，也有学者在探索基于人类社会学行为等多重因素的信誉证明(Proof of Reputation，PoR)。这些共识机制所要解决的是一个共同的问题，即如何达成共识去认定一个记录的有效性，并防止篡改的发生。在同一共识机制下，同一区块链网络内的各节点间的数据有序流动和记录得以实现。

共识机制都是入网节点之间所共同遵守的，对共识机制的选择必须谨慎，由于共识机制都是人工制定的，注定不可能完美。以目前应用最广的工作量证明和权益证明来说，都存在各方面的缺陷和不足。工作量证明往往会造成大量的无效运算，导致算力的大量浪费，更平白消耗了大量的能源，加剧了半导体材料的寿命消耗，从碳排放和碳中和等角度来看是极大的浪费，从单位时间内的交易次数的角度看更是惊人的低效。权益证明有自身的限制，虽能比工作量证明降低能源等方面的浪费，却容易形成强者越强、弱者越弱的马太效应，不利于社会公平。针对这一问题，相关领域的研究人员逐渐引入了基于社会行为和社会公正等方面的设计。然而，此类新设计目前仍处于较为初步的阶段，难以广泛应用，且目前依然普遍存在显著的不足。以社会声誉为基础的证明机制为例，目前技术条件下所能覆盖的范围仅限同一区块链网络内，难以对参与个体的全部或主体社会行为进行全面采集和评估。再进一步，即便相关的复杂的基于社会学的证明机制在变量采集上达到了大范围的覆盖，因其机制复杂而提高了运行的成本和风险。

行为透明和身份匿名是区块链网络的又一重要基础特征，也是令人在初次接触区块链容易感到迷惑的看似“相互矛盾”之处。在区块链网络中，整体的运行规则始终是公开透明的，所有的数据信息也都是公开的，因此任意节点之间的数据行为，如交易记录等，都是对整个区块链网络中的所有节点可见的，可以认为区块链网络是行为透明的。另外，节点之间是在同一共识机制下的，行为方的各节点身份无须公开，因此身份是可以匿名的。需要注意的是，这里的身份匿名是一种默认选中的可选选项，即在区块链网络中，身份可以选择匿名，也可以选择公开，如将其作为交易记录而公开。

智能合约是区块链技术中最便于应用到现实的环节，在缔结成约并上线后，任何人对合约无法再进行干扰，达到规定条件后，合约会自动执行。从数据世界向物理世界的连通和联动是智能合约从网络程序向现实合约转化的重中之重。另外，智能合约的达成过程和缔约内容的合法性校验也是对其未来应用具有重大影响的因素，若对此无法严格把关，将为合约的执行和后续过程带来极大隐患。以能源研究相关领域为例，跨区域、跨国家的合作场景极为常见，相关领域中应用智能合约等区块链技术就需要有充足的现实准备作为前期基础。

区块链技术的另一重要特征是其不可篡改性，这一点往往为其拥趸者极力宣传。但实际上由于不同区块链网络所采用的共识机制和加密方式等具体技术细节可能存在差别，对区块链网络进行的攻击也是多样的，尤其是在技术上无法直接攻破的系统也可能在社会工程的层面上被攻破。能源矿产等相关领域对安全性极为看重，因此不宜对区块链技术的安全性进行盲目乐观的估计。在具体的应用场景中，对区块链网络的防攻击等安全设计有必要从技术细节到相关行为人的社会关系等多个层面综合考虑。

总体来看，区块链技术的本质作用是便于在数据世界构建信任、达成共识，实现跨越时空、人脉、组织乃至跨越国家的信任关系的构建体系，解决多中心、弱信任的大规模分布式环境之间的信任问题。因此，目前区块链技术的应用场景包括供应环节的信息存储和追溯、信息体系的数据积累和维护、制造行业的数据检验和查证、支付对账方面的个体交易记录及金融服务场景下的资产数字化和清算结算等，构成了整体的生态，如图3-5所示。

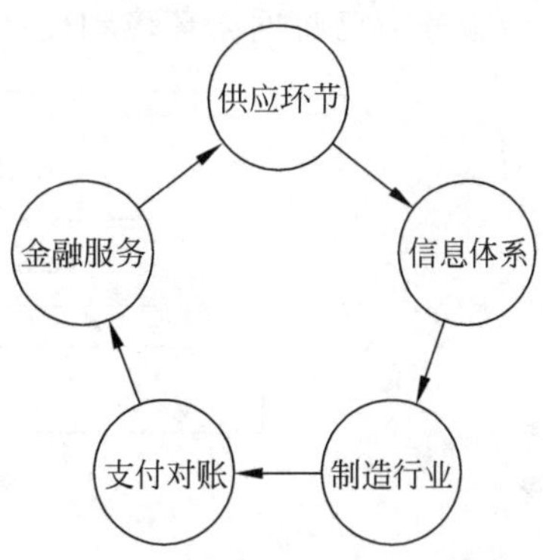

图3-5　区块链应用的生态场景

3.6　云计算与边缘计算

3.6.1　云计算赋能调度优化

云计算(Cloud Computing)的历史可以追溯到20世纪80年代SUN公司提出的“网络即计算机”的思想。其最初的发展形态可以认为是网格计算(Grid Computing)，这与集群计算(Cluster Computing)存在着显著区别。集群计算中，集群的节点一般必须是同构的，即集群成员必须都使用同类型或者至少互相兼容的硬件体系和操作系统，且彼此之间往往通过相同规格、相同协议乃至相同形态的方式进行连接；而网格计算中的节点可以是异构的，即网格成员可以使用不同类型的硬件体系和操作系统，而彼此之间的连接方式、速度和信号传输质量等都有较大的宽松空间。在集群计算中始终存在专用的集中式的资源管理设备，必须通过某种方式管理所有相连节点的资源；在网格计算中，各个节点都是独立的，各自管理各自的资源。

随着虚拟化(Virtualization)技术的进步，虚拟客户机使用宿主设备能达到的硬件性能越发接近物理设备的真实情况，因而在网格计算的基础上产生了将算力、存储、网络和平台等不同层次设备和资源组合作为基础设施共享的新技术，即云计算。

由于云计算平台往往需要具有足够大规模的存储作为底层基础，其应用通常是和大数据技术相伴随的。目前的云计算市场上存在众多的云服务提供商，国际云服务提供商有Amazon、Google和Microsoft等公司，本土的云服务提供商有百度、阿里、腾讯、新浪等公司。云计算的具体技术构成和构建体系，此处不再赘述。本节接下来将对云计算的几种应用场景进行简要介绍。

当前市场中主流云计算服务商提供了三个层面的服务类型，如图 3-6 所示，从底层到顶层分别是 IaaS(Infrastructure as a Service，基础设施即服务)、PaaS(Platform-as-a-Service，平台即服务)和 SaaS(Software as a Service，软件即服务)。如图 3-7 所示，与传统的全面自建的信息化数据中心相对比，上述三种层次的云计算服务为使用者提供了不同层次的资源组合，也在开发和维护等相关环节的成本上为不同需求层次的用户提供了充足的灵活性。传统信息化建设模式的使用者相当于要完整负责网络和硬件建设、操作系统安装、中间件配置与运行环境的搭建，然后在配置好的环境中实现自己的数据管理和高阶应用；IaaS 层面的云服务商已将网络环境和硬件设施维护好，用户只需要负责操作系统及之上的部分；

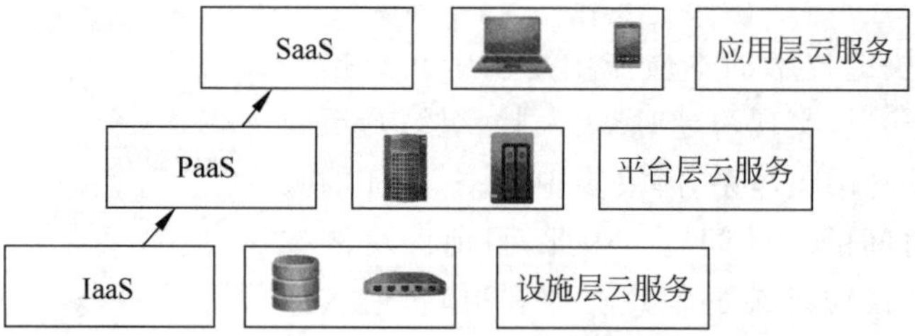

SaaS　应用层云服务
PaaS　平台层云服务
IaaS　设施层云服务

图 3-6　云计算服务的三个层面

图 3-7　传统信息化建设与三种云计算服务模式对比

PaaS层面的云服务商则提供了一直到运行环境的服务搭建，用户只需要在数据管理以上的层面进行开发；SaaS层面的云服务商更是通常已经提供了良好定义的接口甚至应用程序，用户所做的只是对相关资源的直接利用。

在经历了21世纪早期的快速商用化过程后，目前的主流云计算技术已经进入资源池（Resource Pool）的形式，可以根据具体的商用需求灵活提供IaaS、PaaS和SaaS等层次的服务功能。随着各地云计算数据中心的规模增长，云计算所面临的能耗问题、碳排放问题也逐渐得到相应领域学者的关注，在21世纪初期逐渐进入了“绿色计算”时代，针对云计算数据中心的资源调度和耗能优化等工作也在逐步推进。在云计算的节能问题和资源优化问题上，对云计算数据中心的能耗表现影响最为显著的是虚拟机的部署和动态迁移问题。

云计算数据中心为用户应用分配资源的基础单位通常认为是虚拟机（Virtual Machine），用户所用的资源和运行的应用程序及存储的数据都在这些虚拟机中，即客户机（Guest），而这些虚拟机运行于数据中心内的多个物理宿主机（Host）上。在实际运行中，综合考虑用电成本、有效功率、散热成本等多方面因素，物理宿主机的整体负荷存在对应的最优范围。当载荷低于该范围时，可以认为宿主机的资源未能得到充分利用；当载荷超过该范围时，则可以认为该宿主机的成本增长超过收益，服务商的利润发生亏损。针对上述场景，21世纪初期的大量关于云数据中心能耗的研究成果得到了若干技术手段的支持，实现了对物理机荷载的快速检测。在检测得到数据中心内各物理宿主机的荷载状态后，未实现效用最大化，需要将超载主机上的虚拟机迁移到欠载主机，这一过程的相关研究得到了各种策略下的最优化虚拟机动态迁移算法的支持。综上所述，对物理节点的载荷监测和负载调度，是降低云计算数据中心能耗的关键所在。

因此，在智慧能源的建设过程中，云计算服务不仅可以作为信息化智慧建设在设施层面上的一种重要服务，更可以作为调度优化和策略制定上的参考。以数据中心的主机荷载检测为例，相关技术在经过适当优化下就有可能用于能源供给中心或转存节点的负荷检测；而虚拟机动态迁移等场景下的成熟方法，则可以借鉴用于能源网络节点在局部或全局的调度优化。

反过来，能源网络的场景也可以类比云计算的使用场景。比如，传统的化石燃料汽车是直接将化石燃料在终端进行燃烧功能；而电动车辆则可以使用化石燃料集中燃烧发电，再用电能驱动车辆。传统的计算机相关的信息化工程建设，就像是将各种存储和计算的节点放到终端，靠近应用场景的位置；而云计算则是在网络数据传输带宽高、速度快、响应及时且可靠性可接受的情况下，将所有硬件设备都交由云计算服务商管理，用户终端只使用具体服务。当然，在云端和终端两者之间进行二选一未必能适应所有的需求场景，现实生活中有可能会发生云端响应需求不及时而终端处理能力又有限制的情况，对待这类需求，就可以考虑在云端和终端之间的边缘计算。

3.6.2　边缘计算应对需求响应

边缘计算可以看作在传统计算资源分配模式和云计算服务之间的一种过渡与衔接。近年来，商业化的云计算服务的重要特点是将存储和计算等过程交付于云端服务，这一过程极

其依赖数据传输网络。在数据采集持续进行且数据规模日益扩大的情况下，对云端的全面依赖将可能会在数据传输网络的带宽、可靠性、稳定性、时效性等形成持续压力。针对这类情景，在 2008 年，学术界陆续开展了对云计算资源下沉的早期探索，提出了微云(Cloudlet)、雾计算(Fog Computing，FC)等衍生概念。到了 2014 年，欧洲电信标准协会(European Telecommunication Standards Institute，ETSI)正式提出了与云计算对应的一种计算模型，即移动边缘计算(Mobile Edge Computing)，是指将网络功能和计算资源部署到靠近终端的网络边缘，在网络的边缘位置提供计算服务。这种模型特别适用于音频、视频的编码、解码，图形图像的快速识别、生成、分类，对位置敏感的快速响应服务等现实应用场景，能够快速响应网络边缘的需求，并有效降低网络整体的带宽占用，且能够避免过长路径带来的通信延迟等困难。

随着半导体加工工艺的提升和相关芯片产品的设计改进，移动端设备的存储、运算和专有编码解码加速等方面的性能在持续提升。这一现象使得一些类似上述情况的应用场景从传统的以云端为中心计算模式逐渐发展，移动端边缘计算从早期的理论构想层面迅速落入实践应用场景。

2017 年，随着网络边缘的接入方式与构成设备的逐渐丰富，移动边缘计算终于发展到多接入边缘计算(Multi-Access Edge Computing，MEC)。在智慧能源领域，考虑到数据采集过程中的节点密度、数据规模、特征维度和局部响应速度等多方面的紧迫需求，边缘计算，尤其是多接入边缘计算将有巨大的发挥空间。为了讨论简便，以及遵循业内习惯，下文将统一用“边缘计算”这一名词。边缘计算与云计算的简要对比如表 3-7 所示。

表 3-7 边缘计算与云计算的简单对比

具体特征	边缘计算	云计算
实时性	高	低
安全性	高	低
移动性	高	低
部署方式	分布式	集中式
网络接入方式	无线、有线、多接入	有线为主
硬件资源条件	存储、算力等总量有限	资源池规模大可扩展
与用户需求距离	网络边缘，近需求端	核心网络，远离需求

从形式上来看，边缘计算是将云计算中的核心网络扩展到网络边缘；从效用与本质来看，边缘计算是将存储、算力和专有编码等资源服务全面靠近需求端，从而为边缘网络增加感知和决策的基础能力，使边缘网络从简单的底层附属设备提升为被最大限度开发利用相关资源的全流程参与设备，从而赋予网络边缘部位在初步处理能力基础上的快速响应和灵活协同的能力。

针对需求响应来说，边缘计算的主要优势包括网络拓扑距离邻近、时间延迟极低、位置感知准确和带宽压力降低。如图 3-8 所示，边缘计算节点与终端需求节点之间的距离邻近并不一定是直接的空间距离上的邻近，而更主要的是网络拓扑结构和数据传输时长等视角上的邻近，这些方面的邻近降低了从终端需求节点到边缘计算节点的数据传输成本，从而尽量实现对需求的最快响应。

需要注意的是，由于边缘计算节点在规模上往往有限，其存储、算力等具体资源的总体

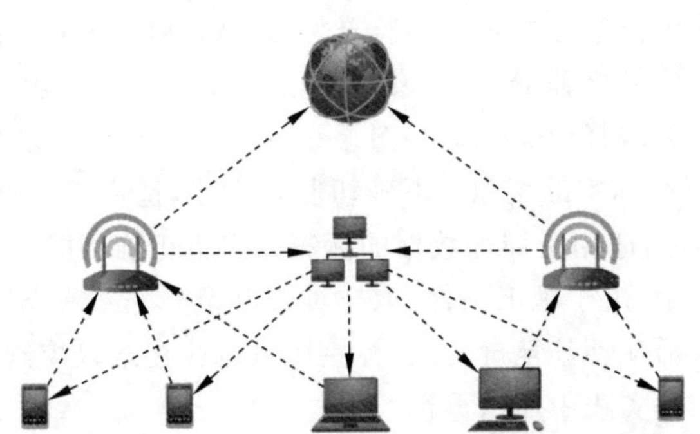

图 3-8　多接入边缘计算模式图(箭头代表数据流向)

规模是有限的,即经常要面对资源池受限的问题。对此有必要展开灵活协同来实现需求。在灵活协同方面,边缘计算支持的主要有三类协同模式:边边协同,适用于地面无线网络覆盖相互重叠的场景下,边缘计算节点之间可以利用回传网络等多种传输途径进行协同;端边协同,终端需求节点的部分计算任务可以卸载到就近的边缘节点进行处理,终端与边缘之间进行协同;空地协同,适用于地面的直接连接难以建立的情况下,可通过卫星连接或无人机基站等方式实现任务卸载链路。

在智慧能源建设领域,针对不同需求场景对传输可靠性、系统稳定性和防灾冗余性等多方面的具体需求,应综合考虑对应的边缘计算的结构方案和协同方式设计。

3.6.3　机器学习提升数据效用

有了大数据存储和基础分析作为数据支撑,又有了云计算和边缘计算相结合对资源调度与需求响应的应对,接下来就到了对数据进行深层次梳理和识别的场景了。这就需要引入机器学习(Machine Learning)的相关方法,实现特征萃取、模式识别、趋势归纳、未来预测和风险侦测。

现代机器学习的发展历程坎坷,以统计学习(Statistical Learning)为代表,在20世纪中期已经有了初步的发展,后来由于盲目的乐观和算力条件的增长停滞而陷入低谷。到21世纪初期,在通用图形处理器(General-Purpose Graphics Processing Unit,GPGPU)相关技术发生较大进步后,以CUDA和OpenCL为代表的图形处理器(GPU)加速基础库极大地促进了机器学习领域的再次兴盛,以深度神经网络和强化学习等为代表的广义上的机器学习方法在算力提升后在多个应用领域迅速产生了大量的成果。但实际上相关技术的基础思想依然有相当程度上归因于20世纪中后期的研究成果。

由于相关场景对网络和数据的高度依赖,以及对数据进行的预测与分析的重要意义,传统的机器学习方法在智慧能源领域依然具有重要的实践意义。

机器学习可以从若干角度来分成很多类。比如根据数据标签的有无,机器学习可以分为监督学习(Supervised Learning)和非监督学习(Unsupervised Learning)。监督学习通常用于训练数据样本普遍存在标签的场景,具体用途可以是分类(Classification)或者回归(Regression);非监督学习所用的数据集基本是缺乏标签的,因此生成分类标签的聚类(Clustering)问题就是其适用场景。

不过,数据的采集情况在现实中往往是复杂的,还可能出现复杂的中间情况,因此也就有了介于监督学习和非监督学习之间的弱监督学习(Weekly-Supervised Learning),弱监督学习又可以具体分为不完全监督(Incomplete Supervision)学习、不确切监督(Inexact Supervision)学习、不准确监督(Inaccurate Supervision)学习。不完全监督学习,适用于训练数据中只有部分数据有标签的场景;不确切监督学习,适用于训练数据的标签粒度较粗的场景;不准确监督学习,适用于训练数据的标签存在不正确可能的场景。在地球科学、能源矿产开发等多个领域中,由于施工条件、取样难度和测量精度差异等多种原因,部分具有地理信息的数据会出现稀疏性甚至奇异性,标签质量也往往难以控制,因此对弱监督学习的利用有必要在未来的工程实践中加以重视。

基于机器学习的训练和预测过程的数据状态,机器学习可以分为在线学习(Online Learning)和离线学习(Offline Learning)。这两者的区别可以从多种角度去理解,简明地说:在线学习适用于数据持续积累并有可能对所得结果具有显著影响的场景;而离线学习往往适用于数据的后续增加对其结果影响并不显著的情况。在智慧能源相关的应用场景中,从传感器采集到的原始数据(Raw Data)传递给通信节点,然后一直到存储数据的服务器,如果某些数据的积累及这些数据值本身的波动对整个智慧能源体系来说都可能具有重要影响,就适宜采取在线学习的方法来分析和利用,反之则可以使用离线学习方法。另外,还可以在两者之间采取分批次的处理方式,根据具体使用场景的精度需求和时效需求来调整批次的规模。

上述几种学习分类都是在机器学习的主体明确且单一的场景下,而在能源矿产相关的工程实践应用中,往往会出现需要分散主体参与协同训练的场景,这时使用的方法就是联邦学习(Federated Learning),在这个过程中,参与协作训练的各方可以无须分享本地设备中的数据,这一特点充分保证了参与方的数据隐私性和安全性,而用于联邦学习的中央服务器协调完成多轮学习后即可得到最终的全局模型(Global Model)。

此外,上文已经提到过,已经学习得到的模型面对新的数据补充可以使用在线学习或者分批学习的方法,如果面对的不是同一类问题的新数据,而是新的问题场景呢?要将已经学习过的知识和模型迁移到新的问题场景来应用,就要用到迁移学习(Transfer Learning)。在能源矿产的勘探、开发、开采、交易等环节,往往存在具有一定相关性或者相似性的研究对象。例如,对石油和伴生天然气这类能源矿产的相关工作中,就可以利用迁移学习将数据规模充分且经过一定检验的模型迁移到工作程度相对较低的对象上。

在智慧能源系统的具体领域,机器学习可以用于分析和预测太阳能照度、潮汐能周期性、能源网络负载;在分析和预测的基础上可以进行更高效率的网络体系优化、系统故障诊断、需求负载预测、应急资源调度和用户形象侧写与服务优化等多种高阶应用。

利用机器学习方法的途径一般来说可以分为两种:使用已有工具和自行开发。在问题的领域性较为明确的场景下,首先可以考虑采用低代码或无代码的现成的机器学习软件,如地球科学领域中针对矿物学和成分地球化学的 GeoPyTool 提供了多层感知机(Multilayer Perceptron,MLP)和支持向量机(Support Vector Machine)等方法,用于对矿物成分数据进行训练和模型推断;针对通用机器学习用途的 Weka 软件,允许用户针对自身需求来灵活使用机器学习经典方法组合。自行开发往往能够对较为复杂或学科交叉特点显著的问题有较好的效果,目前的业界主流开发环境是基于 Python 编程语言和 SKlearn、PyTorch、Tensorflow 或者 Keras 等机器学习相关框架进行快速开发。这些框架在近年来已经广为学术界和工业界所接受和利用，有很多的成熟案例和一些新方法的初步探索。

需要注意的是，能源互联网不同于传统的信息互联网。首先是在时间过长中对模型进行试错产生的成本可能会非常高。这就要求开发者和用户在具体的机器学习应用过程后，对相关方法得到的结论不能轻易采用，在经过 K 折交叉验证等基础验证方法的检验后，还有必要在实践中检验所得到的模型和推断的有效性。另外，能源敏感场景，尤其是具有移动设备和边缘计算节点参与的场景下，除了数据吞吐量和算力资源这两个常规资源关注点，电池供电设备的能耗和续航也是需要重点关注的对象。能源互联网中的能耗和续航敏感的节点可能广泛存在于各种终端，这些节点的服役时长往往是和运算效果同等重要甚至更加重要的考虑因素。在特定的场景中，具体模型的结论精度可能并不总是需要很高，而对续航时长的需求却往往是刚性的。因此，盲目采信和应用传统机器学习路径而得到的结论可能会带来难以估量的风险，可能会因场景不适应得到错误的结论和处置方式，也可能会降低关键节点的续航时长而导致网络结构上的危险。总体来看，在机器的强大存储能力和计算能力面前，使用者仍然应当保持作为人类个体的冷静和谨慎。

3.6.4 元宇宙融合数据与现实

1992 年，科幻作家尼尔·史蒂芬逊（Neal Stephenson）创作的科幻小说《雪崩》（*Snow Crash*）中第一次提到了“元宇宙（Metaverse）”的概念。逐渐地，元宇宙的概念不断被发展和丰富，目前被广泛地认为代表了将虚拟与现实相结合的新型社会形态。在这种氛围下，现实世界借助数字孪生技术形成了在虚拟世界的镜像，现实中的经济体系则借助区块链技术全面接入虚拟世界。从数据世界到物理数据的“万物互联”是第一步，接下来是建立全面的“万物互信”，然后是“万物交易”，最终实现“万物协作”。整体来看，元宇宙的发展趋势是数字经济与实体经济的深度互联和进一步的融合，实现产业的全面升级，针对实物资产进行数字孪生建设。在这一过程中，数据将会不可避免地成为核心资产，与之相关的智慧体系也将构成民族复兴的核心竞争力。

在与能源矿产体系相关的元宇宙建设中，作为最底层基础的数据世界与物理世界的互联是通过传感器网络和物联网体系实现的，可以看作元宇宙的“基础设施建设工程”。在这个步骤中，数据采集所覆盖范围的全面性就是重要指标。这个全面性有两个方面的体现：一方面是空间位置上的遍在性；另一方面是覆盖区域内要有充足的采集密度。当然，由于人类对地球表层空间的开发利用是极不均匀的，在人迹罕至且并无重大相关工程项目或运输保障体系的地区并不一定要与人口密集或者能源矿产的重要产地同等对待。

无论是覆盖的重点区域，还是具体的覆盖密度，都可以参考某一指标或者某些指标组合来根据实际需求进行调整。接下来所要面临的问题，就是选取哪些参考指标。人口总量、人口密度、能源矿产的产量、能源产品的消耗量、道路交通等物流基础，以及水电能源管道等设施基础条件要不要考虑在内，这些问题的解决都需要对应领域的进一步研究工作。当然，在这些问题全部得到完美解决之前，首先可以做到的应当是“应有尽有”，将存量的数据采集节点全面连通，然后按照合理化方案逐步完善。

采集到的数据要达到在元宇宙中实现应用的规模，就必须对持续增长的存储成本做好准备。随着采集范围的扩大和采集密度的提高，数据增长速度超过存储容量提升速度已经是大势所趋。大数据技术的出现和发展解决的是单个或少数有限规模设备无法应对存储容量和算力需求的问题；而新时代的元宇宙建设要面临的是如何在必然受限的存储容量中尽量多地保持最有代表性和最有效用的数据或数据模式问题。

在地理信息系统、地图学及构造地质学领域的历史上，曾经作为主要图像格式的位图(Bitmap)就随着尺寸和精度的提高而产生了相当规模的存储成本，随着技术的进步和发展，各种矢量图像(Vector Image)的应用大幅降低了对应成本，并提供了比位图清晰度更高的呈现效果和更加丰富的功能集合。类似的技术思路也可以考虑应用到传感器网络所采集到的数据集上，即矢量化(Vectorization)。实现矢量化的前提是对应区域采集网络所得到的数据具有相对稳定性，且整体数据形态通过矢量进行表征所产生的精度损失在可接受范围内。在简单变量矢量化的基础上，进一步可以对复杂变量或变量体系进行场化(Fieldization)，从而构建矢量场乃至张量场。

场数据(Field Data)作为一种数据类型，其特征是包含按照时间、空间坐标或抽象拓扑结构存储的单元，各个单元中存储若干属性值，以离散化的手段实现对连续的时间、空间进行度量，可以包含湿度、温度、气压、重力、地磁场等，其维度可以根据需求进行扩展，而整体上可以作为结构化文本进行存储，有利于文件压缩以降低存储空间的占用，也便于使用各种成熟的编程语言和开发框架进行解析。

上面所提到的过程，还只是停留在从全面采集、矢量化存储到可扩展维度场数据的建立，整体上都停留在数据世界。元宇宙下的能源矿产体系建设还需要从数据世界对物理世界建立稳定、可靠、双向的连通体系。从数据世界到物理世界，从数据参数到物理设备，这个连通过程可能会出现比数据采集过程更大的挑战。在数据采集的过程中，节点的项目失效、个体故障、临时故障甚至集群故障都未必会产生直接的灾难性后果，而数据参数到物理设备的反馈和控制过程一旦发生故障或失效，则可能产生难以估量的后果。以天然气输送体系为例，对管道体系中部分位置的流量流速测量出现较大误差、错误甚至异常值，并不一定会导致直接的恶性后果；反过来，如果是对天然气管道在部分位置的流量流速控制设备，一旦出现故障，则可能导致各种安全隐患。因此，在建设这种双向连接体系的预备阶段，首先要做的准备是对紧急情况下的具体处置和对止损工作制订好应急工作方案与责任分配规则，有规矩才能成方圆，这些工作可以看作是在设施基础之上的制度基础。

有了设施基础和制度基础作为初步条件，与能源矿产相关的元宇宙内容建设似乎就到了需要对已有的能源矿产的供应、需求和消费关系构建全面数字孪生的环节了。但实际上将物理世界的产业体系、市场结构乃至生产关系照搬进入数据世界，这正是另一个容易让人陷入重大误区的认知陷阱。整体产业的新形态和新空间必然会催生具有适应性的新模式，现实中的已有体系是在受到线下主体关系之间的种种阻碍而妥协产生的，全面数据化的机会正是彻底摆脱这些已有旧体系在现实中桎梏的重要时机。以电子商务领域为例，以京东为代表的企业对消费者(Business to Consumer，B2C)模式和以淘宝、拼多多为代表的小商户对消费者(Consumer to Consumer，C2C)模式都不是将传统销售模式在线上进行照搬，前者提供了高效率的配送体系和极具竞争力的服务模式，后者提供了充分的特异化方向和高度的灵活性。在这两者产生之前及发展同期，都有类似的电子商务平台将线下销售模式简单地照搬到线上，对具体的运行流程未做充分的改进，最终基本都逐步走向没落。

简单的虚拟现实(Virtual Reality，VR)目前所能提供的主要只是视觉信息和基础触觉的感受，而基础层面上的增强现实(Augmented Reality，AR)目前也只是在空间数据精度较高的场景能发挥较显著的作用。对于元宇宙来说，这些都只是器材和技术层面上的内容，是具体的功能和手段，而不是用途和目的。从能源矿产相关领域在元宇宙的应用来说，探索更多的使用场景和新型的合作关系才是更高层面的内容。当然，基于已有能源矿产相关信息采集和传输处理网络的虚拟现实与增强现实开发是必要的，只是这些工作从整体来看只是起步阶段甚至起步之前的必要准备阶段，更深入的探索需要在多个更加抽象的层面进行，尤其需要突破已有的认知习惯和行为模式带来的思维限制。

总的来说，受限于目前的技术成熟度和基础设施覆盖范围等方面的现状，元宇宙下的智慧能源体系建设在当下依然只停留在前瞻设计的层面上，但对相关场景的技术探索和顶层设计已经具备了初步开展的条件。能源矿产领域的智慧化建设的前提基础是基于各种传感器技术和物联网建设的信息采集；重要基础设施是大数据存储体系和云计算及云边结合的分析系统；前沿探索方向是机器学习在数据效用上的提升和适应场景的扩展，应用突破的新场景是使用区块链技术辅助相关环节；最终的任务是在元宇宙建设中将数据与现实实现融合。在这一流程中，全链条的搭建需要对多个环节有框架性的认知和掌握，跨领域的复合型人才是相关工作所紧迫需要的智力资源。

3.7 微服务组件封装

面向能源与环境的数据分析、决策、管理调度问题，需采用基于微服务的技术框架进行大数据组件封装和功能封装，提高系统的组件化水平，使整个系统松耦合，并更易维护。

微服务的技术架构可以根据需求通过网络对松散耦合的粗粒度应用组件进行分布式部署、组合和使用。它将整个业务应用组织为一系列小的业务服务。这些小的业务服务可以独立地编译及部署，并通过各自暴露的 API 接口相互通讯。它们彼此相互协作，作为一个整体为用户提供功能，却可以独立地进行扩容。微服务架构如图 3-9 所示。

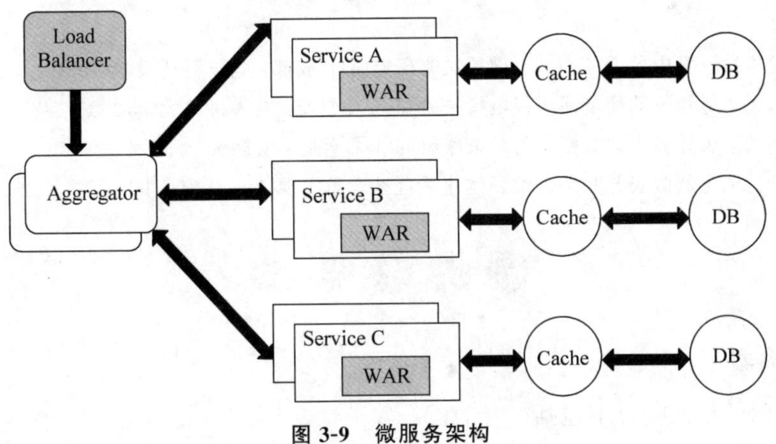

图 3-9 微服务架构

由于微服务架构模式中的每个子服务都可以独立于其他服务执行，因此其常常具有更好的服务边界。而这个明确的服务边界则会带来一系列好处：在微服务架构模式中，各个子服务执行所需要的业务逻辑都相对集中于子服务内。因此其实现代码相对容易理解，并且便于维护。另外，各个子服务所具有的结构，运行流程及数据模型都能够更贴近于子服务

所表示的业务逻辑，因此在代码的开发速度和维护性上得到了大幅增强。同时各个子服务可以选择最适合实现业务逻辑的技术，进而使得各个服务的开发变得更为容易。同时在出现新的更适合的技术时，我们可以较为容易地在各个子服务内部对原有的实现技术进行替换。

独立性也意味着扩展性的增强。在微服务架构模式中，各个子服务可以根据自身的负载独立地进行扩容。不仅如此，我们还可以根据子服务自身的特性为其准备特定的硬件设备，使得其运行在更适合的服务器上。这种独立性还可以使各个子服务可以被重用。同时这种独立性也可以增加整个服务的容错能力。例如，如果一个子服务由于种种原因无法继续提供服务，其他子服务仍然可以独立地处理用户的请求。另外，各个子服务的独立部署能力也可以大幅提高 Continuous Delivery 的运行效率。毕竟在这种情况下，软件开发人员只需要重新部署更改过的子服务就可以了。由于微服务架构模式中的各个子服务无论是在代码量方面还是最终生成的 WAR 包方面都较 SOA 架构所搭建的服务小，因此在 IDE 支持，启动速度方面都具有相当的优势。同时，这种小粒度的服务已经可以由一个几个人所组成的小组来完成，而不再需要通过来自世界各地的不同小组协同开发，进而大大降低了沟通成本，提高了开发的效率。

本章小结

智慧能源管理的技术基础是各类信息化技术，如物联网、大数据、人工智能各类算法、区块链、云计算与边缘计算等，信息技术的发展给智慧能源管理搭建了良好的基石，在新技术的研究和应用下，能源管理能逐步实现真正的“智能化”。

参考文献

[1] 舒畅. 移动边缘计算中的任务卸载及部署策略研究[D]. 成都：电子科技大学，2021.
[2] 曹明贵. 基于边缘计算的配电网不停电检修研究[D]. 西安：电子科技大学，2021.
[3] 查煜坤. 移动边缘计算中计算资源管理策略研究[D]. 合肥：安徽大学，2021.
[4] 张悦. 基于云原生的微服务开发运维一体化平台设计与实现[D]. 济南：山东大学，2021.

习题与思考

一、选择题

1. 物联网的层次划分不包括(　　)。

A. 数据层　　B. 感知层　　C. 网络层　　D. 应用层

2. 下列无线通信相关技术中适合近距离高带宽场景的是(　　)。

A. Wi-Fi　　B. NB-IoT　　C. ZigBee　　D. LoRa

3. 大数据的基本特征包括(　　)。

A. Volume　　B. Velocity　　C. Variety　　D. Value

二、判断题

1. 人类的数据采集在过程上通常是连续的。（　　）
2. 自然界的原始信息多为离散数值的形式。（　　）
3. 物联网的基本特征是将物理世界与数据世界进行连接。（　　）
4. 区块链技术是一种组合创新的产物，充分利用了已有技术。（　　）
5. LoRa 技术的理想传输距离受到所设扩频因子的影响。（　　）
6. 虚拟化技术是云计算相关商业服务蓬勃发展的基础。（　　）
7. 智慧能源建设的实时在线分析可能会用到在线学习。（　　）
8. 元宇宙下的智慧能源建设需要考虑现实世界与数据世界的互通。（　　）

三、论述题

1. 请读者思考一下，自己所生活的环境中，针对能源利用相关的体系，有哪些场景可以通过传感器、物联网和有针对性的数据分析方法来改善体验、提高效率，或者解决存在的问题。

2. 随着社会经济的繁荣与发展，以及工业制造技术和能源体系结构的进步，汽车的保有量越来越高，其中电动汽车的比例越来越高。然而，由于汽车作为交通工具存在显著的流动性，而为电动车铺设的充电桩等基础设施的分布是新时代城市规划和建设的新挑战。已有的城市格局、交通流量在时间和空间上的分布与变化、配电网络结构、施工成本和利用效率等因素或许都需要考虑在内。请读者设计一种思路，对城市交通网络和路段用电需求进行评估，并结合电能供应负载和施工与维护成本等参数，设计一套充电桩选址的规划方案，要求根据若干指标实现优化。（提示：需要先在交通流量中对电动车辆进行识别，可以将电动车辆的类别进行划分，另外充电桩的位置也可以分为住宅区与工作区等，最好构思几种不同的方案然后进行对比。推荐使用开源的 QGis 软件和 Python 编程语言与 Pandas 库等开发框架来进行尝试。）

拓展阅读

1.《碳中和与综合智慧能源》，2023 年。
2. 公众号：智慧能源管理。
3.《智慧能源白皮书——拥抱数字时代育先机开心局》，2019 年。
4. 公众号：智慧国家能源，国家能源投资集团有限责任公司。

第4章 智慧能源管理

【学习目标】

1. 掌握智慧能源管理的基本概念、基本原理与基本理论，了解智慧能源管理系统的基本架构。

2. 熟悉能源统计管理的主要内容和统计分析流程，掌握统计学基础知识，掌握能源审计的基本过程、原理、方法和相关法律法规。

3. 了解能源管理中的供给侧和需求侧管理机制，熟悉清洁发展机制项目的运作规程。

4. 掌握合同能源管理相关基础知识，了解“十四五”规划中实施的节能重点工程。

【章节内容】

能源是人类生存、经济发展、社会进步和建设现代文明的重要物质基础，确保能源安全可靠供应，是关系我国经济社会发展的重大战略问题。“双碳”目标背景下，为推进能源转型和提质增效，数字化、智能化和绿色低碳发展将成为我国能源体系建设的主旋律，也是保障能源战略安全和实现能源强国的重要举措。由此，智慧能源管理应运而生，利用数字化技术改造传统能源行业、构建智能化能源互联网络、提高能源利用效率、实现能源行业的绿色低碳发展，是智慧能源管理的核心目标。

4.1 智慧能源管理概述

4.1.1 智慧能源管理的基本概念

1. 智慧能源管理的基本内涵

传统的能源管理主要采用各自独立的能源管理模式，难以适应大规模集成能源管理需求。随着信息技术的迅猛发展、新能源变革的深入和能源战略需求的变化,能源管理逐渐从单一的装备节能向智能化、系统化节能转变,即能源管理的智慧化,又称为智慧能源管理(Smart Energy Management,SEM)。

智慧能源管理是指通过智能化、经济化、可视化技术手段对能源的生产、分配、转换和消费过程进行科学有效的动态管理,实现能源的有效开发、高效配置和合理消费,达到节能增效的目的。

智慧能源管理的总目标是实现能源综合效益的最优化,其本质是能源和信息的互联,以高水平的能源供需动态管理推动经济社会的可持续发展。

2. 智慧能源管理的主要特征

(1) 智能化。智慧能源管理的基础是能源设施的智能化和能源管理的信息化。随着信息通信、智能控制和先进能源技术的深度融合应用,能源管理的全过程呈现出智能化特点,即利用先进的信息技术提升管理水平,实现能源的智能化调控。比如,能源生产环节的广域测量、实时采集和远程校准,能源传输环节的智慧物联、数据分析和智能交互,能源消费环节"源网荷储"要素的协同互动,能源交易环节的智能决策分析等。

(2) 系统化。智慧能源管理涉及能源的生产、传输、消费和交易等众多环节,是错综复杂、关联面庞大的系统,必须结合国民经济发展速度、技术水平、生态平衡等因素进行综合考虑。因此,为合理有效地解决能源管理问题,实现能源利用的最优化,必须运用系统工程的观点和方法,综合求得最优方案。

(3) 数字化。数字化是构建智慧能源管理系统的核心驱动力,数字生态平台能够链接能源的供应侧、需求侧和储能等各个环节,通过能源大数据的管理、分析、预测和优化,彻底改变能源生产、传输、消费和交易模式,精准解决社会系统的用能需求,极大地提升能源的生产效率和管理效率。

(4) 可视化。基于3D虚拟空间仿真技术,智慧能源管理平台能够实现能源设备及管线的位置分布、能源设备状态的全息感知、能耗设备及事件的监测信息汇总等可视化服务,融合各业务系统数据,实施能源监测、用能分析、负荷预测、风光冷热电储多能协调,能够为上层应用提供直观、便利、全局的基础支撑能力。

3. 智慧能源管理的核心内容

智慧能源管理的核心内容是为实现能源管理的智能化、系统化、数字化和可视化,通过信息化平台对能源的开发、加工转换、传输和消费等各环节进行全方位管理。

(1) 能源输入管理。分析社会生产能源需求,制订能源需求计划,确定输入能源的需求量,并对其进行科学计量和质量检测。

(2) 能源转换管理。能源转换时,为提高转换效率,对能源转换设备进行管理,如运行调度、维护监测、定期检修等。

(3) 能源分配和传输管理。能源分配和传输时,对水、气、油等供能管道实施管理,降低能源传输过程中的损耗,保障能源安全供给。

(4) 能源使用管理。能源使用过程中,优化能源使用流程,对能源使用量实施定额管理,提高能源使用效率。

(5) 节能管理。评估用能单位的能源消耗状况,分析能源消耗的影响因素,掌握能耗变化规律,实施节能管理。

(6) 辅助决策。通过能源统计分析,提供各个行业的能耗数据,为政府及相关管理部门制定能源产业政策提供依据。

4. 智慧能源管理的意义和作用

智慧能源管理的意义和作用主要体现在以下几个方面：①构建科学合理的能源监督和能耗指标体系；②通过高效的能源管理平台,实时监控能源使用过程；③即时获取能源数据,提高能源使用效率；④规范化管理能源计量仪表检定；⑤有效分析能源大数据,实现能源平衡与优化；⑥实现能源运行的可视化。

4.1.2 智慧能源管理的基本原理

1. 系统原理

系统原理即运用系统的观点、理论和方法对能源的生产、转换、传输和消费的全过程进行系统分析,以达到能源管理的优化目标,保障用能单位的正常生产经营活动,同时,从系统论的角度出发,宏观把握和处理能源管理中出现的问题。系统原理要求用能单位在进行能源管理活动时,必须遵循整体、动态、反馈和封闭原则。

2. 人本原理

人本原理即用能单位的能源管理活动要坚持以人为本,充分肯定用能单位员工在能源管理活动中的主体地位和作用,激励单位员工的主观能动性,引导员工实现预定的能源管理目标。人本原理在能源管理活动中要解决的核心问题是员工的积极性问题,必须遵循激励、行为、能级、动力和纪律原则,以实现高效的能源管理。

3. 责任原理

责任原理即用能单位的能源管理活动要有组织保证,建立完善的能源管理组织,明确员工与岗位的工作任务和相应责任,并有明文规定。在职位设计和权限委授时,要合理处理职责与权限、利益、能力之间的关系。同时,制定能源管理工作绩效考核标准,进行准确的考核,奖惩要分明、公正且及时。责任原理的本质是保证及提高组织的效益和效率。

4. 效益原理

效益原理即通过科学有效的能源管理方法,以尽可能少的能源投入获得尽可能大的产出,实现经济效益和社会效益的最大化。能源管理活动中影响效益的因素很多,如管理思想、管理制度、管理环境和管理措施等。因此,遵循效益原理,要求用能单位确立可持续发展的效益观,在不损害社会效益及环境利益的基础上,提高能源利用效率,从而提高用能单位的经济效益。效益原理必须体现价值、投入产出和边际分析原则。

4.1.3 智慧能源管理的主要方法

1. 法律方法

法律方法是指通过能源相关的法律法规对用能单位生产经营中的能源活动进行管理。我国能源法律体系主要包括能源法(能源政策法、能源节约法、可再生能源法等)、能源专属法律(石油法、煤炭法、核能法等)和能源相关法律(矿产租赁法、矿山环境法、专属经济区法、大陆架法、投资法等)。法律方法具有权威性、强制性、严肃性、规范性和利益性的特点。

2. 行政方法

行政方法是指行政组织为贯彻行政管理原则、实现行政管理功能而采取的措施、手段、办法、技巧。行政方法的实质是通过行政组织中的职务和职位，而非个人的能力或特权进行管理。在能源管理方面，用能单位可建立能源管理行政机构，采用制度、条例、规则、标准等行政方法组织能源管理活动，规定相应的职责和权力范围。行政方法的主要特点有权威性、强制性、直接性、无偿性和实效性。

3. 经济方法

经济方法是指根据客观经济规律，按照经济原则，通过利益机制最大限度地调动管理对象的积极性、主动性、创造性和责任感，以提高经济效益和社会效益的管理方法。经济方法能够有效地调节能源管理活动中各方的经济利益关系，具体而言，就是建立奖惩制度，规范、调节能源管理对象的活动，激励和调动管理对象的主观能动性，提高能源管理效率。经济方法具有利益性、有偿性和灵活性的特点。

4. 教育方法

教育方法是指通过讲授、讨论、启发、榜样示范等方法对管理对象进行职业道德、法制纪律、组织文化及职业技能等方面的教育，提高管理对象的综合素质。在能源管理活动中，采用教育方法的目的是培养管理对象的节能意识，规范管理对象的用能行为。通过制定节能方针、开展教育培训、实施绩效考核奖惩等活动，提高管理对象节能意识，形成良好的节能氛围，保障能源管理活动的有效运行。教育方法具有广泛性、自发性、无等级性的特点。

5. 技术方法

技术方法是指根据能源管理活动需要，运用技术手段(如信息技术、控制技术、决策技术等)提高能源管理效率的管理方法。在能源管理活动中，技术方法的实质是技术和管理的相互融合，利用技术来辅助能源管理。针对特定的能源管理问题，采用特定的技术，根据技术的适用范围，辅助解决能源管理过程中存在的问题。技术方法具有客观性、规律性、精确性和动态性的特点。

4.1.4　智慧能源管理系统

针对传统能源管理中用能情况难以系统性监测、无能效评估模型、节能优化难、用能设备能耗率难以评估、能源支出成本不可控等问题，智慧能源管理系统应运而生。智慧能源管理系统(Smart Energy Management System，SEMS)，是基于能源大数据的有效利用，采用自动化、信息化技术对能源的输入、转换、分配和终端使用过程实施动态管理，实现能耗数字化、管理动态化、数据可视化、节能指标化的节能降耗管控一体化系统。

1. 系统基本架构

智慧能源管理系统主要由数据采集层、系统管理层和网络通信层三部分组成，实时监测和采集能耗数据，获取能耗趋势和成本比重，统计分析并全面评估用能单位的能耗水平。

(1) 支持多种工业接口，包括智能仪表接口、智能传感器接口、看板接口、在线分析仪接口、RFID 接口、PLC 接口、AGV 接口、PDA 接口等。

(2) 支持所有通信协议，包括 TCP 通信协议、ASI 通信协议、Profibus 通信协议、MPI

通信协议、Modbus 通信协议、UDP 通信协议、RS-485 通信协议、串口通信协议、PPI 通信协议、远程无线通信协议等。

(3) 支持多种组网方式，包括传统有线组网模式、POE 供电模式、光纤传输模式、无线网络传输模式等。

(4) 实现效果，通过能耗设备监测和能源质量分析手段，获取详细的能耗数据，对能耗系统进行优化控制和节能改造。

2. 软件架构

(1) 能源监控实时化与可视化，支持实时采集、监测多类型能源数据，并实现能源数据的可视化。

(2) 能源使用情况分析，全面分析能源数据的同比、环比及趋势变化，掌握用能单位的能源使用状况，为用能单位能源管理和节能减排提供数据支持。

(3) 能耗预警，针对重点设备的能耗情况进行重点监测，可通过计算机、手机、平板等多种设备监测能耗情况。

(4) 能耗信息报告化，统计分析用能单位的能耗信息和管理水平，形成科学的统计分析报告，便于用能单位评估能耗情况。

(5) 用能设备生命周期管理，智能化监控能源设备，包括设备的规划、建设以及维护过程等，建立用能设备的生命周期管理档案。

(6) 能源实效管理，实时更新能源价格，精确核算能耗成本，综合评估产品单位能耗、CO_2 排放等实绩指标。

3. 系统优势

(1) 自动抄表，降低工时。通过接入智能表，实现水电冷热气等能源的自动抄表，解决人工抄表不及时、不准确的问题。

(2) 数字化管理，降本增效。针对能源使用和日常运维需求，帮助用能单位建立数字化能源管理体系和流程，减少人员投入，降低成本。

(3) 能源 AI 大脑，智能调整。通过多种优化算法和专家模型评估，实现能源设备和系统的全面感知、优化调整，提高能源利用效益。

(4) 动态考核，精细管理。实现用能单位能耗的动态化管理考核，以及能源成本的精细化管理，降低能源管理成本。

(5) 安全生产，减少故障。能源数据与生产运营和工艺设备数据打通，为生产工艺质量提升及设备故障追溯提供数据支撑。

(6) 能源双控，政企协同。能源管理数据与经信部门对接打通，为区域能源双控目标提供支撑，同时获得政府节能减排补贴。

4.2 能源管理机制

4.2.1 能源供给侧管理机制

1. 供给侧管理的阐述与定位

供给侧管理(Supply Side Management，SSM)是以提高供给质量为目标，采用管理的办法积极推进供给侧结构调整，优化要素配置，扩大有效供给，促进社会经济的可持续发展。

供给侧管理的基本思想认为，要提高社会总产出水平必须采用提高生产能力的方式，通过调节社会产业部门总供给来达到宏观经济目标。

强调：通过提高生产能力来促进经济增长。

本质：提高全要素生产率。

核心：提高全要素生产率的方式。

过程：市场可以自动调节使实际产出回归潜在产出，无须刺激政策来调节总需求；拉动经济增长需要提高生产能力，即提高潜在产出水平。

供给侧并非狭义的商品生产环节，而是在到达消费者之前的生产、运输、分销等所有环节，供给侧所有环节的有机结合形成一个个不断循环运作并与其他系统交互影响的供给子系统。

供给侧管理，一方面通过供给结构的调整，缩减传统过剩产能，满足升级需求和新兴需求；另一方面通过经济发展方式的变革，摒弃原有的以消耗资源为主的粗放型经济增长方式，发展新的以提质增效为主的精细型经济增长方式。

2. 能源供给侧存在的问题

能源是社会经济发展的重要物质基础，随着我国经济增长方式的变革，能源供给侧改革势在必行。目前，我国能源供给侧存在的问题如下。

（1）能源供给结构性过剩。我国能源结构可归纳为富煤、贫油、少气，以煤为主，以石油为辅，煤炭约占能源消费总量的70%。目前，能源行业呈现结构性产能过剩的特点，即煤炭行业产能过剩问题比较突出，而石油、天然气及可再生能源并不存在产能过剩的情况。

（2）煤电产能过剩。由于煤炭价格低廉，煤电发电成本低，我国电力生产结构仍以火电为主，其竞争优势明显。然而，火电的粗放式发展导致发电小时数持续上升，而利用小时数却逐步下降，表明煤电产能严重过剩。

（3）油气供给不足。我国油气行业面临供给不足与炼油产能过剩的双重矛盾，进口原油量大于出口量，对外依存度持续攀升，油气供应安全风险加剧。此外，我国油气产业经营模式面临一体化与专业化经营、国有企业集中经营与民营企业准入、行政化管理与市场化管理机制的矛盾，综合成本高企，经营利润下降。

（4）可再生能源供应瓶颈突出。我国可再生能源发展迅猛，市场规模位居世界第一，但弃风、弃水、弃光现象严重，可再生能源新增装机容量超过系统消纳能力，外送能力有限。此外，地方政府、电网、企业责任义务不明确，优先并网制度落实不到位。

由此可见，能源供给侧存在的问题主要是结构性失衡，能源供给系统缺乏整体规划和宏观统筹，在关键领域技术方面进展缓慢，在管理机制方面不完善、不灵活，能源供给侧结构性改革任务艰巨。

3. 能源供给侧管理的相关措施

要解决我国能源供给侧的结构性失衡问题，应在充分考虑能源需求的基本前提下，针对能源供给系统进行整体规划和宏观统筹，从能源的生产、输送和消费的角度，明确能源供应与需求的关系，运用系统性思维来思考能源供给侧的改革措施，促进能源供需系统的协调发展。

(1) 培育新兴需求。能源供给和需求既相互联系又相互制约,能源供给侧改革的关键在于以"供"应"需",因此,改革措施的着眼点应放在能源新兴需求的培育和引导上。需要继续大力发展风能、水能、太阳能、核能等清洁能源,加快氢能、储能、智慧能源等新兴产业的培育,促进能源产业升级,形成新兴能源产业体系。此外,需要引导能源用户消费升级,大力培育服务品质和绿色节能消费,逐步提高清洁能源消费比例,实现能源供给结构的调整和变革。

(2) 建设能源互联网。能源互联网具有开放、融合、协作等特点,通过建设能源互联网,不仅能够实现多类型能源间的相互补充,还能促进能源开发、运输和储存等环节的相互协调,有助于实现能源供给子系统间的动态平衡,形成能源与信息高度融合的新型能源供给结构。

(3) 完善能源市场建设。能源是国家社会经济发展的重要物质保障,能源安全关系到国家的繁荣发展和长治久安,因此,能源行业具有自然垄断属性。然而,能源供给侧的改革需要引入市场机制,通过市场化手段实现能源资源的合理配置。基于此,构建公平有序的能源市场是我国能源供给侧改革的重要任务,也是实现能源可持续发展的关键措施。

(4) 加强能源整体规划。我国能源供给侧的改革必须加强能源战略规划,以产业政策为导向,运用系统性思维科学合理地做好能源高质量发展的顶层设计。尤其是在"双碳"目标下的可再生能源供应体系仍存在许多问题,如能源供给与消费逆向分布、消纳能力不足却无法外送等,迫切需要进行能源管理体制改革,通过技术与模式创新,促进能源供给系统的高效运行。

4. 能源供给侧管理的创新

供给侧管理作为我国经济发展的基本战略,与西方"供给学派"的区别在于强调创新。创新是实现结构调整的关键要素,也是促进经济社会转型和可持续发展的基本保证。传统上,我国的微观主体往往依赖要素投入以获得低成本发展而忽视了创新。对微观主体来说,创新的实现是一个更为复杂和困难的过程。因此,如何构建有利于提高微观主体创新能力的路径,成为供给侧管理微观传导机制中要解决的关键问题。

(1) 产品创新。能源供给侧结构性失衡的核心问题在于有效供给不足,即能源供给和能源需求出现结构性偏差,低质量产能过剩和高质量供给不足并存。因此,为实现有效的供给侧管理,要求能源供给方淘汰过剩产能,加强产品创新,优化能源产品结构,从而增强能源高质量供给效率。具体来说,通过能源供给方的产品创新实现供给侧管理目标的机理如下:第一,提高资源配置效率;第二,降低经济运行风险;第三,改善环境质量。

(2) 商业模式创新。能源供给方不仅要进行产品创新,还要重视商业模式的创新。从供给侧管理的角度来看,能源供给方的商业模式必须顺应市场发展趋势,即以能源用户需求为导向,运用大数据、人工智能等新兴技术,从根本上改变能源的生产和运营模式,从而提升市场竞争力。具体来说,能源供给方的商业模式创新实现供给侧管理目标的机理如下:第一,有利于技术进步成果的转化;第二,有利于为消费者创造更多价值;第三,有利于提高市场竞争力。

4.2.2 能源需求侧管理机制

1. 能源需求侧管理的基本概念

能源需求侧管理(Energy Demand Side Management,EDSM)是指政府或公用事业企业单位通过采取激励措施，引导用能单位改变用能方式，提高终端能源利用效率，实现能源服务成本最小化的用能管理活动。

能源需求侧管理的基本内涵是能源部门提供高效节能的能源服务，保障社会经济系统合理的能源消费。“双碳”目标下，能源供需形势发生新变化，能源需求侧管理不仅要顺应能源供需新形势，还要助力我国能源的绿色低碳发展。能源需求侧管理的总体目标包括以下两方面。

(1) 调整能源消费结构，创新绿色用能方式，有效控制能源消费的总量和强度，推动能源消费环节的节能减排，促进能源消费提质升级。

(2) 挖掘能源需求潜能，提高可再生能源消纳能力，增强能源供需系统的弹性和韧性，保障能源安全和绿色低碳转型。

2. 能源需求侧管理的内在机理

政府部门、能源监管机构和能源用户是能源需求侧管理的主要参与者。能源需求侧管理的流程是以能源用户的需求和活动为核心，由政府部门按照相关规则组织开展能源需求侧管理活动，能源终端用户为实施主体，能源监管机构负责监督。

能源需求侧管理的内在机理如下。

(1) 降低用能成本。能源需求侧管理对于提升企业效率、降低企业成本具有重要作用，通过健全需求响应价格补贴机制和政策体系，完善需求侧竞价、容量辅助服务等市场化措施，引导能源用户实施节能项目，达到降低用能成本的目的。

(2) 优化用能体验。根据能源用户的用能需求，不断创新能源产品和用能模式，提升多元化能源服务水平，为能源用户提供综合、优质的能源服务。

(3) 推动绿色用能。在“双碳”目标下，能源需求侧管理的使命在于推动绿色用能。针对能源用户的绿色用能需求，采用新产品、新技术、新设备等手段提高能源消费结构中的绿色用能比例，促进能源消费合理、高效、低碳发展。

(4) 保障用能安全。利用行政或财政激励手段，激发能源需求侧资源潜能，完善能源系统需求响应机制，做好有序用能应急预案，保障极端条件或供不应求情况下能源用户的用能安全。

3. 能源需求侧管理的发展路径

(1) 践行绿色能源消费。实施国家“双碳”战略目标的关键在于能源的绿色低碳转型，则能源需求侧管理的明确导向就是培育能源用户的绿色能源消费理念，引导促进能源用户践行绿色能源消费模式。因此，能源需求侧管理应从以下两个方面着手。技术上，大力推进绿色能源基础设施建设，提升绿色能源大规模消纳能力；加快需求响应技术创新步伐，增强削峰填谷措施的灵活性，尤其是要加强填谷响应后消纳可再生能源的能力。机制上，加快能源体制创新，构建绿色能源消费的市场服务保障机制；积极推进可再生能源交易试点，增强可再生能源消费的市场化匹配能力；建立健全绿色能源市场准入机制和认证体系，鼓励绿色能源证书交易，逐步增加绿色能源在能源消费结构中的比重，提高绿色能源的综合利用水平。

(2) 化石能源消费清洁化。目前，以煤炭为代表的化石能源在我国能源消费结构中占主导地位，能源需求侧管理的重点在于推动化石能源消费的清洁化，实现能源消费环节的减

污降碳协同增效目标。为实现煤炭消费的转型升级，一方面要建立煤炭产品清洁化标准体系，加快煤炭清洁高效处理技术研发进度，提供优质、清洁的煤炭产品；加强需求侧煤炭产品质量管理，完善煤炭质量监督管理机制。另一方面要立足国情统筹规划，针对需求侧化石能源的减量替代方案进行整体布局，完善财政补贴政策和价格引导机制，鼓励能源用户使用绿色优质能源替代传统化石能源，并提供相应的技术和金融支持，逐步推进需求侧化石能源的有序减量替代，促进化石能源消费转型升级。

(3) 需求响应，有序用能。需求响应，有序用能，保障能源安全是我国应对当前严峻复杂国际能源形势的基本方针，也是能源需求侧管理的基础工作。有序用能是保障国家能源安全的压舱石和稳定器，目前我国已具备有序用能基础，但仍需在能源需求侧继续探索能源系统稳定安全运行的路径和模式。能源需求侧管理要进一步完善能源监测预警机制，具备能够随时掌握能源需求变化、价格波动以及安全风险状况等信息的监测预警能力。同时，健全能源需求响应市场机制，提高能源供需系统的弹性和韧性；完善能源应急保障预案，引导能源用户开发能源需求响应资源，确保供需变化、应急或极端情况下能源用户的用能安全。

(4) 推进能源节约利用。在化石能源为主的能源消费结构下，节能提效是保障国家能源供需安全、环境安全的路径之一，也是能源需求侧管理的基本内容。能源需求侧管理推进能源节约利用应坚持的总方略为节能优先，采用技术和管理的方法，在能源需求侧管理整个过程中实施节能措施。在节能技术上，加大节能技术创新力度，综合推广用油、用电、用煤、用气等节能技术的应用，提高能源用户的能源使用效率。在节能管理上，完善节能提效激励政策和用能权交易机制，推动用能权交易市场建设，鼓励用能权和能源消费总量指标的有偿使用和交易；优化用能管理制度，控制能耗强度和消费总量，促进能源消费的合理化。

(5) 推进能源消费智慧化。随着数字技术的迅猛发展，数字经济与实体经济的深度融合成为我国社会经济发展的必然趋势，数字技术在能源产业中的应用将成为能源供需管理的内在驱动力。通过能源供需管理的数字化和智慧化，不断丰富用能模式，有助于建设开发共享的智慧能源新体系，也为能源需求侧的管理提供了新路径。基于此，能源需求侧管理应加强能源消费侧的数字化、智慧化基础设施建设，推广普及智能小区、智能楼宇、智能家居和智能工厂等终端，为能源用户提供智能化服务；始终坚持数据驱动创新，建设能源消费端的智慧交易平台，鼓励灵活的能源交易模式创新，为能源用户提供便捷高效的能源消费业务。

4. 能源需求侧管理的实施手段

能源需求侧管理的手段主要包括技术手段、财政手段、行政手段和引导手段等。

(1) 技术手段。技术手段是指有益于节能的负荷与环境保护的生产工艺、设备与材料，用以保障经济、行政手段有效实施的管理性技术，如高效节能灯、节能空调、节能电冰箱、热水器、蓄冷蓄热技术、节能调速技术、高效绝热保温技术、电力负荷控制技术等。利用这些技术可以明显提高用户的用能效率，起到负荷削峰填谷和转移高峰负荷、平抑负荷、提高电网的负荷率的作用。技术手段是财政手段的辅助支持手段。

(2) 财政手段。财政手段是开拓节能市场、增强节点活力的重要激励手段，也是需求方管理在运营策略方面的重点，其目的在于激励能源用户自主改变能源消费行为，降低能耗强度和消费总量，达到节能的目的。其主要措施是：价格鼓励，如果用户对于冷、热、电消费的行为，能够达到综合用能节约的效果，则在电价、热价、冷价方面均给予一定的支持；榜样鼓励；接待优惠鼓励；免费安装鼓励；节能特别奖励等。

(3) 行政手段。行政手段是指政府部门按照相关法规政策采用行政力量来规范能源消费行为和能源市场行为，推动能源节约利用，合理控制能源消费总量，减少不合理的能源浪费，保障能源供需系统的稳定运行。

(4) 引导手段。引导是对用户消费引导的一种有效的、不可缺少的市场手段。在同一激励条件下，能源用户的反应不同，其中引导是关键。主要的引导措施包括信息传播、补充节能知识、审计咨询、技术推广和政策宣传等。

4.2.3 清洁发展机制

1. 清洁发展机制的基本内涵

为应对全球气候变化危机，《联合国气候变化框架公约》缔约国于 1997 年 12 月在日本东京签署了人类历史上首个具有法律约束力的温室气体强制定量减排国际协议——《京都议定书》。《京都议定书》明确了发达国家在全球室温气体减排事业中的主要责任，量化了其所应承担的碳减排目标，并设立国际碳减排合作灵活履约机制——联合履约、排放贸易和清洁发展机制。其中，发达国家缔约方之间可以开展联合履约和排放贸易，而清洁发展机制(Clean Development Mechanism，CDM)是在发达国家与发展中国家之间进行的减排合作。

清洁发展机制的核心在于允许发达国家(缔约方)以项目的形式与发展中国家(非缔约方)合作，获得由项目产生的经核证的温室气体减排量。

按照《京都议定书》有关规定，清洁发展机制的目的在于帮助发展中国家(非缔约方)实现可持续发展目标，实现《联合国气候变化框架公约》制定的最终目标；帮助发达国家(缔约方)实现温室气体减排承诺。

清洁发展机制规定，发达国家(缔约方)与发展中国家(非缔约方)开展减排项目合作后，由项目产生的温室气体减排量，要经过《联合国气候变化框架公约》缔约方大会指定的经营实体进行认证，方可转让给来自发达国家(缔约方)的项目投资者。

2. 清洁发展机制的特点

清洁发展机制对于缓解全球气候变化危机和促进全球经济可持续发展具有重大意义，作为一种双赢机制，发达国家(缔约方)通过项目合作获得的核证减排量不仅可用于本国碳减排履约义务，也可用于国际交易获取经济收益，能够大幅度降低碳减排履约成本。发展中国家(非缔约方)通过项目合作既能获得项目投资，又能获得先进技术，能够极大地促进发展中国家的经济转型升级，实现经济可持续发展。

发达国家(缔约方)与发展中国家(非缔约方)开展的清洁发展机制项目合作具有如下特点。

(1) 自愿性。缔约方、非缔约方的政府或企业均自愿参加，由于发达国家技术先进，经济发展水平较高，而发展中国家技术落后，处于经济快速增长时期，尤其是与碳排放密切相关的高能耗产业(如能源、交通、住房等)发展迅猛。因此，现阶段清洁发展机制项目呈现出明显的买方市场特征，即购买方(缔约方)在招标或直接洽谈购买核证减排量时刻意压低价格，出售方(非缔约方)之间开展竞争。

(2) 真实、可测量、多样和长期受益。清洁发展机制项目的交易核心指标是核证温室气体减排量，按照清洁发展机制规定，该指标必须是真实、可测量的。在履行清洁发展机制项

目合作时，购买方和出售方应在充分考虑技术先进性和适用性的前提下，根据项目协议采用某一种或多种技术完成项目规定的相关指标。通常，清洁发展机制项目所涉及的技术类型包括可再生能源、CH_4 气的收集与利用等。

(3) 采用相对成熟的技术。为确保清洁发展机制项目的顺利开展并稳定运行，购买方一般选择相对成熟的技术获取核证温室气体减排量，既能减少环境影响，又有利于可持续发展。

3. 清洁发展机制的项目

发达国家(缔约方)与发展中国家(非缔约方)之间开展的项目应符合清洁发展机制的原则和要求。

(1) 项目应有利于项目所在国经济和环境的可持续发展，在促进当地经济发展和社会进步的同时，还要兼顾当地的环境保护要求。

(2) 项目必须具备额外性，确保项目能够实施，既要克服投融资障碍，又要规避技术风险。

(3) 项目应有助于项目所在国引进先进技术。

(4) 核证温室气体减排量的价格合理。

(5) 项目设计文件要符合《联合国气候变化框架公约》的相关规定。

(6) 恰当选取项目基准线。

清洁发展机制项目一般包括如下潜在项目：①改善终端能源利用效率；②改善供应方能源效率；③可再生能源；④替代燃料；⑤农业(甲烷和氧化亚氮减排项目)；⑥工业过程(水泥生产等减排二氧化碳项目，减排氢氟碳化物、全氟化碳或六氟化硫的项目)；⑦碳汇项目(仅适用于造林和再造林项目)。

4. 清洁发展机制项目实施流程

为保障清洁发展机制的客观、有效和透明性，联合国清洁发展机制执行理事会规定，CDM 项目的开发和实施需要遵守严格的申请、认证及检测流程，具体如下。

(1) 项目开发主体为该项目申请为 CDM 项目准备提案。

(2) 承办该项目的发展中国家相关负责机构对项目提案给予批准，并论证该项目减排意义，如在中国负责项目批准的国家机构为国家发展和改革委员会。

(3) 由具有特定资质的第三方认证机构验证该项目提案书中的相关信息。

(4) 联合国清洁发展机制执行理事会负责监督批准项目注册。

(5) 项目开发机构负责周期性监测项目实施过程中的减排情况，并向特定认证机构提供书面碳减排监测报告。

(6) 具有特定资质的第三方认证机构验证减排量，且通常而言本环节中进行碳减排验证的第三方机构与之前项目注册验证时所选择的第三方机构一般不能相同。

(7) 由联合国清洁发展机制执行理事会监督核证减排量(CER)的发放。

(8) 该项目开发商向附件一国家或公司出售已认证的碳减排量。

4.2.4 节能机制

1. 节能的基本内涵

根据《中华人民共和国节约能源法》，节能是指采用可行性技术或措施，强化能源管理，减少能源系统全过程各个环节的能源浪费或损失，提高能源综合利用效率，实现经济和环境的可持续发展。

从能源的角度，节能是指在能源的开采、运输、加工、转换和消费等环节中减少能源消耗和浪费，提高能源利用效率。从经济的角度，节能是指采用节能新技术、加强节能管理、合理调整经济结构等途径，用较少的能耗获取经济的快速增长。

《中华人民共和国节约能源法》指出，节约资源是我国的基本国策，国家实施节约与开发并举，把节约放在首位的能源发展战略。作为最大的发展中国家，节能对我国经济和社会发展具有重大意义，主要表现在以下四个方面。

(1) 节能是实现我国经济持续、高速发展的保证。能源是我国社会经济发展的重要物质保障，我国能源的生产能力，特别是优质能源(如石油、天然气和电力)的生产能力远远赶不上国民经济的发展，其中液体燃料的短缺尤为突出。为维持我国国民经济的高速发展，节能就显得特别重要。

(2) 节能是调整国民经济结构、提高经济效益的重要途径。当前，深化经济改革的关键是调整国民经济结构，提高经济效益。其目的是转变经济增长的方式，走集约型的发展道路，少投入，多产出。

(3) 节能将缓解我国运输的压力。由于我国能源资源分布不均，能源运输压力很大。大量煤炭的开发利用和长距离运输严重制约了我国国民经济的发展，节能将有效缓解我国运输的压力。

(4) 节能将有利于我国的环境保护。能源开发利用所引发的环境污染问题已日益引起人们的关注。节能在节约能源的同时，也相应减少了污染物的排放，其环保效益非常明显。当然，在采取各种节能措施时，都应充分考虑对环境的影响。

根据《"十四五"节能减排综合工作方案》，节能的主要目标如下：到2025年，全国单位国内生产总值能源消耗比2020年下降13.5%，能源消费总量得到合理控制，化学需氧量、氨氮、氮氧化物、挥发性有机物排放总量比2020年分别下降8%、8%、10%以上、10%以上。节能减排政策机制更加健全，重点行业能源利用效率和主要污染物排放控制水平基本达到国际先进水平，经济社会发展绿色转型取得显著成效。

2. 节能重点工程

实施节能重点工程的目的在于运用先进的节能技术、产品或工艺，降低企业的单位产品综合能耗，实现节能减排目标。为确保节能项目的顺利实施，国家相继出台一系列节能政策文件，设立节能资金，要求加强项目管理，严格筛选节能项目申报，保障节能资金的有效利用。

(1) 重点行业绿色升级工程。以钢铁、有色金属、建材、石化化工等行业为重点，推进节能改造和污染物深度治理。推广高效精馏系统、高温高压干熄焦、富氧强化熔炼等节能技术，鼓励将高炉转炉长流程炼钢转型为电炉短流程炼钢。推进钢铁、水泥、焦化行业及燃煤锅炉超低排放改造，到2025年，完成5.3亿吨钢铁产能超低排放改造，大气污染防治重点区域燃煤锅炉全面实现超低排放。加强行业工艺革新，实施涂装类、化工类等产业集群分类治理，开展重点行业清洁生产和工业废水资源化利用改造。推进新型基础设施能效提升，加快绿色数据中心建设。"十四五"时期，规模以上工业单位增加值能耗下降13.5%，万元工业增加值用水量下降16%。到2025年，通过实施节能降碳行动，钢铁、电解铝、水泥、平板玻璃、炼油、乙烯、合成氨、电石等重点行业产能和数据中心达到能效标杆水平的比例超过30%。

(2) 园区节能环保提升工程。引导工业企业向园区集聚，推动工业园区能源系统整体优化和污染综合整治，鼓励工业企业、园区优先利用可再生能源。以省级以上工业园区为重点，推进供热、供电、污水处理、中水回用等公共基础设施共建共享，对进水浓度异常的污水处理厂开展片区管网系统化整治，加强一般固体废物、危险废物集中贮存和处置，推动挥发性有机物、电镀废水及特征污染物集中治理等“绿岛”项目建设。到 2025 年，建成一批节能环保示范园区。

(3) 城镇绿色节能改造工程。全面推进城镇绿色规划、绿色建设、绿色运行管理，推动低碳城市、韧性城市、海绵城市、“无废城市”建设。全面提高建筑节能标准，加快发展超低能耗建筑，积极推进既有建筑节能改造、建筑光伏一体化建设。因地制宜推动北方地区清洁取暖，加快工业余热、可再生能源等在城镇供热中的规模化应用。实施绿色高效制冷行动，以建筑中央空调、数据中心、商务产业园区、冷链物流等为重点，更新升级制冷技术、设备，优化负荷供需匹配，大幅提升制冷系统能效水平。实施公共供水管网漏损治理工程。到 2025 年，城镇新建建筑全面执行绿色建筑标准，城镇清洁取暖比例和绿色高效制冷产品市场占有率大幅提升。

(4) 交通物流节能减排工程。推动绿色铁路、绿色公路、绿色港口、绿色航道、绿色机场建设，有序推进充换电、加注(气)、加氢、港口机场岸电等基础设施建设。提高城市公交、出租、物流、环卫清扫等车辆使用新能源汽车的比例。加快大宗货物和中长途货物运输“公转铁”“公转水”，大力发展铁水、公铁、公水等多式联运。全面实施汽车国六排放标准和非道路移动柴油机械国四排放标准，基本淘汰国三及以下排放标准汽车。深入实施清洁柴油机行动，鼓励重型柴油货车更新替代。实施汽车排放检验与维护制度，加强机动车排放召回管理。加强船舶清洁能源动力推广应用，推动船舶岸电受电设施改造。提升铁路电气化水平，推广低能耗运输装备，推动实施铁路内燃机车国一排放标准。大力发展智能交通，积极运用大数据优化运输组织模式。加快绿色仓储建设，鼓励建设绿色物流园区。加快标准化物流周转箱推广应用。全面推广绿色快递包装，引导电商企业、邮政快递企业选购使用获得绿色认证的快递包装产品。到 2025 年，新能源汽车新车销售量达到汽车新车销售总量的 20%左右，铁路、水路货运量占比进一步提升。

(5) 农业农村节能减排工程。加快风能、太阳能、生物质能等可再生能源在农业生产和农村生活中的应用，有序推进农村清洁取暖。推广应用农用电动车辆、节能环保农机和渔船，发展节能农业大棚，推进农房节能改造和绿色农房建设。强化农业面源污染防治，推进农药化肥减量增效、秸秆综合利用，加快农膜和农药包装废弃物回收处理。深入推进规模养殖场污染治理，整县推进畜禽粪污资源化利用。整治提升农村人居环境，提高农村污水垃圾处理能力，基本消除较大面积的农村黑臭水体。到 2025 年，农村生活污水治理率达到 40%，秸秆综合利用率稳定在 86%以上，主要农作物化肥、农药利用率均达到 43%以上，畜禽粪污综合利用率达到 80%以上，绿色防控、统防统治覆盖率分别达到 55%、45%，京津冀及周边地区大型规模化养殖场氨排放总量削减 5%。

(6) 公共机构能效提升工程。加快公共机构既有建筑围护结构、供热、制冷、照明等设施设备节能改造，鼓励采用能源费用托管等合同能源管理模式。率先淘汰老旧车，率先采购使用节能和新能源汽车，新建和既有停车场要配备电动汽车充电设施或预留充电设施安装条件。推行能耗定额管理，全面开展节约型机关创建行动。到 2025 年，创建 2 000 家节约型公共机构示范单位，遴选 200 家公共机构能效领跑者。

(7) 重点区域污染物减排工程。持续推进大气污染防治重点区域秋冬季攻坚行动，加大重点行业结构调整和污染治理力度。以大气污染防治重点区域及珠三角地区、成渝地区等为重点，推进挥发性有机物和氮氧化物协同减排，加强细颗粒物和臭氧协同控制。持续打好长江保护修复攻坚战，扎实推进城镇污水垃圾处理和工业、农业面源、船舶、尾矿库等污染治理工程，到 2025 年，长江流域总体水质保持为优，干流水质稳定达到Ⅱ类。着力打好黄河生态保护治理攻坚战，实施深度节水控水行动，加强重要支流污染治理，开展入河排污口排查整治，到 2025 年，黄河干流上中游(花园口以上)水质达到Ⅱ类。

(8) 煤炭清洁高效利用工程。要立足以煤为主的基本国情，坚持先立后破，严格合理控制煤炭消费增长，抓好煤炭清洁高效利用，推进存量煤电机组节煤降耗改造、供热改造、灵活性改造"三改联动"，持续推动煤电机组超低排放改造。稳妥有序推进大气污染防治重点区域燃料类煤气发生炉、燃煤热风炉、加热炉、热处理炉、干燥炉(窑)及建材行业煤炭减量，实施清洁电力和天然气替代。推广大型燃煤电厂热电联产改造，充分挖掘供热潜力，推动淘汰供热管网覆盖范围内的燃煤锅炉和散煤。加大落后燃煤锅炉和燃煤小热电退出力度，推动以工业余热、电厂余热、清洁能源等替代煤炭供热(蒸汽)。到 2025 年，非化石能源占能源消费总量比重达到 20%左右。"十四五"时期，京津冀及周边地区、长三角地区煤炭消费量分别下降 10%、5%左右，汾渭平原煤炭消费量实现负增长。

(9) 挥发性有机物综合整治工程。推进原辅材料和产品源头替代工程，实施全过程污染物治理。以工业涂装、包装印刷等行业为重点，推动使用低挥发性有机物含量的涂料、油墨、胶粘剂、清洗剂。深化石化化工等行业挥发性有机物污染治理，全面提升废气收集率、治理设施同步运行率和去除率。对易挥发有机液体储罐实施改造，对浮顶罐推广采用全接液浮盘和高效双重密封技术，对废水系统高浓度废气实施单独收集处理。加强油船和原油、成品油码头油气回收治理。到 2025 年，溶剂型工业涂料、油墨使用比例分别降低 20%、10%，溶剂型胶粘剂使用量降低 20%。

(10) 环境基础设施水平提升工程。加快构建集污水、垃圾、固体废物、危险废物、医疗废物处理处置设施和监测监管能力于一体的环境基础设施体系，推动形成由城市向建制镇和乡村延伸覆盖的环境基础设施网络。推进城市生活污水管网建设和改造，实施混错接管网改造、老旧破损管网更新修复，加快补齐处理能力缺口，推行污水资源化利用和污泥无害化处置。建设分类投放、分类收集、分类运输、分类处理的生活垃圾处理系统。到 2025 年，新增和改造污水收集管网 8 万公里，新增污水处理能力 2 000 万立方米/日，城市污泥无害化处置率达到 90%，城镇生活垃圾焚烧处理能力达到 80 万吨/日左右，城市生活垃圾焚烧处理能力占比 65%左右。

3. 合同能源管理

合同能源管理(Energy Management Contracting，EMC)是指用能单位以项目合同形式与节能服务公司约定项目节能目标，节能服务公司提供节能服务并完成节能目标，用能单位根据项目的节能效益向节能服务公司支付相应费用。

合同能源管理发源于西方发达国家，是一种全新的节能服务机制。合同能源管理的实质是用节能项目节省下来的能源费用来支付节能项目的全部成本。从用能单位的角度，通过合同能源管理可以用未来的节能收益进行设备升级，降低企业运营成本；从节能服务公司的角度，可以用节能技术或设备升级手段从用能单位的节能效益中赚取节能服务费用。

按照《合同能源管理技术通则》(GB/T 24915—2020)相关规定,合同能源管理公司与用能单位达成节能服务协议后,向用能单位提供一系列节能服务,如能源审计、项目设计、项目融资、设备采购、工程施工、设备安装调试、设备操作人员培训、节能效益保证等,并从节能效益中获取利润。用能单位不仅在项目实施过程中无须承担资金、技术及风险,还能在项目完成后获得合同能源管理公司提供的设备。合同能源管理项目的优点包括用能单位零投资、高节能效率、节能专业有保证、技术先进等。

4. 合同能源管理的基本模式

合同能源管理模式不仅能够保证节能设备的质量,还能够保证节能效果,有利于用能单位达到节能增效的目的。结合国内外合同能源管理的实践,合同能源管理的基本模式主要有以下五种。

(1) 节能量保证型。该模式主要由用能单位负责投资,合同能源管理公司提供节能服务,并做出节能效益保证。节能项目完成后,经用能单位与节能服务公司确认后,若达到节能目标,用能单位支付节能服务费用;若未达到节能目标,差额部分由合同能源管理公司承担。

该类型项目通常要约定节能量价格,适用于能够在短期内快速实现节能效益的节能项目。

(2) 节能效益分享型。该模式是指节能项目产生的节能效益,由用能单位和合同能源管理公司共同分享。按照合同约定,节能项目的投资可由双方共同承担,也可由合同能源管理公司独自承担。节能改造项目完成后,用能单位和合同能源管理公司共同核算节能量,并按合同约定比例分享节能效益。同时,节能设备及其之后产生的节能收益归用能单位所有。目前,我国的合同能源管理项目的模式大多是节能效益分享型。

(3) 能源费用托管型。能源费用托管模式下,用能单位能源系统节能改造工程的投资和管理由合同能源管理公司承担,同时,能源系统的能源费用由合同能源管理公司管理,系统节约的能源费用归合同能源管理公司所有。项目完成后,节能设备及其之后产生的节能收益归用能单位所有。

(4) 融资租赁型。融资租赁模式增加了第三方,即融资公司。合同能源管理公司的节能设备和节能服务由融资公司购买,然后租赁给用能单位并收取租赁费。合同能源管理公司负责用能单位的节能改造,并保证节能效果。项目完成后,融资公司将节能设备无偿交付用能单位。

(5) 混合型。混合型模式是指上述类型的任意组合。

5. 节能项目线

节能项目线是指具有推广价值的管理或技术相对成熟的节能改造工程。节能项目线的特点是投资收益稳定,节能效果有保证,有利于合同能源管理公司的持续发展。

目前,经实践检验相对成熟的节能项目线包括以下几种。

(1) 电机拖动系统。电机拖动系统节能项目线主要针对系统内的风机、机械泵或其他设备,增加调速装置,根据负荷需要,调节设备运转速度。调速技术主要有变频技术和可控硅调压技术,其中,变频技术效果最好,使用范围很广,而可控硅调压技术成本较高。

(2) 照明系统。照明系统的节能改造比较普遍,通常采用高效节能的光源、灯具、灯用电器附件和控制器等手段改造照明系统。常见的光源器件包括荧光灯,卤素灯,镇流器,反射灯罩,声控、光控、时控、感控等节能控制器。

(3) 热泵空调系统。依据热泵空调系统的热源进行分类,热泵空调系统主要有地源热泵系统、水源热泵系统和空气源热泵系统三种。热泵空调系统的工作原理是以空气、水、地热为介质,将低温热源的热能转移至高温热源。热泵技术的优点是高效节能、一机多用、环境效益好。

(4) 蓄冷空调系统。蓄冷空调系统节能项目线是指通过增加蓄冷装置,使常规空调系统的负荷由原有的制冷机组和蓄冷装置共同承担。该项目线实施的目的在于减少常规空调系统的制冷机组容量,使其满负荷运行,达到节能目标。

(5) 中央空调余热回收系统。中央空调余热回收系统节能项目线是在中央空调系统中安装热交换器,收集系统中的热量,产生热水,供建筑使用。该项目线的优点是降低中央空调系统中冷凝器的热负荷,增大单位制冷量,减少压缩功率,同时减少冷却水的用量。

(6) 冷热电联产系统。冷热电联产系统节能项目线是通过集成多种设备,将发电系统和空调系统进行整合,能够满足建筑物冷、热、电等全部需求。该项目线的优点是实现能源梯级利用和高效转换,避免远距离输电损耗,提高能源利用总效率。

(7) 自动扶梯相控节能装置。自动扶梯相控节能装置节能项目先是在自动扶梯系统中安装相控节能控制器,控制器能够判断自动扶梯系统的运行负荷,调节自动扶梯的电机功率,实现自动扶梯的节能目的。

4.3 能源数智管理

4.3.1 共识机制

多能源系统长期处于分立自治的状态,异构的能源结构和供应模式难以设立一体化调度机构运行决策。因此,设计一种多能源异构区块链模型,在资源受限的多链异构环境下,研究和解决链间信息高效跨链通信、身份校验及交易互信问题极为重要,通过高效全局共识机制解决各能源主体能效价值一致性和可靠性认证难题。本节展示一种轻量级分层能源区块链模型,用于能源互联网环境下的设备高效访问控制及身份验证。该模型由两个可扩展的分层组成,即受限资源层(Restricted Resource Layer,RRL)和扩展资源层(Extended Resource Layer,ERL)。对分层区域内不同资源能力计算单元设计了相应的区块链操作。为减少网络时延导致区块操作的不同步,设计了一种时间一致性算法;为提高区块链的通量,设计了分布式信任确权算法来提高节点信任,从而减少新区块验证的交易数量。通过一种可扩展的动态高通量管理机制,以动态地确定区块链效率控制参数,以确保公共区块链的交易负载均衡。以上关键问题是解决多能源系统模块间泛在信息交互,实现多能源节点价值计量和能效经济动态平衡的难题。

采用能源梯级利用的思想,分析其中影响能量转换效率及能耗因素,根据各能源分介质间工序流程和转换关系的耦合度,将不同能源介质不同阶段的调控目标转化为系统间约束条件及优化时序,从而构建分布式弱中心化的多能源系统分组。根据异构能源分组模式,基于区块链多链、侧链方法,设计多能源系统异构区块链网络结构。定义多能源异构区块链结构为一个8元组,描述为

$$\mathrm{HEB}=(B_{\sigma},B_{\varphi},B_{\gamma},S_{\alpha},U_{\beta},B_{\tau},C_{\beta},C_{\theta},\mathrm{ETSC}) \tag{4-1}$$

式中,B_σ 为燃料热能供应区块链;B_φ 为蒸汽-电能供应区块链;B_γ 为技术气体供应区块链;B_τ 为其他的异构能源区块链,这些均为私有链。设 $S_\alpha=\{s_i \mid i\in N\}$为分布式供能节点的有限集合。$U_\beta=\{u_i \mid i\in N\}$分布式耗能节点的有限集合,$C_\beta$ 为用能节点能源交易区块链,C_θ 为能源交易索引区块链,共同构成联盟链。ETSC(Energy Trading Smart Contract)为智能合约。C_β 获得节点供能信息并形成计量信息后发送到 C_θ 建立交易索引,并写入区块链头智能合约索引,待合约触发后将全部交易信息汇总为一个新的区块链上传到 C_β 上。

最后,为承载多链间的可靠能效信息交互,需设计相应区块体元数据格式。图 4-1 以燃料热能供应区块链 B_σ 为例,设计对应区块链结构(其他能源异构区块链类似)。当外界有新的节点 s_i 要加入 B_σ 时,需要向 B_σ 提交涵盖如能源节点 ID、能源种类、能源状态、负载容量、能效价值等信息并参与身份认证,获得确权后生产新的元数据链入区块体。同理,当外界有新的异构能源 B_τ 要加入时,也会对其进行相关身份认证,确权通过后将其并入异构能源区块链网络,参与到能源跨链调度交易的协作中。

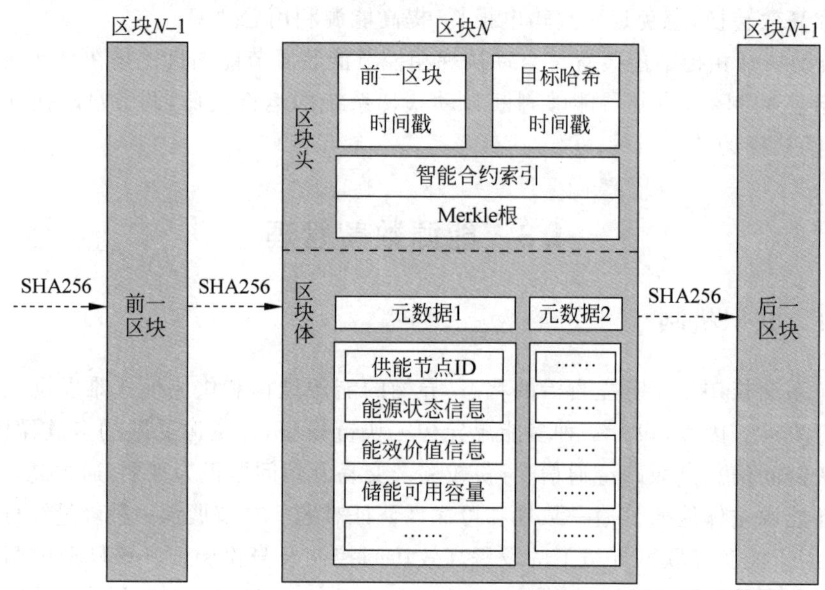

图 4-1 燃料热能类 B_σ 区块体结构示意图

为避免跨链主体交易中出现双花问题,需保证能效计量和交易信息在所有主体中的状态是一致的。设计了一致性动态验证与跨链共识机制。同时通过侧链和分区策略解决现有区块链技术吞吐量低下和交易延迟过高等问题。定义 3 元组:

$$B_\sigma=(S_\alpha,R_s,R_C,\text{ESCA}) \tag{4-2}$$

式中,S_α 为链 B_σ 中分布式能源的供应节点。ESCA(Energy Supply Consensus Algorithm)为共识算法,通过异构链链间的相互锚定,保证交易的不可篡改性。考虑到不同能源主体节点存在算力、存储容量等资源限制差异,为降低传统区块链共识确权及交易延时,设计跨链轻量级共识机制。

将能源互联网的 Overlay 网络分层为受限资源层和扩展资源层,对分层区域内不同资源能力的设备设计了相应的区块链操作。在受限资源层,为了最大能力保障可扩展性,将受限资源节点组织为集群,只有集群头节点 CH 负责管理公共区块链。为减少网络时延的区块操作不同步，设计了一种时间一致性算法，该算法限制了节点在共识周期内生成的新块的数量，可减少验证和添加到新区块的计算开销。为提高区块链的通量，设计了分布式信任确权算法，每个节点基于它们生成的新块的有效性累积关于其他节点的证据。由于节点彼此之间存在信任，因此需要验证的新区块中的交易数量逐渐减少。将能源单元计算节点类型分为以下两类。

① 扩展资源层节点 R_S，包含有完整的区块链数据，支持全部区块链节点的功能，可以打包新的区块，收集链中所有供能节点的产能等信息并寻求新的供能节点。

② 受限资源层节点 R_C，无须为区块链网络提供算力，仅需保留区块链的部分数据，参与对交易数据的验证。

通过比较获得收益的多少以及持有这些收益的时间长短来决定谁能获得此区块的记账权。另外，定义作为监察人角色具有独立的工作模式，并不直接参与区块打包的相关过程中去，通过对能效计量结算过程的监察，及时举报证明节点存在非法行为从而获得激励，减少异构链中计量、交易、结算过程的恶意行为发生。在跨链共识机制中，轻型节点只构建自己的交易和区块，R_C 仅将可信交易的 ID 写入本主体交易区块链中，并不影响主体本身的交易和区块处理；同理构建全能节点 R_S 生成全局区块，不影响本主体的交易和区块处理。所以，在主体内部不存在交易延迟，交易延迟仅仅与跨链的一致性验证相关。异构能源区块链的不同链间可以借鉴中继区块链或联盟链项目 Fabric 中的通道等方式实现数据交换。在本模型中，各异构链以 C_θ 索引为中继链，通过 C_θ 写入智能合约索引并加入 Merkle 树结构，采用联盟链的分布式账本和共识解决其内多个参与方交互的信任问题，通过对参与跨链节点的公私钥控制以及对参与共识的节点权限控制来实现监管。

将受限资源层(RRL)和扩展资源层(ERL)构建在 Overlay Network(ON)上，如图 4-2 所示，并由此来设计一种轻量级高通量区块链模型(LHTB)。ON 由各种设备实体组成，称为资源节点，包括传感设备、采集设备、执行单元、集控器、网络设备和服务器等。为了确保区块链可伸缩性和减少网络开销延迟，把 ON 中的设备或计算单元节点按聚类分组，每个聚类选择簇头(Cluster Head-CH)，并负责相对应区块链的管理，如 RRL Overlay Block，如图 4-3 所示。如果工业环境中存在部分节点 CH 过度延迟，则节点可以重新聚类并自由更改其集群。此外，CH 还处理从其集群成员设备的生成或注销事务。一般情况选择较长时间内保持在线的 CH 节点，并处理集群内基本任务。因此受限资源层区块链不受设备动态变化的影响。节点内使用非对称加密、数字签名和加密散列函数(如 SHA256)来保护由 ON 节点生成的各类事务。每个 CH 根据接送收到交易参与者的通信，独立决定是保留新块还是丢弃它。这可能导致每个 CH 中不同版本的区块。由于不需要实时协调区块一致性，所以减少了同步开销。但是，在一定时间等待周期内，由 ERL 中的扩展资源节点进行区块一致性校验功能。ON 结构中将数据流与业务分离，因此，对于工业互联网中访问请求或监控类事务，被访问设备在确权后，通过单独的数据包将数据发送给请求者。类似地，对于数据采集或存储类事务，由请求者创建直接发送数据。Overlay 事务存储在对应 CH 管理的公共区块中。该区块中的每个块由两个主要部分组成，即交易和块头。块头包含以下内容：前一个区块的 hash，区块生成者 ID 和验签者的签名。公共区块中前一个块的散列确保了不变性，如果攻击者试图改变先前存储的交易，那么相应块的哈希值将保留在本块上并出现不一致性，从而暴露出这种攻击。

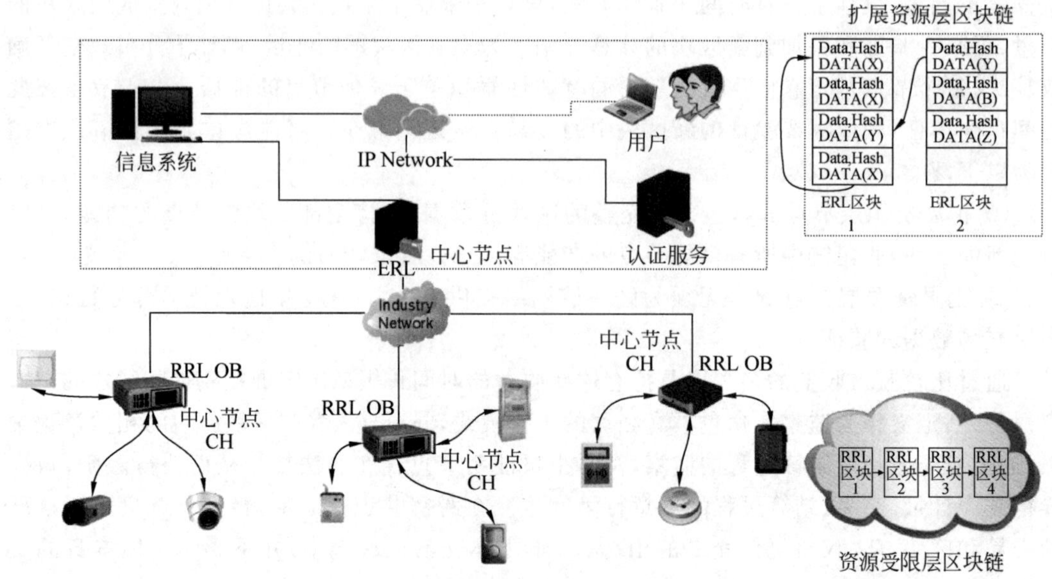

图 4-2　分层的多能源异构区块链网络架构

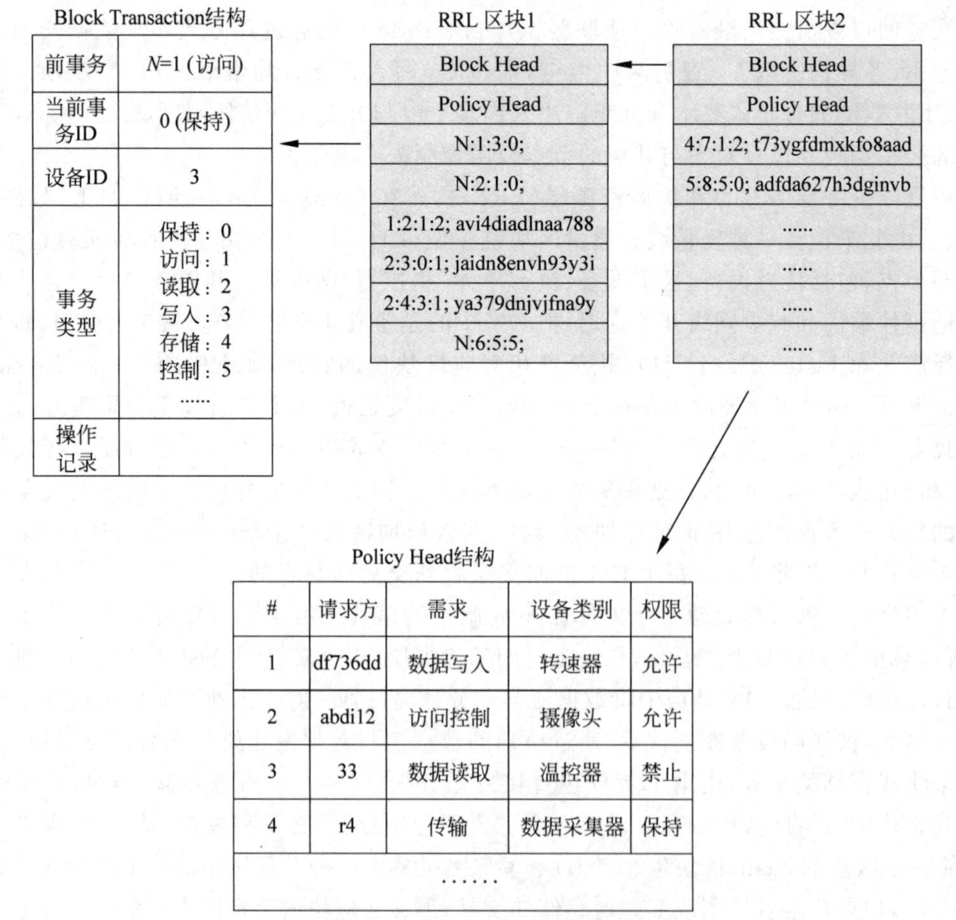

图 4-3　资源受限层 Block 体结构设计

为了在块生成器之间引入随机性，每个 Overlay 区块的 CH 必须在生成新块之前等待一个随机周期 T。由于每个 CH 的等待时间段不同，该 CH 可能会收到由另一个 CH 创建的新块，其中可能包含当前在 Overlay 交易池中的部分或全部交易。在这种情况下，该 CH 必须从它的区块中删除这些交易，并且请求其他 CH 等待一定时间以求达到同步。最大等待时间的上限是 Overlay 中最大端到端延迟的两倍。为了保护整个 Overlay 免受非法恶意节点的攻击，Overlay 的 CH 可以允许只有一个块是在由共识周期区间内生成。共识期的默认（和最大）值为 2 分钟。共识周期的最小值等于覆盖中最大端到端延迟的两倍，以确保有足够的时间来传播由其他 CH 生成的新块。为了防止 CH 始终声称等待时间较短，邻居节点会经常监视其在等待期间生成新块的频率。这些块的数量超过阈值（根据网络环境和性能需要设定），CH 会丢弃他们邻居节点生成的块。区块链上每一个 CH 节点必须验证从其他节点接收的新块，然后将其附加到链上。为了验证块，CH 首先验证块生成器的签名。

验证所有交易和区块会耗费很高的算力，特别是当 Overlay Network 中的节点数量增加时。在工业互联网环境中，人们很难预期节点的扩展性问题，因为节点变化数量会非常大。为了解决这个问题，LHTB 使用分布式信任确权机制，在 CH 节点建立相互建立信任，逐渐减少每个新块中需要验证的交易数量。该机制引入直接和间接信任模式，如图 4-4 所示。直接信任：如果先期有一块区块是由 CH＃1 生成，则 CH＃X 对 CH＃1 信任。间接信任：如果 CH＃2 没有对 CH＃1 的信任证据，但是如果有其他任意一 CH＃X 节点确认 CH＃1 生成的块是有效的，那么 CH＃2 就有 CH＃1 的间接证据。因此，每个 CH 维护一动态

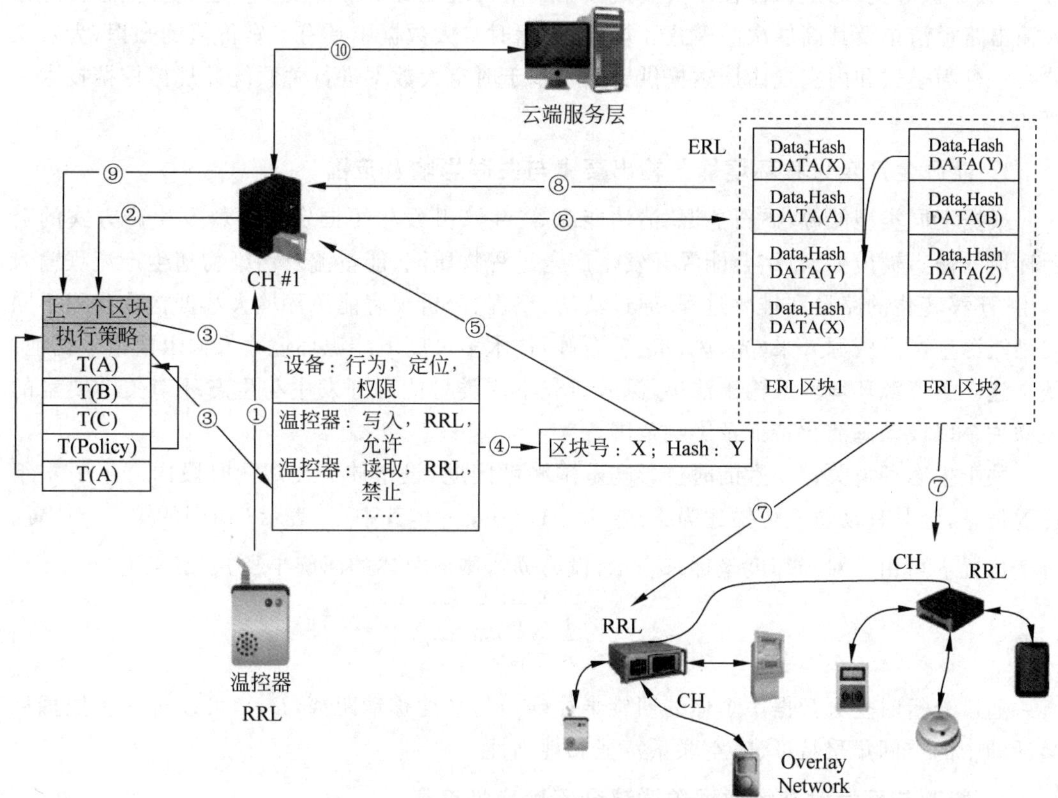

图 4-4　多能源异构网受限资源层区块链生成流程

列表，记录相关信息以建立直接证据。CH节点通过信任机制降低对其他不合规节点的信任评级。分布式信任算法背后的核心思想是CH收集的有关其他节点生成新块的信任越强，该块内需要验证成本越少，从而提升区块链共识和确权效率。

因此，在多能源异构网络中，各种异构设备由本地CH(LCH)管理。由于现场设备通常受资源限制，使用对称加密方法对本地交易进行加密，在双方之间建立共享密钥，并使用轻量级加密哈希函数。LCH集中管理一份本地不可变登记表(LIB)，其结构类似于区块链表。所有交易日志都存储在LIB表中交易部分中以供日后审计。

在这个过程中，所有Overlay网络已转发交易的CH节点必须将Hash值其保留在RRL区块链中。此外，请求者和被请求者的CH也记录该事务。其他节点决定基于它们是否涉及与该事务相关的任何中间通信来存储事务，从而降低了整个网络的通信量，提高了区块链的处理效率。

4.3.2 能源环境关联演化

能源与环境时空大数据除具备大数据本身所具有的海量、多维、价值高等特征外，还具备能源与生态环境对象、事件的丰富语义特征和时空维度动态关联特性，在空间和时间上具有动态演化特性，且具有尺度特性。根据比例尺大小、采样粒度以及数据单元划分的详细程度可以建立时空大数据的多尺度表达与分析模型。时空数据挖掘综合了人工智能、机器学习、领域知识等交叉方法，旨在从大规模数据集中发现能源资源开发生产全过程生态环境输入输出路径清单及其高层次的模式和规律，揭示时空大数据中具有丰富价值的知识，为对象的时空行为模式和内在规律探索提供支撑。基于时空大数据进行关联统计规律挖掘技术主要如下。

1. 能源生产全过程环境输入输出要素与关联影响及范围

根据不同类型能源(矿石能源、清洁能源等)生产开发中不同资源材料及生产方式的资源环境的输入输出要素，结合能源开发生产全过程物质流、能量流及污染物随生产流程输入输出、迁移转化的路径和排放过程，通过清洗、整理、分析现有能源环境大数据构建我国不同类型能源生产及资源开采(光、风、水、矿石等)技术多尺度下能源环境输入输出要素数据池；基于建立的资源环境输入输出清单，深入研究不同类型能源开发中与生态环境关键要素的关联关系以及动态演化特征及影响范围。

关于生态环境关键要素的时空影响范围测度问题，设个体 i 在观测时段内产生了 n 组位置信息，则其移动轨迹可描述为 $X_i=\{x_1,x_2,\cdots,x_T\}$，其中 x_j 表示 i 访问的第 j 个位置。每个位置 j 可由一对经纬度坐标来表示，设为 $\vec{m}_j$，则该个体的回旋半径 r_g 定义为

$$r_g(i)=\sqrt{\frac{1}{n}\sum_{j=1}^{n}|\vec{m}_j-\vec{m}|^2} \tag{4-3}$$

通过分析时空大数据中个体的回旋半径(r_g)与平均移动距离($\overline{D}_i$)，可以进一步挖掘社会活动中的空间集聚特征、时空联系特征和规则性。

2. 能源与环境时空大数据关联耦合不确定性度量

基于信息熵研究能源与环境时空大数据不确定性度量方法。信息熵反映了研究对象的

不确定程度，熵越大，不确定性越高，相应的我们更难确定能源与环境研究对象时间、空间的变化规律。

对一个随机事件 X，其信息熵的计算公式为

$$E(X) = -\sum_{i} p(x_i)\log_2 p(x_i) \tag{4-4}$$

式中，x_i 表示该事件可能输出的结果，$p(x_i)$表示该输出的概率，随机事件 X 的信息熵则是由其所有可能输出的结果的概率计算而得。从该公式可以看出，当所有可能的结果是等概率输出时，即所有的 $p(x_i)$都相等时，该事件的信息熵取得最大值，可预测性最低；反之若其中某一个结果的输出概率为 1 时，信息熵为 0，该事件可预测性最高。

在能源环境时空大数据中，x_i 可以是研究对象空间位置的某一个出现模式 T 出现的频次，对应以下三种情况分别考虑研究对象的空间大数据不确定熵：①仅通过出现在不同空间的数量来计算空间大数据不确定熵；②空间关联但时间不关联的空间大数据不确定熵，考虑了每个不同位置的频数即 $p(j)$；③穷尽所有可能的时空序列的空间大数据不确定熵，如 A，AB，ABA，ACB，ABC 等出现的频数分布 $p(T)$。

若我们仅考虑研究对象出现在不同空间的数量 L_i，即研究对象在 L_i 个不同位置间作随机访问，我们可以计算随机熵：$S^i_{\text{rand}} = \log_2 N^i$，其中 N^i 表示研究对象 i 出现过的位置集的大小。

进一步地，若我们考虑到空间关联但时间不关联情况下研究对象对不同位置的访问频数，我们可以计算香农熵：$S^i_{\text{unc}} = -\sum_{d\in D^i} p^i(d)\log_2 p'(d)$，该指标进一步考虑访问过某一历史位置 d 的概率 $p'(d)$，其中 $p'(d) = n^i(d)/n^i$，$n^i(d)$表示研究对象 i 在位置 d 的出现次数，n_i 表示个体 i 的总出现次数。

最后，我们考虑穷尽所有可能的时空序列的空间大数据不确定熵，记为真实熵：$S^i_{\text{real}} = -\sum_{D^{i'}\in D^i} p(D^{i'})\log_2[p(D^{i'})]$，其中 $D^{i'}$ 是 D^i 的子序列，$p(D^{i'})$表示 $D^{i'}$ 出现在位置序列 D^i 中的概率。该指标不仅考虑研究对象出现在不同位置的概率，同时也考虑研究对象出现位置的顺序。

3. 最大可预测性

由每个环境要素对象的空间大数据不确定熵和 Fano 不等式可得每个研究对象的可预测性上界：

$$\prod{}_i \leqslant \prod{}^i_{\max}(S^i, N^i) \tag{4-5}$$

式中，$S^i = H(\prod{}^i_{\max}) + (1-\prod{}^i_{\max})\log_2(N^i - 1)$，$H(\prod{}^i_{\max}) = -\prod{}^i_{\max}\log_2(\prod{}^i_{\max}) - (1-\prod{}^i_{\max})\log_2(1-\prod{}^i_{\max})$，$\prod{}^i_{\max}$ 刻画的是研究对象 i 的可预测性上限值。显然，由于 $S^i_{\text{rand}} \geqslant S^i_{\text{unc}} \geqslant S^i_{\text{real}}$，我们有 $\prod{}^i_{\text{real}} \geqslant \prod{}^i_{\text{unc}} \geqslant \prod{}^i_{\text{rand}}$，即当同时考虑研究对象所有可能的时空序列时，可预测性最大。

4. 基于时空大数据的图神经网络强化学习预测算法

以时空大数据为分析基础，运用图神经网络与深度强化学习预测算法建立能源环境关联预测模型，可以对多种能源影响因子与碳排放量的关联关系进行分析，进而建立能源环境

关系演化的预测模型。其中，我们用图神经网络模型来建模多种能源消耗行为与环境间的关联关系。

$$a_{s,i}^{t}=A_{s,i}^{T}[v_{1}^{t-1},\cdots,v_{n}^{t-1}]^{T}+b \tag{4-6}$$

$$z_{s,i}^{t}=\sigma(W_{z}a_{s,i}^{t}+U_{z}v_{i}^{t-1}) \tag{4-7}$$

$$r_{s,i}^{t}=\sigma(W_{r}a_{s,i}^{t}+U_{r}v_{i}^{t-1}) \tag{4-8}$$

$$v_{i}^{t}=(1-z_{s,i}^{t})\cdot v_{i}^{t-1}+z_{s,i}^{t}\cdot\tilde{v}_{i}^{t} \tag{4-9}$$

式中，$a_{s,i}^{t}$ 表示在 t 时间范围内，s 环境状态中的一系列能源消耗行为；$z_{s,i}^{t}$ 表示我们通过门控机制将能源消耗行为特征抽取；$r_{s,i}^{t}$ 表示我们用注意力方式进一步提取行为特征；v_{i}^{t} 表示在 t 时间采取 i 行为的概率。

在基于图神经网络强化学习的模型中，每个研究对象的时空序列被建模为 n 阶的级联函数学习状态，其假设研究对象在 s^{t} 个状态之间的移动是具有有限记忆的过程，在这种意义上，未来位置的访问仅取决于先前被访问的位置，即

$$r(s^{t},a^{t})=v^{T}\sigma\{V[(s^{t})^{T},(f_{a^{t}}^{t})^{T}]^{T}+b\} \tag{4-10}$$

式中，a^{t} 是一个代表研究对象 a 在时间 t 所在位置的能源消耗行为。给定前 t 个位置的根据状态变化的级联奖励函数 $A^{t}=\sigma\{[(s^{t})^{T},(f_{a^{t}}^{t})^{T}]^{T}+b\}$，用级联奖励函数选取最可能的能源消耗行为 A^{t}。

$$\text{minMax}F=\left\{E\left[\sum_{t=1}^{T}r_{\theta}(s_{\text{true}}^{t},a^{t})\right]-\frac{R(\phi_{\alpha})}{\mu}\right\}-\sum_{t=1}^{T}r_{\theta}(s_{\text{true}}^{t},a_{\text{true}}^{t}) \tag{4-11}$$

我们利用最小化最大值函数使生成行为 a^{t}，不断趋向于真实行为 a_{true}^{t}，从而训练得到最优的奖励函数和图神经网络。

我们为了使图神经网络与短期记忆网络具有敌对作用，对短期记忆网络进行改进，我们采用图神经网络的输出作为短期记忆模型的真实动作，将其进行训练，然后在最后加入真实动作对假设的真实动作进行修正。其形式表示为图 4-5。

4.3.3 电力供应过程中的智能调度技术

我国近年来众多电力企业的环保日常管理及设备健康水平得到了稳步的提升，因此应当进一步做好低碳改造工作，实现资源统筹管理工作效益的稳步提升。依照《大气污染防治法》以及《环保法》的相关规定来制定企业环境保护制度以及低碳环保的生产标准，电力企业应加强对环保排放的管理，积极引进先进的环保管理设备及技术手段，提升设备管理的可靠性。本研究基于电力供应过程中安全低碳环保协同的智能调度技术研究与应用，不仅是电力供应过程中安全低碳环保协调度的重要手段，更是“互联网＋”的具体实践。本方法具体步骤如下。

第一步，依据设备监测和诊断目标进行设备监测参数选择，并设定设备监测条件，非监测条件下系统不进行参数期望值计算。

第二步，在 SIS 实时数据库中进行样本数据选择即设备健康运转时的多工况时间段选择，一般选择覆盖最近一年的数据，以保证模型训练的成熟度和预测精度。

第三步，海量数据去异常、清洗算法对原始训练样本预处理，去除停运数据、异常数据，得到用于训练的健康数据。

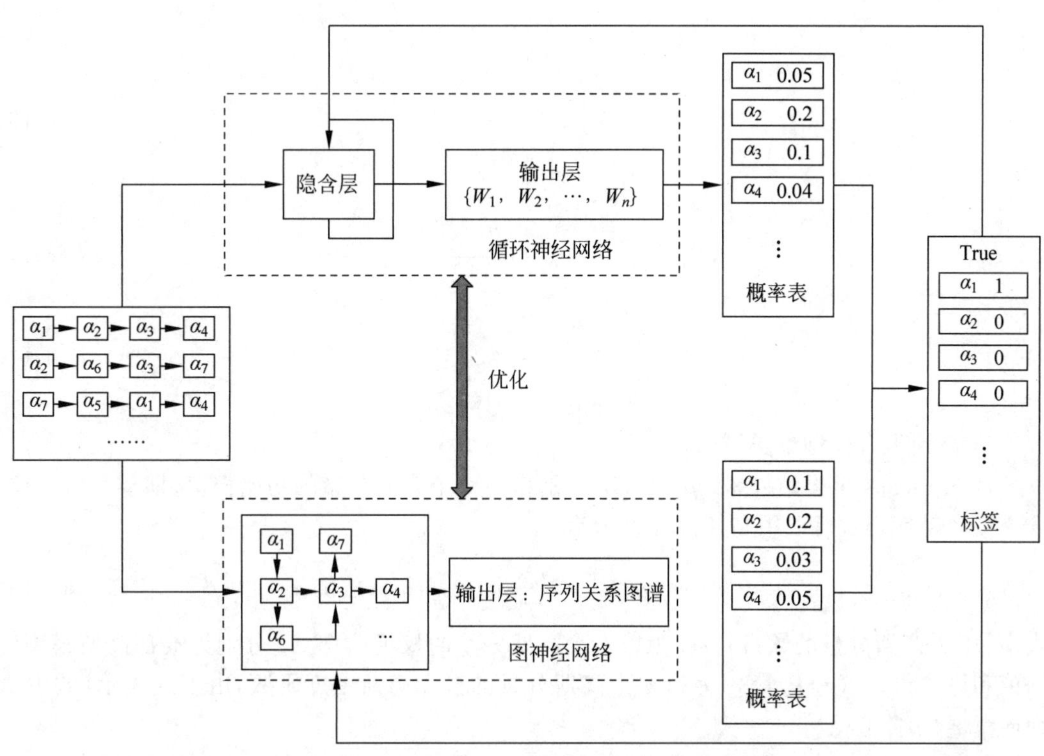

图 4-5 图神经网络与深度强化学习模型设计图

第四步，采用基于混合高斯聚类算法对训练数据进行数据挖掘分析，建立模型健康工况状态矩阵。

第五步，通过最大似然相似理论求解实时状态数据与模型健康工况状态矩阵之间最大相似问题，运用非线性状态回归方程对设备状态的期望值进行精确求解。

第六步，建立数据实时值与期望值之间的动态偏差，通过基于高维空间的电力数据的相似度算法建立相似度判别评价机制，若当前工况的相似程度较大，则识别设备当前状态为"正常"，否则为"注意"，并自动关联出由于造成相似偏差较大的测点预警信息。

1. 基于多重聚类的工况划分技术

1）K-means 聚类算法

(1) 假设 $X=\{x_i \in R^D, y_i, z_i \mid i=1,2,\cdots,n\}$ 是来自多工况的样本数据，x_i 为工况分类参数，D 表示工况分类参数的个数，y_i 为寻优参数，z_i 为监测参数，假设 k 个初始聚类中心 $U^{(f)}=\{\mu_1^{(f)},\mu_2^{(f)},\cdots,\mu_k^{(f)}\}$，$2\leqslant k\leqslant\sqrt{n}$ 且 $k\leqslant n$。

(2) 计算 X 中每一组样本 x_i 到每一聚类中心 $\mu_k^{(f)}$ 的欧式距离，选取距离它最近的聚类中心 $\mu_k^{(f)}$，划分到聚类中心 $\mu_k^{(f)}$ 所属类簇 $S_k^{(f)}$，其中 $S^{(f)}=\{S_1^{(f)},S_2^{(f)},\cdots,S_k^{(f)}\}$。

(3) 采取求均值的方法重新计算分类后的各聚类中心 $\mu_k^{(f+1)}$。

(4) 计算距离函数 $E(X,U^0)=\sum_{j=1}^{k}\sum_{i=1}^{n}d(x_i,\mu_j^0)$，如果 $E(X,U^0)$ 收敛，则输出最终的聚类中心 $U^0=\{\mu_1^0,\mu_2^0,\cdots,\mu_k^0\}$ 和 k 个类簇 $S^0=\{S_1^0,S_2^0,\cdots,S_k^0\}$，否则重复以上步骤。

聚类完成后，分别计算权值、期望和协方差

$$\omega_j^0 = \frac{S_j^0}{X} \tag{4-12}$$

$$\mu_j^0 = \frac{1}{S_j^0} \sum_{x_i \in S_j^0} x_i \tag{4-13}$$

$$C_{(x_i)} = \frac{\sum_{i=1}^{n} (x_i - \tilde{x}_i) \cdot (x_i - \tilde{x}_i)^T}{n-1} \tag{4-14}$$

$$\Sigma_j^0 = \begin{pmatrix} C_{(1,1)} & \cdots & C_{(1,D)} \\ \vdots & \ddots & \vdots \\ C_{(D,1)} & \cdots & C_{(D,D)} \end{pmatrix} \tag{4-15}$$

2）高斯混合模型聚类算法

将 K-means 聚类结果 ω_k^0、μ_k^0 和 Σ_k^0 分别作为 k 个高斯分布的初始权值、期望和协方差。概率密度函数可以用高斯混合表示为

$$p(x \mid \mu, \Sigma) = \sum_{k=1}^{K} \omega_k g(x \mid \mu_k, \Sigma_k) \tag{4-16}$$

式中，K 为高斯分量的数目；ω_k 为第 k 个高斯分量的权重；μ_k，Σ_k 分别为局部高斯模型的均值和协方差；$g(x|\mu_k,\Sigma_k)$为第 k 个高斯分量的多元高斯密度函数，由下式表示（式中 D 为向量 x 的维度）。

$$g(x \mid \mu_k, \Sigma_k) = \frac{1}{(2\pi)^{D/2} \mid \Sigma_k \mid^{1/2}} \cdot \exp\left[-\frac{1}{2}(x-\mu_k)\Sigma_k^{-1}(x-\mu_k)^T\right] \tag{4-17}$$

为了建立高斯混合模型，需要对估计参数 $\Theta = \{(\omega_1,\mu_1,\Sigma_1),\cdots,(\omega_k,\mu_k,\Sigma_k)\}$ 进行求解。上述参数通过期望最大化(EM)算法自动确定，即在 $p(X;\mu,\Sigma)$为最大值条件下（样本点 x 已经发生，故可认为 $p(X;\mu,\Sigma)$是样本 x 发生的最大概率），求得 μ 和 Σ。给定训练数据 $X=\{x_1,x_2,\cdots,x_n\}$、混合分量个数 K 和由 K-means 聚类算法确定的初始值 $\Theta^0 = \{(\omega_1^0,\mu_1^0,\Sigma_1^0),\cdots,(\omega_k^0,\mu_k^0,\Sigma_k^0)\}$ 后，EM 算法通过不断重复 E-step 和 M-step 来更新参数，以保证训练数据似然度单调增加到一定值。EM 算法的迭代步骤如下。

（1）E-step

$$p^{(s)}(C_k \mid x_i) = \frac{\omega_k^{(s)} g(x_i \mid \mu_k^{(s)}, \Sigma_k^{(s)})}{\sum_{j=1}^{K} \omega_j^{(s)} g(x_i \mid \mu_j^{(s)}, \Sigma_j^{(s)})} \tag{4-18}$$

式中，$p^{(s)}(C_k|x_i)$为第 s 次迭代后第 i 个训练样本 x_i 属于第 k 个高斯分量的后验概率。

（2）M-step

$$\mu_k^{(s+1)} = \frac{\sum_{i=1}^{N} p^{(s)}(C_k \mid x_i) x_i}{\sum_{i=1}^{N} p^{(s)}(C_k \mid x_i)} \tag{4-19}$$

$$\Sigma_k^{(s+1)} = \frac{\sum_{i=1}^{N} p^{(s)}(C_k \mid x_i)(x_i - \mu_k^{(s+1)})(x_i - \mu_k^{(s+1)})^T}{\sum_{i=1}^{N} p^{(s)}(C_k \mid x_i)} \tag{4-20}$$

$$\omega_k^{(s+1)}=\frac{\sum_{i=1}^{N}p^{(s)}(C_k \mid x_i)}{N} \tag{4-21}$$

式中，$\mu_k^{(s+1)}$，$\Sigma_k^{(s+1)}$ 和 $\omega_k^{(s+1)}$ 分别为第$(s+1)$次迭代后第 k 个高斯分量的均值、协方差和先验概率。

在得到高斯混合模型的数学求解结果后，基于 EM 算法不断求解迭代可以得到各个模型参数，从而实现了对样本 X 的 k 个聚类。

根据寻优目标，找出每个类簇下寻优参数最优时刻所对应的监测参数，把该组寻优参数及监测参数作为寻优结果进行存储。

2. 最大相似原理

x_i 为现场采集的一组实时数据，分别与高斯混合模型中的 k 个高斯模型期望值 μ_k 进行相似度计算，相似度最高的类簇作为实时数据 x_i 所属类簇 j。

$$\mathrm{sim}(\mu_k \mid x_i)=\frac{1}{d}\sum_{i=1}^{D}\frac{\mu_k}{\mu_k+|x_i-\mu_k|} \tag{4-22}$$

$$j=\mathrm{argmax}[\mathrm{sim}(\mu_k \mid x_i)] \tag{4-23}$$

$$x_i \in \mu_j$$

输出类簇 j 的寻优结果。

4.3.4　数智管理平台关键技术

1. 大数据采集技术

面向能源与环境数据处理领域中，数据源分散、数据存储体系多样的特点，设计和研发了基于 Canal 的多元数据 ETL 技术及工具。该技术包含三部分：数据抽取、数据的清洗转换、数据的加载。数据的抽取是从各个不同的数据源抽取到 ODS(Operational Data Store，操作型数据存储)中，并完成数据的清洗和转换，在数据清洗完了之后，通过不同数据适配器直接写入 DW(Data Warehousing，数据仓库)中。基于 Canal 的多元数据 ETL 工具采用的模式，从整体看来可以分为三层：数据抽取层、数据转换层和数据转换输出层。为了实现多元数据输入、多目标数据输出的目标，设计了基于 Canel 的数据增量抽取技术、基于消息队列的数据清洗与预警技术，以及面向多目标数据输出的数据适配器模型。

2. 大数据存储技术与索引优化

面向大规模数据存储的需求，设计了基于 HBase 和关系型数据库的混合储存体系，本体系将业务数据(如监控数据)存储在大数据平台的 HBase 数据库或 HDFS 中，基础数据存储在关系型数据库中；设计了混合储存体系架构，分为表现层、服务聚集层、报表分析层和数据层，如图 4-6 所示；设计了面向混合数据存储的数据连接方法，基本思路是从关系型数据库中获取基础数据，并通过 RPC 方式调用 HBase 协处理器进行分布式处理，最后进行汇总计算形成结果，返回给系统前台；提出了大规模数据存储性能优化方案，如通过 HBase 协处理器实现数据分布式处理和读取优化、通过多层次行键设计优化条件搜索性能、通过表列合并和压缩技术提高读取效率等；设计了基于 NoSQL 数据库的多层次索引优化技术。

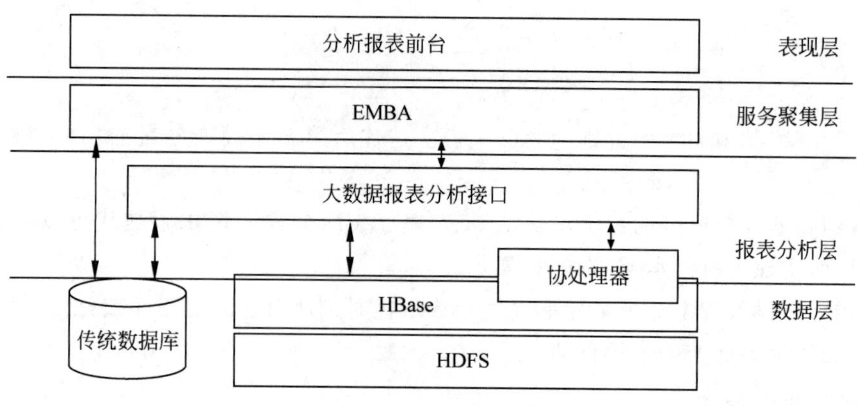

图 4-6　系统结构图

3. 大数据平台推动数据存储、数据分析智能化

大数据平台支持 HDFS、HBase 等从 GB 到 PB 级别的存储方案，支持 Hive 和 Map Reduce 等批量计算、Spark 内存计算、Kylin 多维分析、Impala 和流式计算（开源 Spark Streaming）等计算方案，灵活满足各类场景。

大数据平台是覆盖大数据采集、存储、清洗、挖掘建模、分析、联机查询等于一体的一站式平台。采用先进的大数据和机器学习技术，内置多种海量数据存储方案、数据处理方法和分析挖掘算法；支持结构化数据、半结构化数据和非结构化数据的采集、存储、分析挖掘、检索；提供统一的数据服务访问机制。平台采用图形化、流程化的方式进行大数据挖掘工作。数据价值的挖掘过程采用全可视化操作，使用者只需用鼠标把各种分析组件拖拽过来组装成一个个分析流程，然后单击“运行”即可获得隐藏在深处的大数据“价值”。有了该平台，使用者既不需要懂大数据技术细节也不需要懂编程技术，仅通过简单的拖拽和组装就能快速的构建出大数据分析挖掘模型，并对模型进行有效评估。大数据平台的建立及应用，优化了电力生产传输及检修维护过程，有效提升了电力企业管理水平及管控能力，提高市场竞争能力。

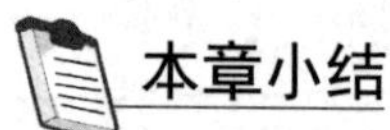

本章小结

为实现智慧能源管理的总目标，即能源综合效益的最优化，开展能源系统智能化、系统化、数字化和可视化的管理，通过信息化平台对能源的开发、加工转换、传输和消费等各环节进行全方位管理。

参考文献

[1] 胡春磊，徐红艳．综合智慧能源管理系统架构探究[J]．电子世界，2020(13)：126-127.

[2] 刘平阔，侯建朝，谢品杰．能源管理学[M]．上海：上海财经大学出版社，2019.

[3] 刘圣春，宁静红，张朝晖．能源管理基础[M]．北京：机械工业出版社，2013.

[4] 王娟，邓良辰，冯升波．“双碳”目标下能源需求侧管理的意义及发展路径思考与建议[J]．中国能源，2021，43(9)：50-56.

[5] 黄素逸，龙妍，关欣．能源管理[M]．北京：中国电力出版社，2016.

习题与思考

1. 请简述智慧能源管理的主要特征、基本原理和方法。

2. 清洁发展机制允许发达国家在可再生能源、能源效率、甲烷气体的收集与利用方面向各发展中国家提供资金和技术帮助，与此同时，发达国家可从发展中国家购买二氧化碳排放削减量以履行《京都议定书》规定的减排义务。

(1) 试分析我国向发达国家转让温室气体减排指标给我国带来的积极意义。

(2) 请提出几点合理化建议，为我国的节能减排作出贡献。

拓展阅读

1.《智慧能源体系》，清华大学出版社，2020 年。

2. 公众号：智慧国家能源，国家能源投资集团有限责任公司。

应 用 篇

重点行业智慧能源应用

【学习目标】

1. 了解重点行业的智慧能源体系的定义及相关案例分析。

2. 熟练掌握新型智慧系统在交通、建筑、工业等综合能源服务的定义及内涵；了解发展这些行业智慧能源体系的必要性及相关案例分析。

3. 熟练智慧能源应用对关键行业用能服务的产生的影响，并了解相关案例分析。

【章节内容】

本章对交通运输、建筑行业以及农业等重点行业领域的智慧能源进行解释定义和发展脉络的梳理及发展前景的展望。

从目前来看，作为经济社会的重要网络，交通运输行业的能源方面长期以来存在能耗较多、资源能源利用率不高等问题；而建筑行业也是城市能源的重要消费者，其能耗波动较大、稳定性和控制性较差；智慧农业近几年才有迅猛发展，由于其本身能源消费相对于前两个行业较少，故其节能降耗主要需要对其所使用的智能化技术进行改良优化。整体来看，智慧能源在以上这些领域都有较好的应用前景。

5.1 交通行业智慧能源

5.1.1 交通智慧能源的信息技术

当今的能源消耗是社会和环境的一个全球性问题。因为大部分能源通过燃烧过程产生，此过程会产生大量的不可回收的废料，包括废气、废水、废渣等，并且会时不时地向大气排放温室气体(GHG)。这个问题引发了全球的关注，各国颁布和实施一系列政策和建议："走向绿色"、中国低碳转型计划和欧洲2020年近零建筑战略。各国政府提倡采用较高的能源使用效率和节约用能用电来维持能源的供给，并降低污染物排放，对污染物排放进行有效控制。然而，目前各国面临的挑战来自传统能源的替代能源，如光伏（PV）电池、风力涡轮机、地热装置或潮汐涡轮机与传统能源（如石油、煤炭、核能或水力）的共存。

能源问题，尤其交通能源是全球共性的关键问题，而产业的信息化技术对于整个社会的经济发展有着至关重要的作用。我国民用汽车保有量在2015—2021年逐年增加。2021年，我国汽车保有量同比增长超7.5%，交通运输业的发展对国民经济有重要作用。

另外，交通系统所产生的大幅度能源消耗和环境污染等相关问题也引发了广泛的关注。例如，根据环保局公布的最新数据，我国约1/3的大气污染跟汽车尾气密切相关，机动车运行时会产生诸如SO_2，CO等气体。

在交通运输业如火如荼大发展的同时，我国的信息技术也有了较大的发展。目前，信息化技术已渗透到我们生活的点点滴滴。整体来看，信息化技术包含诸多方面，主要包括信息基础硬件设施，信息软件程序，以及其他处理、传递信息的工具。当前，国内外信息技术都比以往取得了快速的发展，且各国竞争激烈。信息技术快速发展能对各个行业和领域进行赋能，优化提升各行业的管理、技术，从而对社会经济的整体发展有深远的意义。

随着人口的不断增长，各种规模的城市交通开始使用一系列技术，包括先进的数据分析、无线通信系统、低成本传感器和数据驱动设备，操作更智能，从而有利于改善居民生活质量。因此，5G、云、人工智能、边缘计算等新技术的加速发展，是改善智能城市发展的重要支撑。此外，使用物联网等技术在监测能耗、检测二氧化碳和氮的量、测量pH水平和硫氧化物、准确监测运输系统、提高照明时间表以防止能源损失等方面都是有效的。交通管理不仅有助于达到更高的安全和准时性水平，还有助于管理整个智能城市的通风、照明和调整负荷。

基于现状我们可以预测未来的能源—信息耦合情况，在充分考虑采购、管理、服务、交易等各类行为影响下，可以将整个交通网及其关联的能源网络、信息网络进行高效地优化和提升。

通常，能源网主要包含能源、信息等相关硬件设施，采用一次能源和新能源进行生产、传输、管理等，将各种运输工具和手段联合起来，从而使交通运输市场在高效、稳定、快捷节约能源的同时提高市场的运行效率。具体地，信息系统是能源网络的神经系统和中枢系统。我们目前使用了大量信息系统的工具，包括人工智能等来对交通运输过程进行数据分析与预测。交通运输工程里存在大量的包含路面信息、路况信息、指挥设备信息及相应的人事物相关信息，这些信息可以随时被提取出来进行调控、整合和分析。由于国内的科学技术研发水平、经济发展水平稳步上升，社会效率也会因此有长足的提升。

近几年，交通网的能耗逐年攀升。一方面，由于全国电气化的大规模普及、交通工具的更广泛使用，导致了交通工具的用能需求在时空层面有所增加。另一方面，为了获得不同县、市、城等层级的交通互联，需要采用各信息化技术将各层级最基础的人流、物流的流动加以统计、建模，并做相应的大数据分析和智能优化，从而实现能源、信息、价值流的综合协同利用。

在同时将交通热点、移动通信、能源消耗等多个问题结合到一起来研究的过程中，我们可以发现其复杂网络系统处于核心地位。复杂网络模型会将整个交通—信息—能源中涉及方方面面的因素进行综合求解，可添加能源消耗层级划分、故障层级划分、协调多元互补，最优模式筛选等。

目前针对交通能源的复杂网络模型主要采用节点抽象等效网络模型,其中有一种为网络拓扑结构模型,其具备诸多优点,尤其是在适用广泛的方面独领风骚,但是也存在模型过于简单、对各网络中的关系反应不够清晰等问题。而与之相对的复杂混合网络模型存在未考虑未来能量均衡的问题。

5.1.2　交通智慧能源的一体化体系构建

1. 总体架构及层次划分

从惠民的角度来看,交通智慧能源的一体化体系构建有着至关重要的作用。在交通智慧能源体系中有三个重要的要素:以特高压功能形成的能源网;以城际交通为主干、充电桩为代表的基础设施完善所形成的交通网;以5G、大数据、人工智能技术为基础所架构的信息网。通过三网一体化融合的技术创新,加上交叉学科的快速发展,使得绿色智慧交通成为可能。

在基础设施建设方面,主要采用能源、交通、信息三网一体的方式针对性地解决用户需求。"三网融合"可以同时考虑车载终端、手机App综合查询、探索、无人驾驶等方向的进一步融合从而提升体验效果。

通过以上这些硬件设施的完善,能尽可能地将三网融合中所需的骨架,即设施融合搭建起来。通过以上的数据库搭建,能够将三网融合中所需的神经系统,即数据信息传递系统搭建起来。而最关键的模型算法则为中枢系统,通过大脑中枢系统的调配,尽可能满足数据传递、信息传输、服务终端,从而将"神经""肌肉""血液"有机融合在一起。

从三网融合一体化角度来看,目前首先尚需监管部门、能源供给部门、信息管理部门等多方面配合。由于电、气、热等能源供给与传输的标准、平台建设规范等方面有所差异。三网融合还需要将数据信息进行储存与转换、统一编码,以此来降低监管部门、企业运行部门的工作难度,压缩工作时间,提升工作效率。此外,三网合一还需要我们对数据的格式、形式、采用适合的数据处理方式加以确认来清洗数据以维持数据质量。

从信息化的角度来看,大方向主要采用人工智能、云计算等信息技术,除了考虑相应的大数据获取、采集,绘制相应的知识图谱,还要处理图像、文本、声音等不同模式的数据,在此过程中,多源、海量、高维、异构数据分析处理是所需要攻克的难题。

目前有关能源交通一体化系统搭建包含物理实体、虚拟和现实交互平台与应用终端等软硬体系。首先,搭建基础设施的主要物理实体不仅包括用电端,还要考虑发电端,主要包括发电机机组发电、储能设备储能、交通设备充电、放电,以及热/气管道对于热能、燃气的运输、运载工具、通信基站等设备。其次,搭建虚拟平台需要基于大数据和云计算技术建立起的数据储存和分析中心,通过布置好的信号传感器等设备将交通运输各方面的数据得以采集,将通信网络和分布式计算资料加以整合,再通过不断地更新迭代,使平台与用户或者平台间可以产生良性的互动,从而对包含用户隐私数据保护以至于国家整体交通运输信息安全,都会得以提升等多方面都得以优化。最后,通过搭建良好、安全可靠、软硬件设备,能更高效快捷地完成交通运输的多元决策和管理,并能有效为用户、社区、监管层等多方提供多元化服务,从而真正意义上实现三网高维度融合。

然而,构建能源交通一体化系统需考虑兼容性,即将电、热、光等能源供给系统与铁道路、航运等多元能源消耗的交运系统相结合，从而将能源交通一体化系统变得更为完备。

此外，构建能源交通一体化体系还需考虑交通能源信息的获取方式、获取过程及信息的特征特性。作为交通能源信息，似乎可以考虑是否开放互联；并需要考虑布置好的存在速度、温度等物理意义的传感设备，能够采集数据并将其上传、识别、可视化从而能监控设备运行情况，通过资源的高效利用，还能提升各种数据信息资源的配置和使用效率，并为全国的绿色、低碳提供助力。

最后，在构建不同交通运输能耗体系时需考虑时空复杂耦合性。在时间上主要考虑一段时间的能耗。空间上，可将其依据小规模区域、中大地区、终端几个层次进行划分。在各区域，通过忽略输电网损失方式来集中计算交通运输功能的效率。当然，此计算过程中需要考虑电动汽车、城际地铁等系统，以至于各个交通的站点，包括工厂、学校、公园、社区、写字楼等消费终端侧的能源流动以及体系构成与层级关系皆需要予以考虑。

2. 区域能源交通一体化关键技术

在区域能源交通一体化系统中，起到关键作用的是电能与气态能源的跨区域传输，包括氢能的传输。通常氢氧在一定比例混合情况下容易发生爆炸，在运输氢能的过程中首先考虑安全性，其次长距离运输氢能还需要考虑经济学和稳定性。因此，通常氢能的运输要采用特殊的渠道。在构建包含氢能等气态能源的交通一体化运输系统时，需要融合智能化技术，这其中不仅包括公路、铁路、内河运输等交通运输系统的结构设计，还需要基于人工智能、大数据等信息化工具来推演运输过程中的可行性、安全性和经济性。

3. 城镇/地区能源交通一体化系统

首先，城镇为能源发展的中枢环节。通常，管理者会根据城镇及城镇周边的需求来对城镇进行能源生产和供给，管理者会将城镇汇集的能源依据城镇及周边的需要进行相应的分发，从而将能源运输到城镇及周边的各个终端。我们经常所使用的液化气、货运枢纽等终端存在空间分散、距离较远的问题。这里提到的终端具备不同的形式或状态，包括地铁、客运、货运、航空航天、邮轮水运等。

其次，电动汽车以及相应配套的电气化轨道类似于人体气血供应的环节，与城镇的中枢系统相互呼应，为城镇能源中心的能源运输提供助力。

现在的交通设备的用能来源多种多样，包括风光锂储等多种用能形式。由于装备市场的快速发展，打破了传统能源的市场格局，促进了能源生产、消费的多元化、多样化，于是需要根据交通运输系统的特性对其提供针对性的能源供给与消费系统。

5.1.3 交通智慧能源的基础设施建设

交通智慧能源的研究属于多学科交融的研究，为了确保其发展的创新性，需要对其用能的质量进行规划，便于为国家发展提供需求对口的能源。而为了完善交通、信息、能源三方面融合，对其物理层、感知层、平台层、应用层等多方面的架构建设是至关重要的。而在此之前，对三网的基础信息需要有所了解，包含其能源、信息定义和来源渠道等。

1. 三网融合基础

通常，人们普遍认为能源包含一次能源，即煤炭、石油、天然气等不可再生能源和二次能源，也就是可再生的风、光、锂、核电等，还包括贴近江河湖海等地区可以考虑使用的水能、沼气、海洋、潮汐能等。由于可利用价值大、污染相对较小且不需要过度开采和长周期运输，故而可再生能源属于当下的热点且深受百姓所喜爱，但要想获得以可再生能源为主的能源基础设施建设，则需要考虑对社会主体成员提供基础设施的相关配套装备，如太阳能光电板、风力发电机等。通常这些装备属于公有财产，由各地区的有关部门根据各地的发展情况、人口数目等实际情况来设计。通常可以将能源基础设施划分为能源生产、消费过程的固定资产及无形服务于各地区的固定资产，这些资产极为重要，能保障能源及经济的有效运行。

从信息基础的角度，随着时代的不断发展，信息基础设施对我们来说已经不可或缺。这些基础设施小到个体使用的手机、插 Wi-Fi 的笔记本电脑，大到无线发射基站、信号塔等数据信息传输的媒介，其管理涉及行业生产的方方面面，对我们的生产、生活、沟通、交际等诸多方面产生深远影响。

时空关系是交通能源信息化中很重要的一环。时空从唯物论的角度来看是客观存在，一直起作用，且永恒在变化的，但是却未能在交通能源领域引起足够的关注。从经济学的角度来看，之前的学者普遍认为交通运输只在一定的市场空间范围内使用，而经济空间会存在收益递增效应。在区域、地理、交通、能源等多学科蓬勃发展的今天，资源要素在空间中如何进行分配，如何消除要素分配中的差异性。通过区分各区域空间中所存在的异质性和关联性，并分析其内部的依存/斗争关系的机理研究和其对于基础设施的应用，会对交通能源信息化的研究有所帮助。

2. 物理层

从物理层来看，维持三方面体系的正常健康运转需要对其工程设备方面进行充分合理的规划，主要包括以下几个方面。

(1) 在现有的能源体系中添加综合能源系统规划、输配电等领域之后，其涉及的对象繁多，其规划过程中需要考虑其网络空间布局与装备配置，同时由于其智能化的信息传递与管控需求，需要对其无线网络信号的规划与设计进行重点考虑。例如，电动汽车的交通智慧能源体系，除了考虑电动充电桩，还需要根据社会发展情况对输配电及道路扩改规划等方面进行协同考虑。

(2) 交通能源需要先梳理清楚通行需求与用能需求之间的相互关系，分析区域发展对系统的增扩改建的影响。通过对政策的把握，以及对能源网负荷、交通信息量等因素的合理推测有助于交通能源建设的综合发展。

(3) 交通智慧能源体量庞大、节点复杂，其网络新增扩改等方面都需要与原有的体系分开。从简单网络的角度来看，需重点考虑交通智慧能源的政策导向；而针对复杂网络，则需要考虑社团、层次、节点等复杂网络系统的相关体系，重点考虑其早期投资、运维与中后期的回报效率所形成的投资回报率，并对不同等级的系统进行不同层次的规划。与此同时，将重点考虑多元多站点融合，并将 5G、通信、储能等相关技术融入其中。

(4) 在交通领域，智慧能源的稳定性与布置智慧网络的节点有关，可采用的算法包括解析法、Mental carlo 搜索法等对其运行数据进行仿真建模和连锁反应推演预测等方法来对其运行稳定性的研究。但目前相关算法的研究还很初步。另外，在方法论上，对系统结构优化地进行同步、鲁棒、稳定性分析，从而揭示其能源动力学与信息网络渗透的底层逻辑架构，探究其演化规律和机理。此时在应用层面，即可对其交通智慧能源应用于极端、恶性环境的适应性进行较好的探究。

实际的物理层构建的应用包括诸多相关基础设施建设，如天然气气源、输送管网、天然气热电联产项目建设。在江浙一带、慈东工业区、科丰燃机热电等地区有相关的交通能源基础设施示范项目。基础设施改造包含汽车油改气、加油站改新能源充电桩等都已在陆续实施推广中。

3. 感知层

从感知技术方面，目前采用先进传感技术等数字化技术对交通能源进行感知，主要包含采用先进的传感器对类似风、光、电、热等多维度参数进行测量。

对传感器进行更精细化、更集成式的研发，这样有利于信息的采集、收集、传输、加工、分析与完善。在数据传输的过程中，由于目前的交通运行复杂程度越来越高，故而产生了天量级别的数据，在海量的传输处理过程中，为了更好地考虑如何保障设备运行的稳定性，顺利实现数据交互，并且在速率、延迟、安全、兼容等多方面确保数据的实效性，可以考虑将现行的5G技术融合进入体系，将电力通信、交通通信，5G以及即将到来的6G通信技术深度融合在一起，从而实现三网串并联融合的高效性。再者，需要在数据传输、共享、交互过程中统一制定相应的数据处理规范、严格按照规范去集中处理数据，并且将交通、能源相关的企事业单位连同社会相关服务、媒体、部门所提供的不同周期、难度、行业的相关信息数据进行质量的统一规范，统一编码，明确格式、类型，深度研发合适的通信协议。

再者，针对不同等级、不同复杂程度、不同维度的交通能源相关数据，需要采用合适的数据分析及应用方法。例如，几个亿级别的用户的出行、用能等实际运行数据的有效挖掘和分析，系统状态评价等，需要结合不同层次的大数据、人工智能分析方法，并且模块化地将其中出现的文字、图像、声音等数据打包、分类，从而充分获取其数据信息的真实意义，并推广其交通、能源、信息等多维融合数据的价值。

4. 平台层

从交通、能源、信息三网的平台角度来看，需要搭建合适尺度的平台系统供各类数据在此进行交互，这包含了针对各种热、气、电等多变信息特征的仿真平台，此仿真平台需要与现实平台进行交互，并采用多维度的状态预测、动态分析形成时空可量化的协同分析体系、在分析交通能源多数据时，可满足其时空多变的需求，以及对其系统进行健康状态估计，经济性、环保性等多目标优化、实时交通场景还原、虚拟显示交互、遥感影像反演、人物状态诊断及基站发出指令，现场终端接受并执行智能控制、智能处理等多方面功能得以有效实施。

此外，考虑平台的延展性，三网融合的平台还需要在用户行为分析、用户群体特征、用户行为习惯等多方面进行特征分析与行为预测，从而对及时优化调整运行策略有所帮助。举例来说，在现实生活中，我们往往在十字路口停留较长的时间，而往往会因为驾驶人员的反应时长的差异而导致多次错过路灯，进而容易引发交通事故，或者造成交通用能与环境污染问题激增，此时，通过物理、感知、平台等多方面的交互，并采用最新的用户行为及心理分析方法，有可能缩短驾驶员的反应时长，有效降低能耗。

5.1.4 案例分析

1. 案例分析：南昌地铁1号线的能耗优化项目

(1) 项目概况。地铁不仅为乘客提供快捷方便的通勤服务，也为乘客的旅途带来愉悦

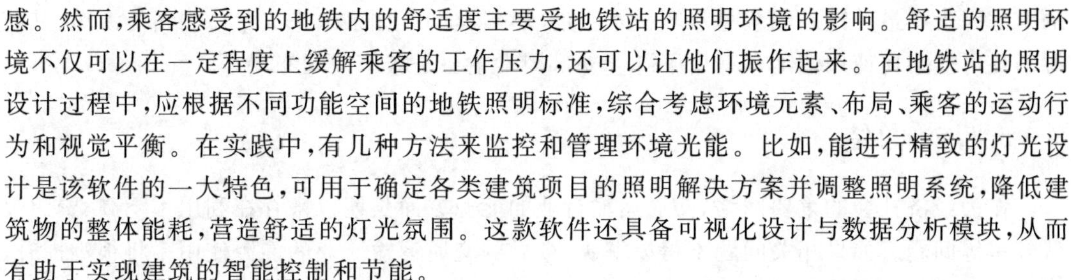

感。然而，乘客感受到的地铁内的舒适度主要受地铁站的照明环境的影响。舒适的照明环境不仅可以在一定程度上缓解乘客的工作压力，还可以让他们振作起来。在地铁站的照明设计过程中，应根据不同功能空间的地铁照明标准，综合考虑环境元素、布局、乘客的运动行为和视觉平衡。在实践中，有几种方法来监控和管理环境光能。比如，能进行精致的灯光设计是该软件的一大特色，可用于确定各类建筑项目的照明解决方案并调整照明系统，降低建筑物的整体能耗，营造舒适的灯光氛围。这款软件还具备可视化设计与数据分析模块，从而有助于实现建筑的智能控制和节能。

(2) 本项目主要采用的技术或方法。研究人员通过 Dialux 智能软件评估地铁运营中照明系统的节能潜力并识别能效提升机会；通过以下方式为规划者推荐智能节能解决方案，包括对照明系统的设计改进和基于人工智能的照明管理控制，将传统的照明分析软件与能源性能分析软件相结合，增强设计效果。

(3) 节能效果。研究人员使用照明设计软件 Dialux 进行基于功耗的计算。基于上述设计方案，研究人员在南昌地铁 1 号线双岗站采集数据，并估算智能照明控制系统的节能能力。在公共照明区共有 776 盏灯(不包括应急灯)，其中屏蔽门灯带 192 盏，每盏功率 10W，其余 584 盏为功能灯，每组功率 22W。采集完数据后，对运行系统进行模拟。

基于上述智能控制模型，使用智能照明系统预计每天可减少约 100kW 的电力消耗。由于地铁站收费为 0.584 元/kW・h(0.089 8 美元/kW・h)，故而每年节电 3 278 美元，每天减少碳排放 997t，总计每年减少碳排放 363 905t。

南昌地铁 1 号线的总能耗为 2×10^{8}kW・h/年。地铁 1 号线沿线有 24 个车站；各站厅年平均能耗 22 831.1kW・h，日耗电量 6 849.31kW・h。整体来看，照明系统能耗占总能耗的 14.05%。根据我国的实际情况，地铁照明系统设备负荷平均为 14.2%～16.1%，故而此套系统的优化效果在要求范围内，并且能耗较低。

(4) 总结。总的来看，采用智能系统优化后的地铁照明平均耗电量为 217.64kW・h/(m^2・年)，占地铁站能耗的 37%。上述解决方案有助于提高地铁照明系统的减载和节能，从而既能满足照明需求，又能降低能耗，满足平均负载消耗要求。此外，通过对智能照明控制系统的分析发现：不同区域、不同时期的照明控制要求可以指导照明节能设计，即依据不同地域的需求，结合实际的建筑照明功能，系统能进行针对性的控制。因此，数字调光方案采用的方案有助于降低照明能耗，提高乘客舒适度，实现节能和减排。此外，智能照明控制技术在负载控制、电流测试和开关计量方面具有显著优势。智能照明控制技术的发展可以极大地方便照明控制、维护和管理。

2. 案例分析：南京市主要城市街道的能源需求及能耗预测

(1) 项目概况。研究人员曾采用能源需求模型对南京市主要城市街道的能源需求及能耗进行预测。

(2) 方法手段。为了便于研究南京城市的能源消耗情况，首先将城市道路交通能耗系统进行分类，并分析其主要的能耗影响因素。主要采用 Leap 模型对城市道路系统能耗进行测算，并基于 2015 年之前的情况对 2016 之后的 15 年能源需求情况进行预测分析。

(3) 结论。从 2015 年当时的情况来看，公共汽车人均能耗远低于出租车和小汽车，能大量地节约能源。电动车能耗远低于其他的机动车，故而能作为节约能耗的首选和推荐使用工具，小汽车未来能源需求可能会占到总能耗的 40%左右。影响南京城市道路交通系统

的内部因素中最关键的因素是车辆技术性能、燃料类型。如果未来大量使用新能源车，其能源消耗可能会比使用燃油车有所下降。外部因素主要是城市空间布局等。

5.1.5 总结

作为经济社会的重要网络，交通运输行业的能源方面长期以来存在利用率不高、资源浪费较多等问题。如果相关问题不得以解决，今后的交通运输行业的能源使用率将很难提升，因此有必要采用三网融合来对其相关问题进行有针对性的解决。

5.2 建筑行业智慧能源

5.2.1 建筑行业智慧能源概述

在多数工业化国家，建筑行业造成了超过 40%的不可再生能源消耗总量、40%的温室气体排放和 70%的用电量。建筑物的消耗量超过交通或工业部门，主要归因于供暖/制冷、照明和电器。此外，由于大力推广双碳政策，这些国家的立法规定：到 2025 年消耗的大部分能源必须来自可再生和零二氧化碳排放的能源。受到政策的影响，目前大多数工业国家都在投资合适其国家的智能电网技术，从而最大限度地降低整体能源成本。智能电网技术可以降低能源消耗，提高电网效率，增加可再生能源的使用效率。然而，如何利用智能电网技术提高建筑能源效率仍然是一个悬而未决的问题。

智能建筑被认为是一个动态的“活”有机体，此有机体的一个应用特征是被用来利调光器和恒温器。首先，在智能建筑(学术、商业、住宅等)中，必须考虑数百个元素，包括供暖、通风和空调系统、电器和信息技术设备的插头负载等。智能建筑的主要元素之一是建筑能源管理系统，它的功能主要是通过智慧电网技术来对能源效率进行有效控制。建筑能源管理系统能提高建筑能源效率，并能为使用者提供多种减少能源消耗的策略。其次，建筑能源管理系统能执行关键的能源管理任务，如监控能源供应信息、自动需求响应、检测能源使用异常、监督能源成本或自动控制。由于建筑能源管理系统的诸多优势，因此目前有许多关于建筑能源管理系统及其子系统的研究。

现在，围绕智能电网技术出现了一系列新概念，如微电网、需求侧管理、负荷调度策略、点对点电力交易、储能服务、能源枢纽、能源生产者、可再生能源等，使建筑能源管理系统的功能更加复杂。在这种新的背景下，能量是间歇性的、分布式的、移动的并且可以存储的，但这些属性使建筑能源管理系统更具挑战性。并且由于可再生能源具备可变性和间歇性等特点，因而需要更大的灵活性和稳定性来确保建筑物的正常运行。

直到目前，建筑能源管理系统尚未具备针对这种高度复杂和不断变化的场景实施数据监控、处理、分析和控制功能。这是由于建筑能源管理系统还缺乏很多重要的功能，包括但不限于适应性、预测建模、多传感器融合、动态优化或上下文感知等能力。因此，人工智能领域为智能建筑能源管理系统的开发指出了新的方向，通过构建知识库和采用合理的知识表示，如空间占用情况、建筑用能故障或天气预报、能源使用模式等，以解决居住者的舒适度问题，并同时最大限度地提高能源效率。

5.2.2 基于AI的建筑节能

针对建筑行业的智能监测问题,Zou等人提出了大数据驱动的智能能源管理。Atnonopoulus等人概述了基于AI的能源管理系统工作,这些工作涉及用于能源需求侧响应应用的方法。他们根据使用的AI/ML算法和能源应用领域对论文进行分类。

Farmani等人对区块链和基于人工智能的能源管理系统进行了调查。他们审查了P2P能源交易中现有的几种AI算法,将BC和AI集成到能源管理系统中。随后,他们进一步分析了基于人工智能的技术支持各种服务的工作,如能源负荷预测、消费者分类等,其中包括BC的提供数据不变性和安全能源管理的信任机制等。莫利纳-索拉纳等人回顾数据科学如何用于解决智能建筑能源管理领域最困难的问题。

在故障检测和诊断研究中,Verma等人讨论了智能建筑所需的智能功能和物联网基础设施的最新技术,包括虚拟传感器等物联网基础设施,这些基础设施对故障检测有很大的帮助。拉扎罗娃等人回顾了可用于发现和诊断建筑物故障的方法,并分析了各算法之间的差距,还审查和分析了可能发生的故障类型。Hameed等人展示了可用于智慧能源和舒适管理的最先进的智能控制系统,并探讨了控制系统、智能计算方法和舒适参数等智能控制系统的核心要素。施密特等人介绍了建筑物日常运营的预测控制策略。Ver等人探讨了建筑能源管理系统的控制方法,特别是LED照明系统对智能建筑所产生的影响。

在调度问题中,Sadeghi等人重点考虑了能源枢纽中能源系统的规划问题。Silva、Khan和Han分析了最近关于能源管理系统调峰和需求响应的相关文献。Hernández等人对建筑能源管理系统提高能源效率的管理策略包括关于建筑类型、建筑子系统和现有相关技术进行了汇总。Himeur等人对建筑物中的能效推荐系统进行了调查,并根据推荐引擎的性质、目标、计算平台、评估指标和激励措施等特征对这些系统进行了分类。

5.2.3 建筑智慧能源应用情况

由于成本控制的原因,多年来,研发人员都在考虑对建筑能源进行自动化和优化升级,如楼宇自动化系统或家庭自动化的结合,通过技术来提供一体化的研究和生产线开发,以提高能源效率和降低运营成本。

能源智能化是一种有趣的方法,因为它有望解决仅靠发电供能所引起的问题:①能源智慧化主要采用绿色能源的手段,而绿色能源有助于环境保护;②使用可持续能源能降低不可回收材料的消耗;③使用可再生能源的同时需要寻求新能源与现有供应商的互操作性。在以上的情况下,研究智慧能源首先需要深入了解能源和信息通信技术领域的知识,从而便于抓住数字化转型带来的广泛机遇。在信息通信技术领域,互联网、普适计算、大数据、无线传感器网络、面向服务的架构和微服务的进步,允许在能源管理系统中集成新功能,如建筑能源管理系统、家庭能源管理系统等。其中,人工智能在智慧能源中发挥着重要作用,其具备处理不同类型的任务的强大功能,包括监控、分析和决策等。智慧能源目标需要与生活质量和服务质量的提高相平衡。普遍研究的"智能场景"包含"智能建筑""智能家居""智能健康"和"智能城市"等方面,而建筑智能是智能场景中非常重要的一个环节。

建筑系统消耗的能源占发电量供给的32%。虽然建筑系统耗能巨大,但可以通过优化

和适应变化的策略来对其进行管控。在整个建筑系统能耗中,33%以上的能耗来自暖通空调系统,而17.1%和13.6%的能耗则分别来自电力和IT照明设备。智能建筑通过合理的建筑和系统设计与运营来提高生活质量,其设计过程中重点考虑了用户的舒适度、安全性或业主的成本效益。在对其耗能价格计量管控的过程中,也需要尽可能地考虑天气预报、用户行为或场地调度等环境信息,从而获得较为舒适、高性能、及时的用能效果。长期来看,还需要感知相关参数的变化。智能建筑的应用最早可追溯到20世纪70年代,我们当时曾设想采用远程监控和控制的方式来对建筑设备中的照明、空调、供暖或电器以进行自动化控制。然而,由于效率低下,智能家居不仅需要消耗了22%的生产能源,还会在使用过程中损失47%的能源。直到今天,无论是小型还是大型住宅都面临着新的问题,主要包括插电式电动汽车所需的加载充电;有效选择不同多能源系统和现场可再生能源的能源来源或消费者;利用大量信息使能源消耗的管控和计量变得更加精确。

目前,用户成为生产者(即用户同时为生产者和消费者)能够利用光伏电池和其他电池的能量。得益于分布式能源的广泛使用,用户要能够切换最佳供应商或最佳购买者的能源管理系统或建筑能源管理系统。分布式能源主要采用微电网系统,而非简单的应急系统。目前的分布式能源主要采用能源供给端与用户之间的P2P电力交易的互联或能源中心的方法,以便为用户提供一整套的解决方案。在目前的分布式能源系统中,有偶尔使用储能系统的情况,储能系统能提高能源使用效率,但需要在能源管理系统上的附加新功能。在消费者方面的研究中最有趣的计划之一是利用可再生能源来加载发动机的计算机调节系统从而避免在高峰时段此类系统负载过大,以便于降低使用成本。

智能电网高速发展的主要原因包括人口增长、新的负荷需求、能源效率低下。新的负荷需求是能源应用端与传统电源或可再生能源的混合使用相兼容所致。由于目前的峰值功率普遍不够高,容易出现供需失衡、停电和不良的价格变化等情况,最终使其运行效率不够高。主管支持系统、微电网、电动汽车等新元素需要增加耗电量,但现场发电资源会提供电源供给。智能电表使用电信息更加准确,但会使其管理更为复杂,故而其能优化效率。其相关研究方法侧重于增加容量并将负载需求转移到高峰时段之外,也就是调峰。

通过需求侧管理能提高能源效率或节约能源,具体的做法包括将博弈论应用于调度,或者采用需求响应计划,即要么通过转移、削减或削减负荷做出响应,要么不响应,根据需要直接生成和存储备份能源使用的数据或者信息。需求响应计划可以通过直接本地控制或需求投标等激励措施来实现,也可以使用基于价格的方法来实现,如实时定价、使用时间、倾斜块率、关键峰值定价或日前定价。

1. 监控方面的应用

目前的系统监控主要考虑来源于其他科技领域的成果,比如不同层级的设备(包括电器、房屋、建筑物等)上配备智能电表的智能传感器,或具备特定区分功能的、用于区分居住者活动区域的传感器。首先,在构建能源互联网体系的过程中,如何对分布式能源节点网络化元素进行统一整合、如何提升设备上的灵敏性对完善系统监控有着促进作用。其次,如何利用互联网在设备之间共享信息,也会对分布式智慧能源的基础设施搭建起到助力。另外、特征工程的研究,特别是特征估计、特征减少或选择及特征提取。此外,围绕变量/行为进行检测或识别问题也是非常重要的问题。

在数据收集方面,Farmani等人提出了一个包含三个模块的智能能源管理系统架构。

其中,第一个模块称为数据采集模块,其能感知不同类型的数据(如天气状况),并接收能量产生/消耗单元的状态和控制信号,通过数据融合器模块来分析数据,确定异常值和未观察到的数据,进而采用 K-means 聚类方法定义的每一部分的数据类的核心来替换它们。它通过结合不同变量的特征,并根据它们的相关性来计算新的属性,以去除相关的陈旧的一部分特征。

有部分研究者考虑将特征估计的方法应用于建筑能耗中,Zou 等人提出了一套物联网设备检测方法,能进行建筑内的占用进行检测和人群数目进行统计。他首先设计了一个物联网平台系统,能获取不同通道的状态信息,并使用基于小波的去噪方案来去除原始数据的固有噪声。然后,他们提出了一种基于信号趋势指数概念的占用检测机制,并使用迁移学习的方法来计算其占用数量。为了在低碳能源管理的背景下确定建筑物内人员的位置,Borhani 等人使用智能手机上嵌入的 Wi-Fi 指纹,设计了一个由室内信息采集元素和带有在线定位的无线电地图所组成的室内定位系统。室内定位系统由用于收集无线电地图信息的离线部分组成。接收信号的噪声协方差由自适应卡尔曼滤波器所决定。此外,它由一个在线-离线部分组成,其中定位是在有限数量的具有最高聚类的参考点上进行的。

在降噪和特征选择的层面上,Rodriguez-Mier 等人定义了一个基于大数据范式的知识学习模型,用于对智能建筑的能耗预测。随后,他们提出了一种基于混合遗传-模糊系统的多步骤预测方法,即特征子集选择方法,通过修改其时间步长来自动选择最相关的特征。Gonzalez-Vidal 等人通过采用多变量时间相关序列算法对智能建筑的能源消耗进行预测,他们采用标准机器学习算法,包括随机森林、基于实例的知识学习和线性回归算法等,并应用多变量选择方法等特征选择方法,来对噪声所产生的转换时间进行预测和计算。

另外,有一些研究者的工作考虑了智能建筑背景下检测或识别模型的定义。例如,Li 等人提出了一种基于数据挖掘的方法来识别和解释能耗模式及其关联。他们使用两种描述性数据的挖掘算法来对数据进行划分和解释:通过聚类分析方法来识别充电不足故障,低负荷比和高负荷比等能源消耗模式。然后,其根据规则能量消耗的情况从每个模式中学习其规则关联模型。Fahim 提出了一个模型,通过分析从智能电表收集的时间数据流,找出当前能耗使用与预期消耗之间的差距,使用支持向量回归器来学习能源消耗模式,从而发现异常能源消耗模式。

Förderer 等人将分布式能源描述为基于人工神经网络的代理模型,它可以学习具有所有相关约束的特定分布式能源模型。人工神经网络可用于不同的分析,如发现负载曲线。Capozzoli 等人使用能源管理系统中的日志数据来描述建筑物中的能源消耗和异常能源模式,Capozzoli 使用分类方法和回归树技术对其能耗进行检测。Peña 等人提出一个基于能效专家知识规则的系统来检测智能建筑中的能效异常。基于规则的系统被用作检测异常的决策支持系统。

2. 预测

数据分析任务的这一阶段涉及解释和理解监督过程中发生的事情的任务。它们需要诊断、分类、预测或描述正在发生的事情,或发现表征事件的模式等。在分析任务中,主要的方法是使用支持向量机、人工神经网络等经典模型的机器学习算法,或者通过提升算法或装袋方法(如强化学习)将它们集成在一起。今天,研究人员的注意力转向深度学习建模,建议使用卷积网络、循环长短期记忆网络甚至生成对抗网络来模拟真实系统。

在智能建筑预测工作的背景下，Le 等人使用迁移学习概念开发了一个智能建筑的多电能消耗预测框架。在这个框架中，他们首先使用 K-means 来聚类日常负载需求的配置文件，然后，他们使用基于集群的策略训练循环长短期记忆网络模型，用于智能建筑预测。Hadri 等人通过集成占用预测和建筑物设备的上下驱动控制的算法，并基于 ARIMA、SARIMA、XGB、RF 和 LSTM 等算法开发了几种能源消耗预测方法。Moreno 定义基于径向基函数技术的能源消耗预测模型和建筑物节能。Gonzalez-Vidal 等人提出机器学习和灰盒方法来预测能耗，通过测试系统数据的完整性来判断当前关于建筑物热传递物理的先验信息是否多余。灰盒使用建筑物热传递的物理特性来估计正常运行状态下的能耗，而机器学习方法结合了 SVR、RF 和 XGB 的统计数据。Aliberti 等人采用一种使用非线性自回归神经网络技术对建筑物的室内空气温度进行短期和中期预测。他们所提出的预测模型对于单个房间的室内空气温度的预测时间最长为 3h，而对于整个建筑物的预测窗口为 4h。Lawadi 等人通过对比包括极限学习机、支撑向量机和广义回归神经网络算法等 36 种机器学习算法来估计建筑物的室内温度。这些算法使用不同的指标进行评估，如准确性和对天气变化的鲁棒性。Zou 等人采用基于深度学习的人类活动识别方案，支持使用 Wi-Fi 的物联网设备来识别智能建筑中的人类活动。他们从商用物联网设备收集特定数据的测量值，并开发了基于长期循环卷积网络的自动编码器，以消除原始数据中的噪声，提取其主要特征，并找出数据之间的时间依赖性，用于人类活动识别问题。

对于智能建筑中的分类问题，Siddiqui 等人介绍了一种基于非侵入式负载监控的个性化设备的推荐系统，该系统使用深度学习的方法为设备推荐消费模式。非侵入式负载监控算法用于清除数据的噪声。然后，基于词频—逆文档频率的分类，他们通过分配权重来量化和分析能量标签。数据一旦被分类，便通过推荐系统为该设备生成推荐的消费模式。

3. 决策

不同周期下的数据分析任务的决策部分可用于控制智能建筑、定义智能建筑中的优化方案或系统规划等。一般来说，为了获取其智能系统的决策，首先，要建立建筑楼宇的自动化管理系统；其次，使用建筑能源管理系统和家庭能源管理系统来对建筑物和家庭的能源效率进行计算。为了完成这些任务，可以考虑将其放在物理网格里进行计算，并解决具有多个优化目标的问题。

针对智能建筑控制方案的工作，Ghadi 等人调查了模糊逻辑控制器在空调系统中的使用，以及澳大利亚智能建筑的灯光控制器的使用，其重点介绍了智能控制系统的发展，以提高建筑物控制系统的效率。Hao 等人提出了一种方法来优化空调系统的控制，并使用多智能体强化学习算法最小化能源成本。其算法的每个模块分别控制其中一栋建筑物中的一个中央空调系统，并倾向于在电力系统限制范围内最大化其利润。Shaikh 等人结合随机智能优化算法开发了多智能体控制系统，以实现能源消耗和室内环境健康条件之间的平衡。此外，控制系统还嵌入了多目标遗传算法，用于优化建筑物的能源管理。Anvari-Moghaddam 等人为具有各种可再生能源和可控负载的微电网系统中的集成家庭/建筑物定义了一个能源管理系统。该能源管理系统基于容错本体驱动的多代理系统，其中代理可以从简单反射到复杂学习代理。他们合作定义最佳的能量策略，其中考虑到管理分布式发电和需求响应。Shaikh 等人提出了一种基于深度强化学习的热舒适控制和能源优化的智能建筑框架。他们创造了一种带有贝叶斯正则化的深度神经网络方法，通过考虑不同的影响因素来预测居住者的热舒适度。然后，他们采用强化学习的方法进行热控制，通过共同考虑空调系统的能耗和居住者的热舒适度来最大限度地降低总体成本。Ashabani 等人基于三相多目标自主/自动负载控制方法，为建筑物设计实时连续和自适应需求控制策略辅助服务，其具有调节命令和自主电网。

人工智能也存在于自适应控制器中。这些控制器驱动系统以补偿不可预见的负载变化、不确定的惯性和任何其他干扰，以提高鲁棒性。通过自适应控制器来调整它们的控制参数，并将所需行为的参考模型与电流输出之间的误差归零，来解决误差问题。这种先进策略的一个很好的例子是基于多变量数据分析的学习算法的控制器，它通过模糊逻辑算法为控制器实现最合适的操作状态，并提供快速反应以实现最佳状态。Morales 等人提出将多变量数据分析学习算法应用于建筑物空调系统的高级控制。多变量数据分析的学习算法算法将控制问题定义为一种模糊分类方法，它确定了系统里每个类别的充分程度，随后，其使用相似度来识别系统的当前功能状态。此外，在多变量数据分析的学习算法中添加了一种推理方法来计算使系统达到零错误状态的控制动作。Homod 考虑了一种控制算法，通过使用物理参数的内存和人工智能权重之间的混合层来处理空调系统的相关问题，包括大规模非线性特性、大热惯性、时间可变性、非线性约束、不确定干扰因素，以及温度和湿度的多变量复杂性等问题。

4. 优化

建筑的智慧能源管理优化首先建立在底层算法的有效改进基础之上，其优化具有相同的目标，即通过优化居住者的舒适度来最小化日常能源成本。例如，Wahid 等人提出了一个多目标优化方法，即最大化用户舒适度和最小化住宅建筑的能源消耗，包括最大限度地减少建筑物内部温度、照明和空气质量的能源消耗，最大限度地提高建筑物内部的用户舒适度，并根据建筑物的情况采用相应的模糊控制器。现在的管理优化主要采用多目标优化的方法，主要包括人工蜂群、蚁群优化算法和萤火虫算法等。Salehi 等人提出了一种互连的多能源中心的能源管理系统，通过使用 ε—约束和最大—最小模糊决策技术来最大限度地减少碳排放和采购成本。WANG 等人提出了一个建筑能源管理系统的多目标优化模型，该模型用于具有与其他发电资源集成的光伏系统的建筑物中，以同时优化建筑系统的总体成本和居住者的室内环境舒适度。Si 等人首先评估用于建筑节能设计优化的算法，他们使用一组性能指标来评估算法的性能，包括稳定性、鲁棒性、有效性、速度、覆盖率和局部性。Si 随后评估了 Hookee-Jeeves 算法、多目标遗传算法和多目标粒子群优化算法。

Delgarm 等人提出了基于建筑节能和室内热舒适的仿真的多目标优化方法，以找到建筑舒适节能配置的最佳解决方案。他们提出的优化方法是将多目标人工蜂群优化算法与建筑能源模拟工具相结合。Ulah 等人提出基于飞蛾扑火优化算法和遗传算法的家庭/建筑物能源管理系统，其能源管理系统必须最大限度地降低能源成本和峰均功率比，并最大限度地提高最终用户的舒适度。Braun 在智能建筑（住宅和商业建筑）的两个不同环境中展示电器、供暖和空调设备的优化。在这两种情况下，家用电器和空调系统设备的运行时间和运行模式都在能源成本、CO_2 排放和技术磨损最小化及舒适度最大化方面进行了优化。他们在模拟中比较了 3 种最先进的算法：NSGA-Ⅱ、NSGA-Ⅲ和 SPEA2。Du 等人通过结合强化学习和深度学习方法，为智能多微电网定义了一个能源管理系统。随后，Du 等将组微电网连接到主配电系统以购买能源并维持当地消费，以降低需求侧的峰值平均功率比，并最大化销售能源的利润。

许多研究使用生命周期评估方法来评估建筑物的环境影响。由于在生命周期评估研究中分析所有可能场景需要大量资源，因此需要对分析和计算过程进行针对性地优化。Harmathy 等人提出了一种提高办公楼整体能源性能的方法。他们使用多标准优化方法来优化的建筑围护结构模型，确定有效的窗墙比，并考虑室内照明质量的窗户几何形状，然后评估玻璃等具体性参数对一整年的能源需求的影响。Bre 等人通过对家庭两种性能的目标函数的加权和来优化住宅建筑的能源和热性能。此外，他们还通过敏感性分析来确定设计变量对目标函数的影响，并使用遗传算法解决优化问题。Azari 等人使用多目标优化算法来找到最佳的建筑围护结构设计，并考虑到能源使用和生命周期对办公楼环境影响的贡献。他们在设计中考虑了窗户类型、窗框材料、玻璃类型、墙体热阻、绝缘材料、南北通透性等方面。他们的计算结果被用于混合神经网络和基于遗传算法的方法中，作为确定最佳设计组合的优化技术。

Liu 等人专注于“配电网络市场”中的能源交易研究，其中有许多人参与能源交易的体系被称为聚合器。使用聚合器与选择聚合器需要与分布式资源所有者签订合同。在聚合器系统中，他们使用动态定价方法来分散能源交易，以优化分布式能源所有者的财务利益，并将基于 Java 代理开发框架的多代理系统应用于参与者的模型构建。

5.2.4 挑战

1. 监控

来自传感器的异构数据是监控建筑物面临的第一个问题。此外，有必要找到提高数据质量的方法，这些数据将传递给其余的服务和应用程序。物联网和智能电表概念扩展了获得更好和更准确知识的机会，但增加了新的必要条件，如管理海量数据的大数据架构，或提取、选择和融合数据的特征工程的能力。其中，具体的挑战包括如何为智能建筑的诊断或预测模型开发实时语义特征工程流程，以及在物联网环境中运行的智能建筑提出一种最佳传感器定位方法，从而实现高效的能源管理。它必须保证智能建筑的可诊断性。考虑特征工程流程时需要对能源管理系统开发分散式智能监控系统。为智能建筑定义非侵入式居住者检测系统，考虑居住者消费概况、室内 CO_2 或音频的浓度水平等相关信息，或使用居住预测等负载预测方法，以可靠地估计建筑居住人数。

2. 分析

第二类挑战与从监测阶段获得的数据的分析有关。人工智能技术可用于模型构建或者理解信息。例如，他们可以定义用于预测消耗、诊断情况或确定居住者使用情况等的模型。然而，经典机器学习（监督、无监督和强化学习）常用于常用的问题，而针对特定对象的建筑能源管理系统需要具体问题具体分析。

有监督和无监督机器学习技术：机器学习领域的进步可用于解决建筑能源管理系统中的常规问题。这些最新进展涉及多标签策略、共聚类方法、半监督学习策略等。建筑能源管理系统中需要几个服务，可以通过机器学习技术解决：能源负荷预测；消费者的分类（如根据社会人口信息）；使用基于消费者能耗行为的聚类进行负载分析；异常/盗窃检测；估计家庭/公寓、设备等的能耗。

然而，针对建筑能源管理系统的定制化服务等多元化需求，需要开发半监督方法（如基于多变量数据分析的学习算法）或基于自动特征工程的算法来解决特定问题。

其他更复杂的问题：通过分析时间数据流发现异常的能源消耗模式；预测智能电网或智能建筑的微电网中可能影响能源效率的冲突情况；为智能建筑环境开发使用提升或装袋或堆叠方案的预测方法；为住宅和商业智能建筑定义机会性动态预测模型，考虑噪声或缺失数据场景；制定代理模型来表示设备行为，并考虑所有相关约束等。从解决问题的角度，还有以下的方法可供考虑：可用于关税生成模式，从给定的负载曲线推断价格信号；根据时间序列和时间逻辑定义时间能量模式，如灯光和空气条件的能量使用模式等；开发用于预测智能建筑中的能源行为（消耗等）的多元时间序列特征选择方法，以最小化均方根误差和平均绝对误差及属性数量等指标；使用增量学习、交互式学习（具有关于舒适度的实时用户反馈）和迁移内核学习方法，在智能建筑中制定预测模型（能耗、室内温度）；使用模糊逻辑和统计学方法等开发考虑不确定性和不精确性的模式构建方法；制定能源消耗的混合预测模型，将建筑物的物理信息（如传热过程）与可用的实时数据综合考虑；考虑室内环境的视觉、热和室内空气质量舒适度，使用新的指标（如新陈代谢率）制定确定热舒适度的方法；使用多标签/多集群方法开发诊断模型。这些方法必须以自主的方式考虑特征工程问题。

基于智能的管理系统的强化学习：目前广泛使用的学习技术是强化学习，因为系统可以从经验中学习。这种特殊技术在建筑能源管理系统领域有许多潜在用途，如为智能建筑中的建筑能耗调度问题定义基于强化学习算法方法的多智能体算法；使用强化学习算法或多智能体方法开发实时自主能源管理系统，以确定实时自主控制策略；制定多智能体强化学习算法来控制微电网（如多空调系统）的组件；定义智能家电使用策略，允许根据高峰期能源需求的减少或变化进行实时调度；制定一个建筑能源管理系统，考虑使用深度学习或多变量数据分析的学习算法技术探索强化学习的可能动作状态图的连续空间，以及使用统计学方法对某些变量的行为的不确定性。

3. 管理和决策

管理者往往期望通过对多个不同目标进行优化来提高决策效率，这其中的管理系统本身的自动化是一个重要的研究点，其中包括自主调度、智能控制等。此外，还需要基于分布式 AI 方法（如多代理系统）的灵活架构。这些可以对智能建筑、智能建筑区或它们在智能城市中的集成进行全面建模。这种方法旨在实现健壮、节能和具有成本效益的分布式决策过程。这部分可以细分为基于人工智能的能源管理系统、智能控制系统、优化问题、调度问题等。

4. 案例分析

(1) 项目概况。某芬兰商业公司认为：建筑物将在未来构成智能电网的重要单元。例如，建筑物可以通过聚合器为内部能源管理、能源社区或灵活性或辅助服务市场提供需求响应服务。在这些需求响应服务中，与数据管理相关的挑战有很多，包括解决数据源的多样性、异构型和数据量过于庞大的问题。因此，研究人员提出了一个综合性的数据采集和辅助控制平台，该平台整合了建筑物的所有数据源，用于监控和辅助控制。

(2) 研究方法。该公司的研究人员构建了现代办公楼数据采集与辅助控制平台。该平台从单个建筑物的近 4 900 个数据点收集大量数据，每秒测量 1 800 次，每天约测量 1.6 亿次。该数据流每年在未过滤数据的网络驱动器中产生 222GB 的数据。大部分数据是通过电气测量(电能质量和太阳能发电厂)产生的。

出于性能和隐私原因,研发人员需要对数据进行过滤和数据流管理。因此,他们主要选择了以下方法：首先,将完整数据以压缩格式存储在数据收集器中,以便于将数据用于批处理模式分析,经实验,过滤后的数据最终约为原数据量的 30%,这些数据被存储到物联网平台中；随后,采用仪表板来对相关数据进行整理,以便于减少数据向物联网平台传输,并减少分配给物联网平台所需的存储空间。此外,采用数据过滤还能提高数据的保密性。

在本系统中,鼓励以高时间分辨率来收集大量数据变量,这也导致了数据源的局限性。首先,由于受到测量中心计算机的限制,建筑物原始功率计的读取数据被限制在 30s 的间隔内。其次,由于受太阳能逆变器的 MODBUS 寄存器读取延迟限制,其 MODBUS 寄存器在 100～200ms 内储存数据,在 1s 内更新数据,故而其数据采集和数据分析的接口需要特殊定制。此外,还需要考虑物联网接入控制回路所导致的信号延迟。

(3) 结论。研究人员通过数据采集器将异构数据源汇聚在一起,此数据经过过滤和缓冲后传输到物联网平台。此外,研究人员还构建了开发的智能能源应用程序,以证明该平台对应用程序开发的适用性。最终,将平台的挑战和可能性总结为经验教训,以指导智能建筑的发展。

数据收集器中模块化适配器的独立性为涉及数据源的各种通信协议和数据模型的系统增加了鲁棒性、集成性和可扩展性。对数据采集器上的数据进行过滤和缓冲,保证了海量数据的隐私和不间断的数据采集。此外,边缘的数据收集器可以为需要快速反应的应用程序提供当前值。其后端的物联网平台成功用于机器学习应用中的可视化和大数据量。此外,所吸取的经验和教训是在商业建筑中实现这种数据采集的重要知识。总体而言,数据平台提升了为建筑物开发的智能能源应用的可能性。例如,如果根据能源市场价格改变建筑物的用电量,则可以监测对室内条件和电能质量的影响。

5.2.5 总结

建筑物是城市能源的主要消费者之一。由于建筑系统能耗巨大,政府往往期望建筑能源管理系统尽快得以改善。目前,人工智能技术正在发挥并将在这些改进中发挥基础性作用。

根据"数据分析任务的自主循环"的概念,可以将目前的建筑智慧能源的应用领域聚焦为自治管理系统需要专门的任务,如监控、分析和决策任务,以实现其节能降耗的环境目标。这项工作有利于我们找准建筑智慧能源应用方面的薄弱点,分析其挑战和机遇,确定在该领域的许多类型的研究决策(大部分在优化和控制任务上),并定义与相关的潜在项目数据分析任务、特征工程或多代理系统的自主循环的开发等,这些技术的有效使用或利用都能对建筑智慧能源起到积极的推动作用。

5.3 农业智慧能源

5.3.1 农业智能能源

人口的增长往往伴随着粮食生产需求的增加。粮农组织报告称：到 2050 年,世界人口将达到 97.3 亿，到 2100 年这一数据将持续增长到 112 亿。但是，目前的农业生产面临了诸多挑战，如干旱条件下的土壤盐分程度会使其农作物生产力水平产生负面影响。此外，气候也会影响作物的数量和质量，并可能导致土壤对荒漠化的敏感性增加。因此，有必要重点调查干旱地区内能用于农业发展的土地资源。在发展中国家，农业部门是国民收入最重要的部门之一。因此，采用新型技术来改善农业生产是支持这些国家国民经济的重要手段。除了工业过程所需的原材料外，农业生产还包括为人类和牲畜生产食物。自古至今，农业生产发生了数次革命：第一次农业革命是由埃及和希腊的古代文明引起的，这反映了古代人对农业方法发展的兴趣，并从公元前 6000 年开始发展灌溉系统。埃及人和希腊人开发了几种农业机械和设备，如鼓膜、泵。第二次农业革命出现在封建主义结束后 17 世纪的欧洲大陆。1930—1960 年发生了第三次农业革命(绿色革命)。在此革命过程中，通过矿物肥料的扩大使用增加农业生产，同时发展各种农业机械，并增加杀虫剂的使用。在过去的二十年里发生的第四次农业革命中，信息通信技术和人工智能有了长足的发展。这些技术有助于实现农业设施的远程控制，机器人已用于收割和除草等农业作业，无人机也用于作物施肥和监测作物生长情况。

智能农业是一种依赖在网络物理农场管理中使用人工智能和物联网实施的技术。智能农业解决了与作物生产相关的许多问题，因为它可以监测气候因素、土壤特性、土壤水分等的变化。物联网技术能够连接各种远程传感器，如机器人、地面传感器和无人机等。通过互联网的使用将农业设备连接起来高效运行。精准农业的主要思想是改进空间管理实践，一方面增加作物产量，另一方面避免化肥和农药的滥用。

在智能灌溉水管理中，很多研究人员应用人工神经网络模型进行了大量研究。蒸发散热量是作物灌溉的基本参考参数之一，因为它决定了农作物的灌溉计划，如 Penman 提出的模型需要大量数据才能准确估算，但却是最常用于估算蒸散量的模型。由于 GIS 与遥感、人工智能、GPS 技术和其他技术相结合，它可以节省大量灌溉所需的水。Mohd 创建了稻田土壤水分管理系统，该系统具备以下特点：基于网络的地理空间决策支持系统，以及基于小部件技术的图形用户界面轻松访问水稻方案的不同视图。该系统能根据当地的土壤、空气干湿度等情况提供相应的灌溉需求建议及灌溉效率和水生产力指数，该系统最重要的方面之一是通过可视化呈现的结果来提供实时信息。气候智能型农业旨在解决三个关键问题：粮食安全、粮食出产适应和生产减缓。

由于气候智能型农业有可能提高粮食安全和农业系统的复原力，同时降低温室气体排放，因而近几年受到了发展中国家的重视。这在非洲尤为重要，那里的经济发展基于农业扩张，最容易受到气候变化的影响。智能农业是精准农业的一种演变，它通过创新智能方法来实现远程农场管理的多功能，并由农场管理的替代解决方案实时支持。机器人可以在控制农业过程中发挥重要作用，并预测自动分析和规划，从而使电子信息物理循环变得半自主。欧盟强调了高分辨率卫星图像、无人驾驶飞行器、农业机器人和传感器节点在收集数据方面的重要性，这些收集到的数据可作为欧洲的智能农业发展战略的基础。与扩展用于收集、处理和分析数据的各种传感方法的同时，农业管理中使用的数据量也变得非常庞大，这导致 4G 网络连接远程位置智能网络所有组件的能力下降。最近，在超高速 5G 交换机运行后，数据传输和处理过程变得轻松。

基于物联网技术的智慧农业技术在农业生产和实践过程中具备诸多优势，包括灌溉和植保、提高产品质量、施肥过程控制和疾病预测等。

智慧农业的优势可以概括如下：①增加作物的实时数据量；②农民的远程监控；③控制水和其他自然资源；④改善牲畜养殖管理；⑤准确评估土壤和作物；⑥改善农业生产效率。

通过以上技术的实施有望改善农业的能源消耗。

5.3.2 智能农业的物联网

物联网是一种智能且有前途的技术，它在许多领域提供了非常规且实用的解决方案，如智慧城市、智能家居、交通控制、医疗保健、智慧农业等。物联网技术在农业管理方面取得了长足的发展。该技术允许将所有农业设备和设备连接在一起，以便在灌溉和肥料供应方面做出适当的决定。通过智能系统的使用提升了设备监测植物生长和饲养牲畜的准确性。无线传感器网络用于从不同的传感设备收集数据。此外，管理者通过云服务的使用有助于其在物联网上分析和处理远程数据，并实施有效决策。智能农场管理需要使用安装在机器人、自动驾驶汽车和其他自动化设备上的 ICT、地面传感器和控制系统。智能系统的成功取决于高速互联网、先进的移动设备和卫星提供(图像和定位)。James 等人成功使用物联网实时跟踪和诊断阻碍作物生长的病因，并将卫星图像和传感器应用于农场稻田和香蕉作物的观测查看分析中，该系统还能帮助分析数据并做出决定，然后通过网络服务器发送回农民。

根据 2017 年的联合国粮食及农业组织的报告，由于病虫害及对作物状况缺乏良好监测，每年有 20%～40%的作物损失。因此，使用传感器和智能系统可以监测天气因素、生育状况，并确定作物生长所需的确切肥料量。Farooq 等人调查了 2006—2019 年发表的 67 篇关于物联网在不同农业应用中的使用的研究论文后发现：大约 16%的研究论文涉及精准农业，16%涉及灌溉监测，13%涉及土壤监测，12%涉及温度，11%涉及动物监测和湿度监测，5%和 7%为空气和疾病监测。最后，仅 4%的论文为精准监测。

5.3.3 5G 网络智慧农业

随着智能系统的发展，通信和信息技术在这几年也取得了长足的发展。在过去的十年中，3G/4G/NB-IoT 无线网络技术为信息传输和通信提供了坚实的基础。通过物联网连接智能设备来共享数据，可以对农业领域进行准确评估。然而，随着信息量和质量的发展，4G 网络的效率有所下降，数据传输比以前弱了。5G 网络表达了第五代通信网络的演进，通过提供非常高的速度在短时间内进行数据转换来完成通信。使用 5G 网络的数据传输速度比其他网络更快，具体表现为它在 4G 网络中的下载和上传速度提高了近 100 倍。这意味着用 5G 网络下载一部 2h 的电影只需不到 4s，而用 4G 网络则需要 6min。此外，5G 网络上行速率以 10Gbps 为特征，下行速率为 20Gbps。

在智能应用中使用 5G 网络有以下诸多优势：高数据传输容量，低延迟、与其他网络相比，连接密度非常高、光谱效率提高、通信流畅、覆盖面广、网络能源效率高等。

空间分布图显示：美国、加拿大、欧洲部分国家、澳大利亚、中国和日本是全球使用 5G 网络的国家。研究表明，英国约 80%的农村人口仍处于 4G 频段之外，这影响了先进智能技术在农村地区的应用。

2017年，5G首次用于智能农业应用，如农作物收割、施肥、杀虫剂，以及通过自动拖拉机和无人机进行种子作业。此外，5G对农业领域也产生了积极影响，改善了无人机控制、交互式实时监控、播种作业、农药和化肥喷洒、人工智能机器人和数据分析等农业作业。

5.3.4　农业智能传感器

在智慧农业体系中，我们主要使用传感器来测量和监控智能系统中的所有因素。例如，针对土壤健康监测的传感器，其采样分析的对象主要包括养分含量、磷酸盐含量、土壤水分和压实度等。智能灌溉系统包括许多用于监测水位、灌溉效率、气候传感器等的传感器。这些传感器可以测量和监测土壤和产量特性的变化及农场现场的当地天气。因此，传感器可以收集不同的数据，用于分析农场法规并做出合适的决定。这些智能传感器监测土壤、作物、牲畜健康的变化，还有助于提高农产品的数量和质量。智能农业网络中使用的标准传感器是土壤湿度传感器，此传感器用于测量土壤水分的变化，另外还有用于测量土壤温度的土壤温度传感器，及测量气温、土壤pH值、湿度、氮素、磷元素、钾元素的传感器等。

5.3.5　智慧农业中的应用案例

智慧系统主要与物联网相关，因为它代表了所有智能应用的支柱。智慧农业的应用如下。

1. 基于物联网的无人机

自20世纪80年代初，无人机已在农业中进行了有限使用，但随着通信技术的发展和物联网的扩大使用，无人驾驶飞机的使用变得非常重要。它可以执行多种功能，从而改善农业实践。我们主要采用无人机进行的操作包括灌溉、监测作物健康、种植、作物喷洒、作物检查和土壤分析等。此外，无人机配备多个传感器、3D摄像头、热成像、多光谱和光学成像摄像头，可用于监测作物状况和病害、植物健康指标、蔬菜密度，农药勘探，肥料、冠层覆盖测绘，田间预测，植物计数，植物高度测量，田间含水量分布图绘制，探索性报告和氮测量等。此外，它可以通过多光谱图像中获得的植物数据来监测植物的状态，其中用到了归一化差异指数等算法。Kim等展示了无人机的不同应用(收获、喷洒、测绘、传感无人机)。

2. 无人机和机器人在农业中的使用

尽管使用无人机有很多好处，但它的使用面临着重大挑战，尤其是在发展中国家，具体包括：①无人机一般只能在短时间，如一小时或更短的时间内飞行，因此必须考虑航线之间的重叠来确定航线路径；②无人机成本高昂，尤其是那些拥有良好软件、硬件工具、设备、高分辨率相机和热像仪的无人机，成本昂贵则代表需要较长周期才能收回成本。目前，无人机操作还有相关的法律规范问题：无人机操作需要许可证，这在许多国家都很难办到。由于各国的监管机构难以确认无人机的技术水平，故而监管人员并不能轻易颁布无人机的许可，而且飞行高度不得超过122m。无人机的运行还受气候条件的影响，风速和降雨会影响无人机的性能，所以工作前必须考虑气候变化。

农业机器人是在许多农业实践中使用的机器人。物联网促进了机器人的发展，以实现多种农业活动，机器人可以代替人类执行许多功能。在美国、欧洲及亚洲的许多国家，这种现代技术扩展到农业中，机器人提高了农业效率，因为它们降低了运营成本并缩短了运营时间。此外，机器人的使用可减少 80% 的农药残留。农业机器人将成为实用工具，为智能农业提供非常规解决方案，以应对劳动力短缺。一些农业机器人，如用于收割、育苗、杂草检测、灌溉和虫害侵袭牲畜应用的机器人，每个机器人都可以实现一个或多个功能，如图 5-1 和图 5-2 所示。

图 5-1　机器人收获番茄

图 5-2　用于除草用途的自主农业机器人

Chand 等成功设计了一种基于物联网和计算机视觉技术的多用途智能农业机器人，该机器人可以洒水和喷洒农药，并且系统依赖光伏和储能电池交互进行能源供给。机器人工作时会配备一个水箱和一个农药箱；机器人工作的机制取决于使用红外辐射跟踪作物健康状况的传感器。机器人的工作范围可以覆盖 5m 的区域。目前，机器人已成功应用于多个行业应用，如质量控制、物料搬运、运输、加工和检验。

3. 发展中国家应用

智慧农业技术的实施在全球范围内被认为非常重要，发展中国家对此类技术的本地化感兴趣。发展中国家在实施智能农业系统过程中方面面临着若干挑战，涉及国家拥有的基础设施的可用性和个人拥有的其他能力。因此，发展中国家实施智能农业技术的障碍可归纳如下：①第四代或第五代合适网络的可用性，是传感器之间通过互联网传输数据的最关键因素；②传感器的可用性，因为它们负责测量农场的各种现象和特征；③可以实现农业操作的设备的可用性；④针对智能农场进行相关研究的专家。然而，发展中国家也针对以上问题思考了多种方法。在印度，一些因素影响了大多数农民实施智能农业技术，如社会经济背景薄弱，并且由于种植成本增加而面临许多挑战。针对此类问题，研究人员使用基于GIS的集成建模，其模型中包含土壤水分核算和灌溉用水需求模块、降雨径流模块、系统损失模块和地下水流量系统模块等。

针对以上的挑战，从地方到国家需要建立不同层面的战略。通过采用气候智能型农业具有克服这些挑战的潜力。Doyle等人创造了一种有关实施气候智能型农业等智能系统的方法，以减轻东非气候变化的影响，并减少当地的粮食安全隐患。他们设计了一个水产养殖系统，通过提高灌溉效率来增加需要农作物的用水效率。此外，他们将相同的水用于养鱼场。与传统农业相比，该系统采用更有效的水灌溉农作物，使其更能抵抗干旱和荒漠化，也有助于减少东非农村地区的气候影响。在南非的农场层面，研究人员使用基于气候智能型农业的智能灌溉技术来应对用水短缺等挑战。虽然在非洲地区智能技术的实施面临诸多困难，如面积在0.5～2公顷的农田、气候和环境变化周期短、速度快，以及水资源短缺的问题等。在加纳，通过租用无人机来监测作物健康状况，然后根据作物需要添加农药，从而降低污染和健康风险，使用无人机经济实惠。减少杀虫剂的使用对非洲产品在欧洲的出口产生了积极影响。

美国国家遥感和空间科学局的一个研究团队成功开发了一种基于物联网技术的可靠、稳健、经济高效且可扩展的智能农业解决方案。该系统包括监测模块、数据采集模块、输入输出模块、分析模块等。该系统使用的电量非常少，故而可在农村地区广泛使用。其监测模块可用于测量土壤特性，例如土壤盐分、土壤水分、土壤pH值和土壤温度等，并且其土壤温度和水分评估是影响灌溉过程的最重要标准。输出模块主要通过LCD、移动应用程序和互联网网站链接的程序将参数数据显示输出。在分析模块中，Web应用程序旨在收集从GSM模块发送的数据，用于分析和记录。由于传感器和网关之间的链接基于许多协议，如消息队列遥测传输，收集的数据存储在MYSQL等数据库或云平台中，通过采用机器学习和人工智能、深度学习或大数据分析用于决策目的。Web应用程序安装在服务器上，用于长时间收集和存储数据，这些数据可以下载为Excel表或文档文件。网络记录数据接收的节点号、日期和时间。此外，还可以通过编程从传感器读取数据，以满足用户的一些其他需求。

4. 智能决策支持系统

在农业部门实施智能决策支持系统旨在支持农民和对农业投资感兴趣的人做出适当的决策。农业管理中的决策支持系统众多，如灌溉管理、施肥和其他服务运营。Giusti和Marsili-Libelli提出了针对灌溉管理的模糊决策支持系统，该系统包括空间位置数据和作物特征，如作物生长阶段、种植日期和需水量、降水量、温度等，还包含土壤特性和持水能力。此外，此系统还可以通过调节灌溉时间，将土壤水分保持在适当的范围内。该系统有助于提升农业的用水效率和农作物产量质量。该系统基于地理数据依托空间信息，利用人工智能实施决策来改善农业管理。VineScout为农业决策系统开发了一个图形用户界面，该系统可以安装到机器人系统中，实现农场的多种功能，其图形用户界面系统包括几个基于地理空间数据的系统。整体来看，用于农业应用的S决策支撑系统相当复杂，属于交叉学科，它需要来自各个多学科领域的知识，如作物农学、计算机硬件和软件、数学和统计学等。比如，要了解作物生长，就必须知道有多少变量影响作物生长，每个变量如何影响作物生长，每种作物都需要不同的最佳生长值。

在非洲，也有决策支撑系统模型的应用案例，通过采用该系统帮助当地管理者评估水能食品环境，并对其管理提供建议。举例来说，该系统曾建议管理者在 Mékrou 溪流附近一带的领地扩大粮食作物的种植。使用后发现：该决策支撑系统可以协调一些模型，如生物物理农业模型、简化回归元模型，从而将作物生产与外部输入因素相关联，并采用线性规划算法和用于寻找有效农业策略的多目标遗传算法来优化决策进程，再通过输入/输出分析和可视化的用户友好界面来将结果进行友好地呈现，如图 5-3 所示。

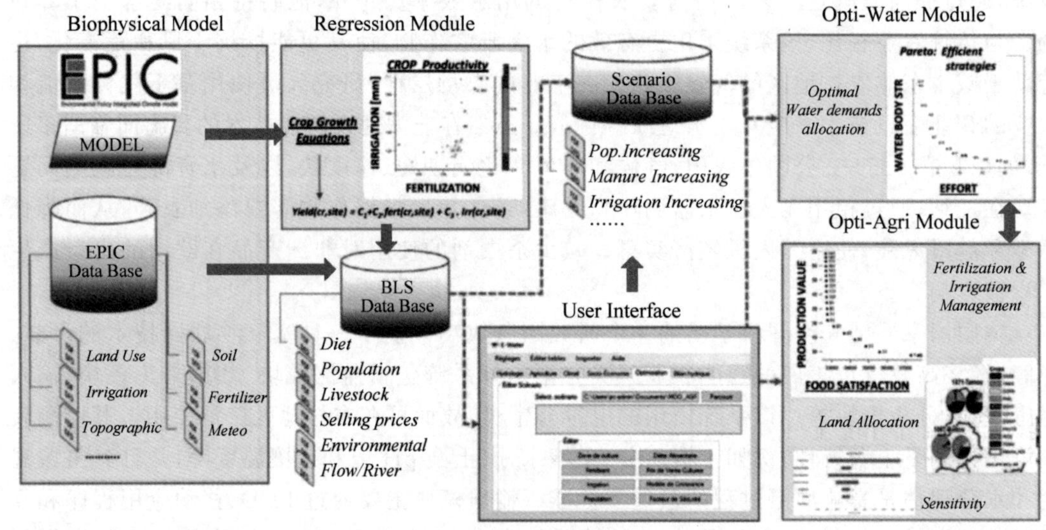

图 5-3 农业决策支撑系统的运算流程

5.3.6 农业智慧能源平台

智慧能源管理平台以能源的管控为主要目标，通过对能源的数据信息进行采集、储存、分析来打造全面高效的能源管控平台。首先，该平台具有传感器等硬件设施，能够对信息进行有效采集。其次，该平台还能对获取的运行参数进行高效分析，获得运行参数的时空动态变化特性，从而对农业园区所消耗的能源进行提前预测、有效调度和精准把控。另外，此平台还能销售运输服务和精准决策等服务通过平台的运行，能有助于园区的成本控制。

虽然能源品种较多，但适合在农业使用的主要为光伏发电，将光伏能源广泛地应用到现代农业种植中，发展光伏太阳能、风能、水能与农业能耗为一体，是未来的发展趋势，也势必改变农业智能能源的整体格局。

本章小结

近两年来，全球的智慧农业发展较快，智慧农业采用光伏供能较多，且具有较大的提升空间，需要将智慧农业与能源使用有机结合。智慧农业通过使用物联网、5G网络、智能传感等高新技术，使农业智能化迈上新台阶。其中，物联网被认为是智能农业技术的支柱，因为它连接了智能系统的所有组件，且在农业领域有着良好的应用。物联网在农业中可用于许多实践，如农场监控、灌溉、害虫防治、收获等。物联网将多个传感器与处理单元连接起来，然后分析数据，实时做出适当的决策。然而，目前物联网、无人机、人工智能、5G的使用需要与智慧决策相结合，才能达到良好的节能降耗的目的。

参考文献

[1] 胡春磊，徐红艳. 综合智慧能源管理系统架构探究[J]. 电子世界，2020(13)：126-127.

[2] 刘平阔，侯建朝，谢品杰. 能源管理学[M]. 上海：上海财经大学出版社，2019.

[3] 刘圣春，宁静红，张朝晖. 能源管理基础[M]. 北京：机械工业出版社，2013.

[4] 王娟，邓良辰，冯升波. "双碳"目标下能源需求侧管理的意义及发展路径思考与建议[J]. 中国能源，2021，43(9)：50-56.

[5] 黄素逸，龙妍，关欣. 能源管理[M]. 北京：中国电力出版社，2016.

习题与思考

一、填空题

1. 在完善交通、信息、能源三方面融合的过程汇总，对于其______________等多方面的架构建设是至关重要的。

2. 能源包含一次能源，即煤炭、石油、天然气等不可再生能源和二次能源，也就是可再生的________等多种方式，当然还包括贴近江河湖海等地区可以考虑使用的__________等。

3. 建筑物监控面临的挑战包含____________、______________、__________。

4. 建筑智慧能源主要的应用包括________________________。

二、选择题（单选或多选）

1. 在整个建筑系统能耗中，暖通空调系统能耗占整体能耗的（　　）。

A. 43％　　B. 23％　　C. 33％　　D. 66％

2. 三网融合主要包括（　　）方面。

A. 平台层　　B. 物理层　　C. 管理层　　D. 感知层

3. 虽然能源品种较多，但适合在农业使用的主要为（　　）。

A. 光伏发电　　B. 水力发电　　C. 火力发电　　D. 风力发电

三、思考题

1. 请读者思考一下，自己所生活的环境中，针对能源利用相关的体系，有哪些交通用能场景可以采用信息化智慧来改善体验、提高效率，或者解决存在的问题。

2. 随着社会经济的繁荣与发展，以及建筑制造技术和能源体系结构的进步，家用的光伏充电系统越来越普及，其中光伏充电板的比例越来越高。然而，光伏充电板的占地面积大、易损害、受气候环境影响大。请读者设计一种思路，对用户太阳能需求进行评估，并结合储能系统等参数，设计一整套适合农业园区使用的太阳能、储能一体化系统，并对其效率进

行评估。

提示：需要对太阳能光电板的位置及储能的位置进行有效布置。推荐使用开源的 QGis 软件和 Python 编程语言与 Pandas 库等开发框架来进行尝试。

3. 如何降低农产品运输过程中的能耗？

拓展阅读

1. Electric Power and Energy in China[M]. China Academic Journals(CD Edition) Electronic Publishing House Co. ,Ltd,China Academic Journals(CD Edition) Electronic Publishing House Co. ,2021.

2. 韩松. 应急物流理论与实务[M]. 北京：化学工业出版社，2010.

3. 董孟能. 房屋建筑和市政工程勘察设计质量通病防治措施技术手册[M]. 重庆：重庆大学出版社，2019.

4. 董洁芳. 基于产业结构视角的能源富集区碳排放效应研究[M]. 北京：新华出版社，2018.

5. 中国制冷空调工业协会. 中国战略性新兴产业研究与发展[M]. 北京：机械工业出版社，2018.

6. 毛国君，等. 数据挖掘原理与算法[M]. 北京：清华大学出版社，2005.

7. Environmental Protection[M]. China Academic Journals(CD Edition) Electronic Publishing House Co. ,Ltd,China Academic Journals(CD Edition) Electronic Publishing House Co. ,2022.

8. 张文彤，闫洁. SPSS 统计分析基础教程[M]. 北京：高等教育出版社，2004.

9. 亚瑟 · M. 休斯(Arthur M. Hughes). 数据库营销[M]. 北京：机械工业出版社，2004.

10. 张维迎. 博弈论与信息经济学[M]. 上海：上海人民出版社，2004.

11. A Selection of Papers on the Manufacturing Industry[M]. China Academic Journals(CD Edition) Electronic Publishing House Co. ,Ltd,China Academic Journals(CD Edition) Electronic Publishing House Co. ,2022.

社会系统智慧能源应用

【学习目标】

1. 掌握新型城市智慧能源、智能电网、智慧城市综合能源服务的定义及内涵；了解发展智慧城市能源体系的必要性及相关案例分析。

2. 了解智慧社区和城市低碳社区的定义及相关案例分析。

3. 熟悉家庭智慧能源系统及居民智慧用能服务的相关内容，并了解相关案例分析。

【章节内容】

本章重点介绍新型城市智慧能源、社区智慧能源再到家庭智慧能源系统，“自上而下”介绍社会系统智慧能源应用的基本概念、内涵、发展进程、特点等，并从案例分析入手使学生深入理解社会生活系统中智慧能源的应用实例，从生活情景出发为学生进一步了解智慧能源、构建智慧能源知识体系打下基础。

6.1 城市智慧能源

在地球发展的过程中，全球城市化进程发挥了关键的作用。能源作为一个城市的命脉，推动着城市的发展，也决定了地球的进化和人类的命运。然而，能源利用方式的粗放型和能源利用效率的低下型正制约着城市的发展。随着大数据、云计算、物联网、人工智能等新技术的不断突破和发展，人类正试图通过智慧城市的建设实现城市的可持续发展。因此，智慧城市的关键在于构建智能电网和智慧城市综合能源服务体系，以保障城市的能源供应，服务整个智慧城市的多样化能源需求。

6.1.1 智慧城市与能源

1. 新型智慧城市的定义与内涵

新型智慧城市(New Smart City)是以服务人民高效有序的城市治理、开放整合的数据共享、绿色开源的经济发展和明确的网络空间安全为主要目标，通过系统规划、信息领导、改革创新，推动新一代信息技术与城市现代化深度融合迭代演变，实现国家与城市协调发展的新生态。

一个城市不仅是由道路、建筑、管道、线路等物质基础设施组成的统一集合，也是所有城市居民生活的相互作用，是企业和政府之间的相互作用，这一切都融合在一起，构成一个充满活力的、多维度的生活实体。一个城市是一个自然形成的复杂适应系统，是由能量流和信息流结合在一起的产物，这两种"流"组合在一起，带来了基础设施的规模经济效应，以及社会活动、创新和经济产出的巨大增长。在智慧城市建设中，能源是城市发展的根本动力。另外，充分利用信息流会指导我们将能源的优化利用深入落实到城市的规划建设、城市产业与城市经济、城市的环境和生态以及不同城市之间的相互协同作用中，真正落实"创新、协调、绿色、开放、共享"的新发展理念，最终来实现城市的可持续发展。

2. 能源系统促进城市系统运转与演进

(1) 能源利用方式由开放向封闭转变。从科学的角度来看，能源利用方式的革命性巨大转变是从主要由外部的太阳提供动力的开放系统转变为由地球内部化石燃料提供动力的封闭系统。这是一项根本性的变革，实现了从外部的、可靠的、可持续能源向内部的、不可靠的、变化无常的能源的"升级"。

(2) 能源系统促进城市物理系统和网络系统的发展。一个城市由两个要素构成：第一个要素是城市的物理系统，即城市的物理基础设施，以建筑物、道路等硬件设施为代表；第二个要素是城市网络系统，即以思想创新、财富创造、社会资本为代表的人类语言和思想形成的社会经济动态。能源利用方式的转变催生了工业革命和信息革命，推动了城市化进程，促进了城市物理和网络系统的快速发展。

(3) 城市发展需要能源领域的创新和开放。为了实现城市的可持续发展，制度与技术的改革是必经之路。最好的改革方式是创新，而不断适应新的、不断变化的环境是创新的主要驱动力。如果不能进行有效的改革，或者创新的步伐没有跟上变化的速度，发展也将是不可持续的，这会引起严重后果甚至使整个城市的社会经济面临崩溃。

另外，将尽可能多的能量从当前的封闭系统转移到开放系统是另外一种解决问题的途径。此处提及的开放系统并不是让人类回到原始社会利用能源的方式，而是使人类的能源利用方式进入更高的水平，如大规模开发光伏等清洁能源、重新开发地球外部的太阳能资源等。

因此，一方面，我们需要将现有的封闭系统中尽可能多的能量转化为开放系统，即充分利用太阳能，并且开发新技术，使我们从太阳能中获得大量可负担得起的能源；另一方面，要充分考虑将城市能源高效利用与城市的可持续发展有机结合在一起，不断创新，真正实现可持续发展，建设智慧城市。

3. 能源改革促进城市高质量发展

(1) 促进城市经济高质量发展。劳动力、资本、能源等生产要素是城市发展的第一动力。能源变革推动了城市经济发展，经济发展和工业扩张又带动城市经济发展。能源变革可以带动高质量的城市经济发展，这可以促使城市改变依靠资源消耗、拼速度、拼规模、无视环境成本的旧发展模式，建设节能、低排放、低碳型的现代高质量城市经济，带动城市加强能源基础设施建设，加快城市产业结构转型升级，城市竞争力的提升更多依靠创新驱动和高水平的产业结构支撑。带动城市集聚高端能源人才，深化能源科技创新，培育战略性新兴能源产业，发展新能源业态、新模式，支持城市可持续竞争力的提升。

(2) 推动城市生态文明建设。目前，空气污染事件在国内外时有发生，城市由“高碳”向“低碳”转型迫在眉睫。在新的时间节点，城市发展对能源要素的要求正逐步由“数量保障”向“质量优化”转变，能源改革迫在眉睫。能源改革应该服务于城市发展，努力实现“以较少的能源消耗实现更多的城市经济增长和更少的污染物排放”。具体来说，一方面，能源改革要在综合考虑城市经济增长、产业结构调整和节能降耗趋势的基础上，更好地保证城市经济活动的稳定运行，满足生产和生活的能源需求；另一方面，要服务于城市的绿色转型，在保证城市能源需求得到满足的前提下，逐步优化能源结构，不断减少能源消耗对环境的污染。能源改革与绿色发展相互促进，在大规模资源优化配置的支持下，促进环境治理跨区域，有效治理雾霾，控制污染物排放。同时，深入融合智慧、低碳、宜居、海绵等现代城市发展理念，以约束性能源改革目标引导和推动城市发展转型，支持生态文明建设。

(3) 为城市居民创造美好生活。能源改革推动能源新业态、新模式发展，创造更多高质量就业岗位，促进能源服务均等化，提供更惠民的优质能源服务，从“能源服务百姓生活”走向“能源变革点亮品质生活”。

(4) 驱动城市治理水平升级。能源改革可以驱动城市治理水平的提升，促进城市发展理念，创新和升级治理技术和改革模式，完善城市综合管理体制。在新时代要求下，要实现能源改革协同，实现城市治理转型，引导城市能源管理升级和城市能源管理创新。要实现这一目标，就必须保证城市能源利用的可靠性、经济性和高效性，提高城市能源综合利用的效率和水平，促进政府和社会加强对城市能源的管理。

4. 城市能源的挑战

(1) 城市发展与能源。随着工业化和城市化进程的加快与消费结构的不断升级，我国能源需求刚性增长。资源和环境是我国经济社会发展的瓶颈之一。节能减排形势严峻，任务艰巨。因此，我国实行能源消费总量和强度的双重调控，优化能源结构，发展节能环保产业，大力推进节能。

国家能源局在《2018 年能源工作指导意见》中提出了 2018 年能源工作的主要目标。能源消费：能源消费总量控制在 45.5 亿吨标准煤左右；非化石能源消费比重提高到 14.3%左右，天然气消费比重提高到 7.5%左右，煤炭消费比重下降到 59%左右。能源供应：能源生产总量约 36.6 亿吨标准煤。煤炭产量约 37 亿吨，原油产量约 1.9 亿吨，天然气产量约 1 600 亿立方米；非化石能源发电装机约 7.4 亿千瓦，发电量达到 2 万亿千瓦时左右。能源效率：单位国内生产总值(GDP)能耗同比下降 4%以上。燃煤电厂平均供电用煤量同比减少约 1 克。“双控”政策对城市发展影响巨大，地方城市的发展建设必须按照“双控”文件进行产业调整和优化。地方政府在明确“能源有限、用能权即是发展权”的基础上，对城市发展进行顶层规划设计。

(2) 城市能源消费侧综合能效和再电气化有待进一步提升。1990 年，我国单位国内生产总值(GDP)能耗是世界平均水平的 2.8 倍。2015 年，我国单位国内生产总值能耗降至世界平均水平的 1.4 倍。在过去的几年里，我国城市的能源效率有了明显的提高，但与发达国家相比，还有很大的提升空间。提高能源效率是政府的长期工作，面临着许多困难：一是许多城市政府和企业对降低能耗、提高能效的重要性认识不足，城市的发展已经不仅仅局限于城市生产总值的增加，更要考虑城市的可持续发展，而提高能源效率是可持续发展的必要条件；二是我国仍处于工业化中期，很多城市仍以第二产业为主，经济增长对工业品尤其是能源密集型产品的需求较大，短期内产业结构调整可能不大；三是我国技术水平与国外先进水平存在一定差距，通过技术手段提升城市能源综合效率需要时间；四是能源相关制度尚不完善，通过机制促进政策多元组合提升城市综合能效的效率不足。

(3) 城市能源供给侧清洁化和智慧化有待进一步提升。城市的清洁发展离不开能源产业的信息化。智能能源系统是城市能源信息化发展的产物。智慧能源以互联网技术为基础，以电力系统为中心，将电力系统与天然气网、供热网和工业、运输、建筑物等系统紧密耦合，横向实现电、气、热、可再生能源等多源互补，纵向实现“源—网—荷—储”各环节的高度协调，生产和消费各环节双向互动，集中与分配相结合的能源服务网络。智慧能源已成为我国重要的战略方向。国家近年来出台一系列政策，明确提出要提高可再生能源的利用，在能源体系建设中要更加新型实用、更加智慧。但智慧能源建设中还缺乏很多新的技术支持，而大数据、物联网等技术也刚刚起步，这些技术是否可以很好地应用于智慧能源的建设和运行还有待证明。

(4) 城市能源治理现代化有待进一步提升。城市能源治理是国家治理的重要组成部分，国家治理的现代化离不开城市能源治理体系和治理能力的现代化。但目前我国城市能源管理的现代化还远远不够完善，还需要在技术、制度机制、法律制度等方面有所突破。

我国城市能源改革的推进需要高科技的辅助。高科技人才的不断涌现使我国在推动创新、拓宽城市能源改革道路上具有诸多优势。然而，我国能源技术的进一步创新之路上还存在一些障碍。首先，我国当前的科技创新者过于注重具体科技政策的实施，而不太注重为创新发展创造有利的条件。其次，我国将科技成果转化为世界领先的商业技术的效率较低。此外，知识产权保护措施不成熟，导致许多具有研发能力的企业不愿在我国投资技术研发和创新。城市能源治理现代化是一个漫长的过程，需要调动城市各方面的人力、物力，促进知识共享。

城市能源治理现代化不仅需要创新，更需要制度改革。在体制机制改革方面还有很多工作要做，比如能源价格改革，取消化石燃料补贴，让新能源可以真实地反映供应成本；环境成本市场改革，让所有解决方案提供者不受限制地进入能源市场；能源监管改革，创造真正有利于激发创新的政策和监管环境。

5. 智慧城市能源体系结构

城市智慧能源系统建设，坚持以电力为载体，以智能电网为平台，承担清洁能源和当地可再生能源的充分开发利用，不同类型能源协同优化，“源—网—荷—储”各环节高效互动，充分发挥能源市场作用。

(1) 以电力为载体。充分发挥电能传输最方便、最容易智能控制、终端使用效率最高的优势，以电能为载体，实现高比例外部清洁能源和本地可再生能源的充分利用，不断提高终端电能消耗占比。

(2) 推动综合能源网络以智能电网为平台。以城市电网为基础，整合其他信息基础设施，促进信息和数据的融合，协调调度和运行控制，实现电网、气网、热力/冷网的整体建设、互联互通和信息共享。建设城市能源控制中心，涵盖电、气、热、冷、可再生能源、分布式能源、储能等各类能源的数据采集、存储、处理和备份，实现综合能源的协同优化与控制。

（3）推动“源—网—荷—储”智慧互联。在能源和信息两个层面实现“源—网—荷—储”等能源系统单元，智慧互联互通，有效对接区域和本地清洁能源供应系统与城市智慧工厂、电气化交通、清洁供暖等能源系统，全面接入储能、微能网等可调资源，采用城市智慧能源数据传输专用网络，实时优化调整不同能源与不同能源用户之间的供需状况，实现“源—网—荷—储”高效交互，提升能源系统整体运行效率。

（4）推动建设统一开放的能源市场。根据统一的市场计划、交易机制和经营规则，建立统一开放的能源市场，实现各种能源交易的市场化。产能者、经营者和用户将通过互联网的能源市场实现互补互利的能源流动和自由的能源交易，从而促进能源交易商业模式的创新发展。

6.1.2　智能电网与智慧城市综合能源服务

1. 智能电网的定义和内涵

智能电网是向电网注入新的技术，包括先进的测量技术和传感技术、网络和通信技术、自动控制技术和电气工程技术等，从而赋予电网一定的应变能力，可以接入分布式能源和微电网运行，实现用户终端和电网与电力市场的双向互动。

智能电网通过各种电力技术和应用为智慧城市提供支撑，但这些技术需要合理结合，需要一定的理论支撑，需要相关政策体系、建设战略、商业模式、评价指标体系和技术标准体系的协调，能够在智慧城市的政府、经济、医疗、环境、交通、人口、教育、住房、水、家居、建筑、社区等业务体系中充分发挥支撑作用，为智慧城市建设提供支撑，实现智能电网工程与智慧城市建设思路的良好衔接。随着城市功能的不断完善，智慧城市发展对智能电网建设提出了更高的要求：能源供应更加安全可靠，保证城市功能正常运行；能源质量更加清洁环保，减少城市污染物排放；信息资源的整合更加优化，促进城市资源的高效利用；电网企业管理更加科学，提供优质的城市供电服务。总之，智慧城市以人与自然和谐发展为基本理念，通过先进技术的整合，促进城市各部分的协调运作，使管理更加高效、服务更加美好、环境更加清洁、生活更加舒适。

智能电网是智慧城市建设的基础和重要组成部分。为城市能源基础设施和公共服务平台提供强有力的支持，对智慧城市的发展具有重要的促进作用。智能电网是智慧城市的基础，是智慧城市新的能源供应保障和服务体系，是开放互动的清洁能源交易平台。智能电网具有能源和信息同步传输功能，覆盖城乡，连接发电厂和用户，具有资源配置和网络市场功能，可实现互联网、交通网、能源网“三网融合”，助推智慧城市信息化和城镇化的融合；建设以工厂电气化为核心的企业级能源微电网，实现能量流、信息流、业务流“三流融合”，全面推动工业企业信息化与生产自动化的融合，促进生产制造转型升级，从而推动信息化与工业化深度融合。可以说，智能电网是目前世界上最大的人工物联网，是能量-信息互联网。能量和信息是智慧城市和智能电网的核心要素。智能电网与智慧城市的内涵特征关系如图 6-1 所示。

2. 智慧城市综合能源服务的定义与内涵

综合能源服务根据国家和政府部门的能源政策方针，以实现“清洁、科学、高效、节约、经

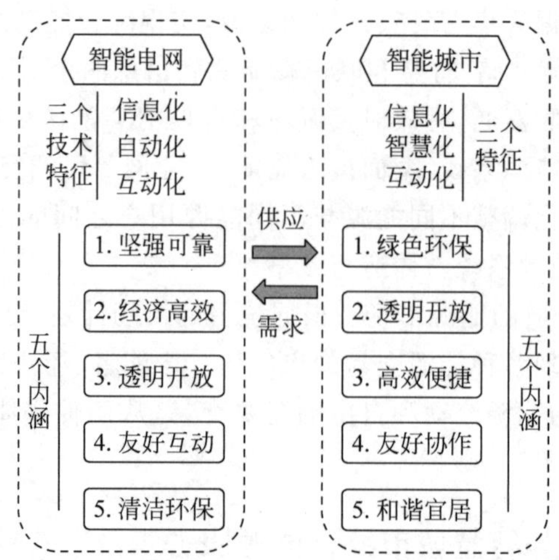

图 6-1 智能电网与智慧城市的内涵特征关系

济用能”为目的，通过综合能源系统向用户提供与能源应用相关的综合能源产品或综合性服务。

(1) 清洁用能包含可再生能源的开发、清洁能源的使用及传统化石能源的清洁利用；科学用能是指能源的梯级利用和科学管理；高效用能是指通过科技化的技术、高效的管理方法、先进的手段，提高能源开发、转化、利用的效率；节约用能是指在能源使用过程中降低不必要的用能，将能源应用于所需地点和时间；经济用能是指政府可以通过经济或市场化手段促进企业清洁能源利用、科学能源利用、高效能源利用与节能。企业通过使用现代化的技术和管理，降低能源使用成本，取得经济效益。

(2) 综合能源系统是指拥有各种类型能源储存、相互转换、用户所需类型能源及相关信息通信等基础设施的能源系统。典型的综合能源系统通常由分布式能源、电力供应、燃气供应、供热、制冷、储能及能源控制与管理信息系统等构成。

(3) 客户主要指政府、企业、公用事业部门及科研院所等，包括能源开发、生产、运输、供销以及能源用户等(如电网公司、工商企业等)。在不同的能源领域，不同的对象从不同的角度关注能源：在可再生能源发展初期，开发商们更加关注的是国家对可再生能源的激励政策；电网公司则更加关注可再生能源规模化及分布式发电对电网安全可靠运行的新要求；而政府更注重能源的宏观管理、能源的消费总量及消费强度的控制；能源使用企业则更加关注能源产品的成本。因此，综合能源服务应该针对不同的客户进行区分，并针对不同的对象和行业来制定不同的服务策略和服务内容。

(4) 综合服务涵盖能源管理、技术、经济、市场等许多方面，包含咨询、委托运输、合同能源管理以及工程总承包等。

3. 建立清洁低碳、安全高效的现代能源体系

根据现代能源体系的要素，考虑到现代能源体系具有清洁、低碳、安全、高效的特点，除了政府、企业、公众这三大参与主体外，可以从以下四个功能模块方面建立清洁低碳、安全能源、高效的现代能源体系框架。

(1) 现代能源环境支持体系。从现代能源环境支持体系的角度来看，主要包括政策支

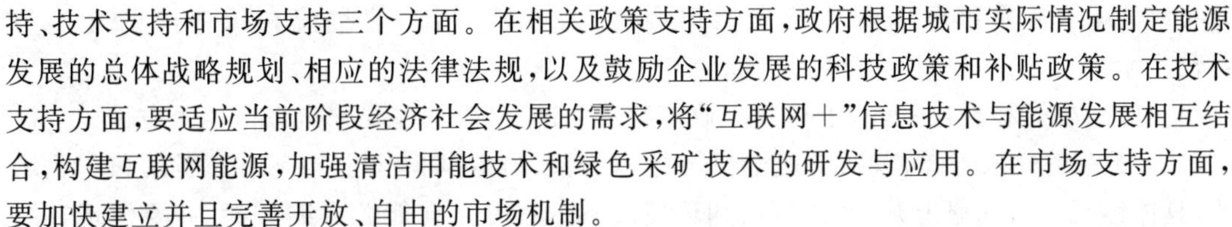

持、技术支持和市场支持三个方面。在相关政策支持方面，政府根据城市实际情况制定能源发展的总体战略规划、相应的法律法规，以及鼓励企业发展的科技政策和补贴政策。在技术支持方面，要适应当前阶段经济社会发展的需求，将“互联网＋”信息技术与能源发展相互结合，构建互联网能源，加强清洁用能技术和绿色采矿技术的研发与应用。在市场支持方面，要加快建立并且完善开放、自由的市场机制。

(2) 现代能源结构体系。在电力发展中，要重点发展安全高效的新型电力，发展可再生能源发电(核电、风电、光电等)。同时，大力开发风能、太阳能、生物质能、地热能、潮汐能等可再生能源的利用。此外，对于能源消费结构中占比最高的煤炭，需要完善燃煤电厂超低排放与节能减排的制度，进一步制定煤炭清洁生产的标准，有效提高洁净煤利用率。完善矿区生态补偿机制，有效解决煤矿开采所引起的环境问题。

(3) 现代能源供应体系。从现代能源供应体系的角度看，现代能源供应体系是指在提供能源的产品或者服务中，减少能源生产过程中对环境的危害，同时减少输送过程的能源损耗，使能源产品具有合理的价格，保证国民经济与社会稳定，增强自身竞争力。现代能源供应体系包括生产体系、运输体系和价格体系三个方面。

(4) 能源消费体系。从能源消费体系的角度来看，主要分为政府供求关系调整和公众参与两个方面。在政府供求关系调整中，政府作为现代能源体系的重要建设参与者之一，发挥着不可取代的作用。发展现代能源体系，必须要政府机关制定的相关法律法规和补贴政策来作为重要支撑。为了有效弥补市场的不足，政府应及时出台相应的市场化宏观调控措施和政策，积极引导和规范能源市场的需求，推动清洁、低碳、安全、高效的能源产品使用。在公众参与方面，建立节约能源与环境保护的公众宣传机制，提高公众节能环保的意识；与此同时，公众要自觉地培养绿色低碳的生活习惯和消费模式。此外，还需要进一步加强对公众的监督，切实推进并有效实施现行能源生产制度。

4. 智慧城市综合能源系统规划原则

城市中的智慧能源系统，即智慧城市综合能源系统，是智慧城市的重要组成部分，为智慧城市建设提供新思维、新方法、新模式、新业态，进一步丰富和延伸智慧城市产业链，为城市生产和生活提供更丰富的能源产品和服务。

智慧城市综合能源系统应遵循“统一规划、统一设计”原则，按照创新、协调、绿色、开放、共享的新发展理念，其建设应遵循五大原则：①以问题为导向，解决当前城市正在发生的一系列问题，促进城市可持续发展；②以平台化为目标，着眼于未来能源系统的发展形态，基于城市智慧能源系统平台激发城市发展的活力和创造力；③基于一体化设计，城市智慧能源系统设计不应局限于能源系统本身，而应与能源、信息、市场等要素有机结合；④在绿色发展理念的基础上，充分考虑城市清洁能源资源的发展潜力，最大限度地利用清洁能源，实现绿色低碳城市发展；⑤注重系统的开放性和包容性，满足各种能源品种和能源形式的加入，满足各种设备的即插即用，满足多学科的广泛参与，系统具有可扩展性。总体规划要兼顾能源与城市的关系，通过统一合理规划，保证能源利用的最大化和城市发展的合理化。智慧城市综合能源系统总体规划框架包括城市能源与城市空间规划协同、城市能源与城市产业规划协同、城市能源与城市生态规划协同、城市(区域)规划协同四个方面。

5. 以电为核心的综合能源服务的主要商业模式

综合能源服务商业模式可以从供给端和使用端出发，通过实体的能源交互网络、信息系统、综合能源管理平台和信息增值服务，实现能量流、信息流和价值流的交换与互动。

在理想的盈利模式下，除了构建产业链和业务链外，盈利主要来自以下四个方面。

① 潜在的收入来源，包括土地增值与能源购买，该盈利模式主要应用于园区和土地增值，具体体现在入住率上升、产能利用和环境改善的提升。在能源采购方面，主要体现在园区能源使用量的增加，电力、燃气及 LNG 议价能力的提高。

② 核心服务来源，包括能源服务和配套设计，在能源服务方面，主要表现为集中销售电、热、水、气等能源，以节约成本。套餐设计主要体现在综合套餐、单一套餐、应急套餐、响应套餐等方面。

③ 基础服务，即能源生产，包括发电和虚拟电厂，发电方面主要体现为清洁能源和可再生能源发电。自用电比例越高，收益越好。虚拟电厂方面主要体现为储能、节能、用户间交易和需求侧响应。

④ 增值服务，包括工程服务与资产服务，工程服务主要体现在平台和运营的本地化实施上，资产服务则主要体现在设备租赁、EMC（合同能源管理）及碳资产上。

整体综合能源的服务可以看作一种能源的托管模式。电力市场开放后，未来相关电力企业之间的比较不仅要对比发配售输电，更要全方位竞争综合的能源服务。

(1) EMC 模式。合同能源管理机制（Energy Management Contracting，EMC）是一种用节省下来的能源费用对节能项目的成本进行支付的节能投资方式。这种节能投资方式可以让用户利用未来节省的收益对工厂和设备进行升级，降低当前的运行成本，提高能源利用效率。2010 年 8 月，国家质检总局（现“国家市场监督管理总局”）和标准化委员会发布了《合同能源管理技术通则》，将合同能源管理规范为 EMC。在国外，合同能源管理机制被称为 EPC（Energy Performance Contracting），它是西方发达国家在 20 世纪 70 年代开始发展起来的一种以市场运行为基础的新型节能机制。

(2) BT 模式。BT（Build Transfer）是指建设移交，是用于基础设施项目建设领域的一种投资建设模式，投资者应项目发起人的要求与投资方签订合同，为建设项目融资，并在规定期限内将项目移交给项目的发起人，项目发起人则根据事先签订的回购合同，向投资者分期支付项目总投资和确定的回报。

(3) BOT 模式。BOT（Bulid-Operate-Transfer）就是建造运营移交模式，这种模式最大的特点是将基础设施的经营权用于获得项目融资的限期担保，或者将国有基础设施项目民营化。

(4) PPP 模式。PPP（Public-Private-Partnership）模式，是指政府与私人组织为了提供某种公共物品和服务，以特许权协议为基础，形成一种伙伴关系，通过签订合同来明确双方的权利和义务以保证合作的顺利完成，最终使各方达到比预期单独行动更有利的结果。一般来说，PPP 融资模式主要应用于基础设施等公共的项目，首先，政府将为具体项目特许成立新的公司，并为其提供相应支持。随后，项目公司负责项目融资和建设，融资来源包括项目本金和贷款；项目完成之后，政府特许经营企业在开发运营项目时，贷款人不仅可以获得项目运营所得的直接收益，还可以获得政府扶持转化所得的收益。

(5) 配售一体化模式。在公司配电网所经营范围内，当用电客户与配售电公司之间直接签订电力合同时，由公司向输电网运营商支付输电网的费用，剩余收入则归公司所有，除去购电与配电网投资运营的成本，公司获得配电利润和售电利润；另一种情况是，当用电客户与其他电力销售公司签订用电合同时，公司只能收取配电费。无论哪种情况，配售一体化的售电公司都能保障利润的来源，这也是公司持续经营和发展的保证，一般作为配售电公司，拥有配电资源，便于企业获得售电的市场机会，也将为公司获得更多客户奠定坚实的基础。但这种模式下的售电企业也要承担巨大的成本和风险。首先，他们需要投入更多资金用于配电网的建设和改造，日常运行维护也需要专业人才和先进的管理技术。其次是政策风险，如德国政府目前正在积极研究修改配给价格核定方法，将增加配售一体化公司的收入不确定性，而这可能会加大公司投资项目再融资的难度。

(6) 供销合作社模式。供销合作社模式的售电公司将发电和售电相互结合。合作社的成员拥有发电资源，通过供销合作可以直接向其他成员销售电力。同时，售电公司获得售电收入的一部分并将继续投入发电厂建设，从而实现双赢。

采用供销合作社模式的售电公司，其最大的优势是能够获得高质量的电力资源。特别是对于分布式可再生发电厂来说，通过集合分布式发电厂形成绿色电力的售电公司，一方面可以吸引有环保意识的人和碳排放限制的公司买电，另一方面售电公司可以将收益的一部分投资或分配给发电厂，因此发电厂经营者在供销合作社模式下倾向于加入这样的售电公司，同时售电公司的购电成本可以相对降低。但售电公司供销合作社的模式仍存在风险，选择投资哪一个发电厂对公司的效益影响很大，售电公司必须要有相应的渠道风险控制和适当的投资策略。

(7) 综合能源服务模式。国外的一些售电公司在开展售电业务的同时，还为其他能源甚至公共交通、设施等提供相关服务，即城市综合能源公司。这类公司一般提供电力供应和燃气供应服务，客户可与该公司单独签订电力使用或燃气使用合同，该公司为用户提供综合的能源套餐。与单一合同相比，同时与公司签订电力供应和燃气供应合同将得到更多优惠，这也是这一类公司吸引并留住客户的重要手段。此外，一些区域性综合能源公司还会提供供暖、供水、公共交通等服务，让客户享受多方面的能源服务。但为了打造这种区域性综合能源服务公司，除了提供电力供应和燃气供应服务外，往往还需要运营其他利润较少甚至无利润的基本公共服务，如城市公共交通，这样公司就会增加财政负担。

(8) 售电折扣模式。为了招揽顾客，售电商不仅提供了较低的基本电费，还为新用户提供了诱人的折扣，许多新用户可以通过这样的套餐提前大幅降低电费，居民用户可以通过更多的返现和折扣在第一年降低20%的电费，一些用户甚至可以通过提前支付电费来获得更低的折扣。售电公司是处于电力大规模生产和小规模销售中间的集团，它必须同时参与电力批发与零售两个市场。但这两个市场的用电结算方式和结算时间有巨大差异。如果售电公司处理不好这些问题，缺乏流动性，很可能对自身经济产生巨大影响。售电折扣商在最初的低价战略之后，需要通过转型实现长期发展。在以低价电力获得市场份额并立足之后，不同的定价方式和多样化服务是这类售电商成功的关键。

(9) 虚拟电厂包月售电模式。虚拟微电站的建立基础在于对众多分布式可再生能源发电设备的控制、分布式储能设备等一系列柔性设备、可再生能源的市场化销售机制及精确的软件算法。基于这种虚拟电厂的电力共享池系统提供电力销售新模式。在该模式中，加入共享电力池的终端用户能够轻松地相互交易电力，通过各个分布式能源存储装置最大限度地充分利用分布式可再生能源，同时削减外包电力的购买，大幅降低电力成本。通常来说，

基于虚拟电厂的共享电力模式对于设备、通信、计量和算法的要求非常高，需要建立在一定的用户基础上。目前，电力大数据分析、机器学习算法等技术已很好地应用于该模型。当该模式形成电力共享闭环时，新用户将为系统带来更大的稳定性和安全性，这种模式也具有强大的生命力和很好的发展空间。

(10)“配售一体化＋能源综合服务”模式。在售配电网络开放的条件下同时也有配售电业务的布局，并为电力客户提供能源增值服务的企业将收益丰厚。一方面，负责园区售电业务，可以直接从市场化的协议中购买电力，也可以集中在竞价中获取发电侧与采购侧的差价，同时获取各电力用户的用电数据。另一方面，根据用电量数据为用户提供能效监测、运行维护、抢修维护、节能改造等电力综合服务，有效提高用户的用电质量，增强客户黏性并可以从服务业务中获得更多的利益。

(11) 互联网售电服务模式。为了降低交易成本并提高市场竞争力，成熟的电力市场会有价格比较网站(Price Comparison Websites)，用户可以选择电子商务网站的套餐与服务。这个模式的前提是有很多电价不同的销售公司，这些网站免费提供所有的服务，收益主要来自售电公司或者运营商支付的佣金(合作模式：用户通过价格比较网站更换售电公司/运营商，如果售电公司/运营商与网站具有合作关系，应按照合作协议支付佣金)，目标客户群是互联网用户。

6.1.3 案例分析

1. 浙江嘉兴城市能源互联网综合示范项目

(1) 项目概况。2017 年，国家能源局公布了首批“互联网＋智慧能源”示范项目 55 个，其中 12 个是城市能源互联网的综合示范项目。由国网浙江省电力有限公司和嘉兴市人民政府联合申报的浙江嘉兴城市能源互联网综合示范项目成为这 12 个综合示范项目之一。通过统一规划、科学设计，以电能为核心，整合电能和节能技术，提供清洁能源、建筑能效、绿色交通、智慧用能、供需互动五大综合服务，浙江嘉兴城市能源互联网综合示范项目最终落户海宁。

海宁属浙江省嘉兴市，地处长江三角洲的南翼，浙江北部城市，东距上海 100km，西接杭州，南临钱塘江。海宁是长江三角洲地区最具发展潜力的县市之一，也是钱塘江北岸最有实力的县市，经济发达，市场化程度较高，是全国综合实力百强县(市)，目前，海宁已发展成为省内重要的光伏产业集聚区和应用示范基地，拥有晶科、正泰等优质光伏企业，企业配置资源丰富，太阳能产业生态链较为完整。

截至 2017 年 8 月底，海宁市总面积 700.5km^2，人口 82.95 万人。海宁可再生能源装机容量达到 515MW(其中光伏 465MW、风电 50MW)，最大负荷 1 630MW，全社会用电量 5.739×10^9kW·h。嘉兴城市能源互联网综合示范项目根据规划程度和区域划分为三个层次：以尖山新区为核心示范区，硖石街道、马桥街道和袁花镇为重点示范区，其余 8 个街道和镇为推广应用区。示范用户基础条件良好，具备能源大数据综合服务平台的建设工作。该项目的目标是在 2017—2019 年，以智能高效电网为支撑，完善扩大能源互联网所需基础设施规模，搭建城市能源综合性服务平台，实现“一个支撑”＋“四个整合”＋“一个平台”＋“五种服务”。

(2) 技术方案。本项目共有清洁能源、低碳建筑、智慧用能、绿色交通和综合平台等

9个子项目,申报总投资9.844亿元,其中电网总投资1.874亿元。项目整体规划如图6-2所示。

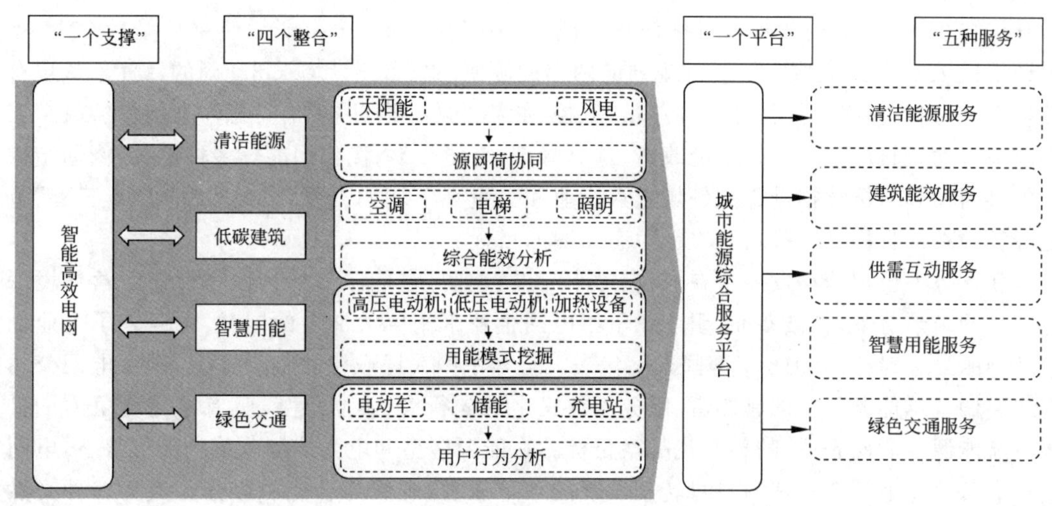

图6-2　项目整体规划

"一个规划"指的是"能源互联网示范项目总体规划"。结合海宁核心示范区、重点示范区、推广应用区能源供需特点,国网浙江省电力公司联合嘉兴海宁市人民政府,积极实施海宁城市能源互联网综合示范项目的整体规划。

"一个支撑"指的是智能高效电网。"一个支撑"结合海宁地区太阳能、风能等新能源资源,采用主动配电网规划模型,开展海宁地区配电网规划和电网设施布局规划研究,实现与新能源电源、电动汽车的统一规划和协调发展。结合示范区信息通信需求,开展尖山终端通信接入网建设工程,建设能源互联网所需的先进通信信息网络。在此基础上整合信息,构建主动感知、智能响应、协同管控集成型的智慧高效主动配电网,大幅提升示范区配电网的主动感知、智能运维和系统支撑能力。

"四个整合"指的是将清洁能源、低碳建筑、智慧用能、绿色交通等信息整合,利用能源互联网、大数据、云计算等技术,实现"能源流+信息流+业务流+价值流"的高度融合。

"一个平台"+"五种服务"中的共享平台是"综合能源服务平台关键技术研究及其应用示范"项目,结合"一体两翼"战略,整合清洁能源、建筑用能、电动汽车及其充放电设施、智慧用能等信息,深度融合"能源流+信息流+业务流+价值流",建设城市能源公共服务平台,最终提供清洁能源、建筑能效、供需互动、智慧用能、绿色交通五种综合服务。

(3) 商业模式。该项目的商业模式主要采用BT模式。BT模式是一种新型的投融资建设模式,由政府通过协议授权企业进行融资建设该项目,项目建设验收合格后再由政府赎回。建设的主体是电网企业,建设的目的是完善海宁作为智慧城市的基础设施。项目中城市能源综合服务平台的建设主要借鉴B2B(Business to Business)模式,即电网公司与其他企业通过互联网进行产品、服务和信息的交换。电网公司与节能设备制造商、节能服务公司、售电商、工业园区的能源服务商构成了开放、共享的交互关系,通过角色和角色之间的交互,降低采购和库存成本,促进各市场主体的信息沟通,提高信息管理和决策水平。

2. 浙江嘉兴综合能源服务平台建设案例

(1) 项目概况。"十三五"期间能源双控形势严峻。根据《2017 年度嘉兴市能源利用情况报告》显示,2017 年嘉兴市能源消费总量居全省第四位,同比增长 3.3%,未完成用能总量增长控制在 1.9%以内的年度目标任务。截至 2017 年年底,全市能源使用总量较 2015 年累计增长 7.6%,未完成"十三五"规划前两年能源使用总量累计增长 3.8%的目标。从现有数据来看,当前嘉兴市能耗强度和总量"双控"形势严峻。因此,政府特意印发能源"双控"三年攻坚行动,通过淘汰落后、节能改造、预算管理、有偿交易、优化用能等多种途径,倒逼结构调整、创新驱动,持续推进重点领域重点行业和关键环节能源开发,以此来完成"十三五"节能降耗约束性目标,实现绿色发展、生态文明的目标。

新形势下公司转型发展迫在眉睫。"十三五"期间,在能源市场特性和行业运营环境深刻变化的新形势下,打破垄断、引入竞争给电网企业带来巨大冲击的同时,也迎来了企业创新转型的最佳时机。2018 年全国人民代表大会与中国人民政治协商会议上,国家电网公司提出要做全球能源革命的领跑者、服务国计民生的先行者,确立"建设具有卓越竞争力的世界一流能源互联网企业"的新时代战略目标。在能源转型和电力体制改革的新形势下,电网企业肩负着企业社会责任与自身转型发展的双重压力,开展综合能源服务已成为一种必然选择,在提升企业自身服务能力、探索新的利益增长点的同时,服务地方政府,做好能源双控工作,促进企业效率效益的提升。

浙江嘉兴综合能源服务平台是一套完全建立在分布式存储和云计算技术基础上的开放式能源管理系统,依托物联网、大数据和移动互联网技术,从政府端和企业端对能耗进行多维度协同管理。项目按规划程度和地域分为两个层级:秀洲区为试点区;海宁、桐乡、嘉善、平湖、海盐、南湖、滨海为推广应用区。试点阶段以秀洲年耗能万吨标准煤以上的企业和印染行业为对象。推广应用阶段以嘉兴市年耗能 5 000t 以上的企业为监测对象,涉及 421 家企业,具体分布如图 6-3 所示。

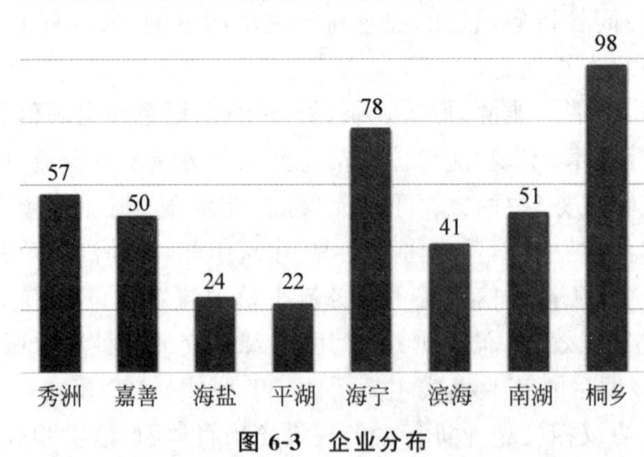

图 6-3 企业分布

(2) 技术方案。浙江嘉兴综合能源服务平台是一种结合信息化和自动化的高新技术产品,它利用物联网、通信、信息、控制、检测等前沿技术,充分利用网络,实时采集和监测能耗情况,对各企业的能耗数据进行统计分析、综合评价,并为政府提供决策依据。

平台功能主要包括监测大厅、企业工况、能耗统计、用能管控、能效分析等 7 个部分。通过对能耗数据的深加工、能耗数据的多维统计分析，可以满足政府端能源管控和企业端精细化管理的需求，使管理者能够清楚地掌握企业能耗的动态平衡关系及各种因素对能耗水平的影响。以企业能源消耗数据为主线，其中电力、蒸汽为实时采集数据，原煤、天然气等能源数据及产值、增加值等企业经营数据为统计数据，贯穿数据的采集、传输、存储、分析和应用。数据的采集、传输和存储是基础，数据分析是手段，数据应用是目的。电力数据采用红外采集方式；蒸汽数据是通过在火电厂内安装雾节点设备，企业用汽数据通过局域网内的雾节点传输到综合能源服务平台；其他数据是由政府定期（每月）提交。平台数据采集与传输方案如图 6-4 所示。

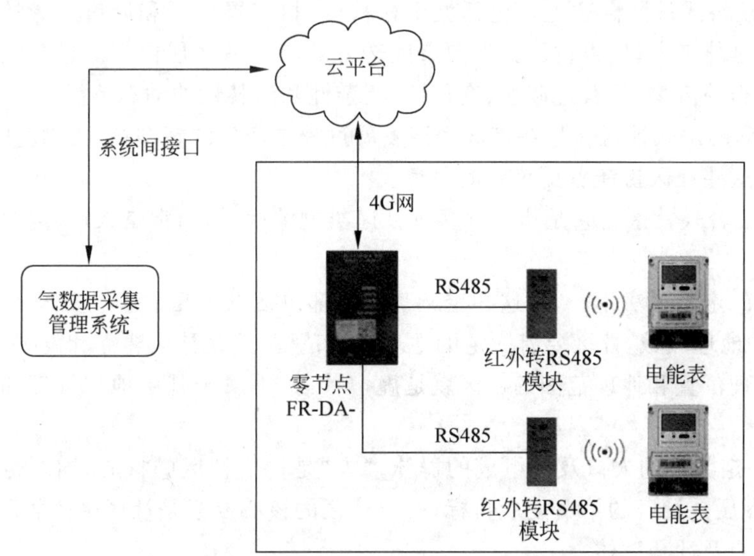

图 6-4 平台数据采集与传输方案

(3) 商业模式。浙江嘉兴综合能源服务平台的建设和运营，采用的是地方政府行政事业性监管服务与社会化综合服务相结合的模式。

6.2 社区智慧能源

6.2.1 智慧社区

1. 社区的定义与内涵

城市社区是城市最基本的单元。构建社会主义和谐社会，首先要构建社会主义和谐社区。2000 年以来，我国出现了许多社会组织，如居民自发组成的社区公益组织、物业管理公司、业主委员会等，初步形成了多主体共同治理的社区建设机制，成为我国城市社区发展的方向。在我国，由于社区建设发展主要由政府推动，经济来源也主要由政府承担，这决定了城市社区必须要承担政府的行政性工作。但由于社区组织同时承担社区居民的自治工作，因此城市社区工作具有"双重性"，社区工作中行政性工作越来越多，出现行政化趋势。随着我国商品房市场的发展，越来越多的业主委员会开始形成，极大地推动了城市社区的快速发展。

我国城市社区的分类主要取决于国情和社会发展情况。根据组织的性质和功能，城市社区可分为“行政社区”（街道办事处和居民委员会所辖范围的法定社区）和“非行政社区”（商业社区、工业社区、大学社区等自然社区）。我国城市社区通常被划分为五种基本类型：传统街坊式社区、单一单位式社区、过渡演替式社区、现代商品房式社区和综合混合式社区。

(1) 传统街坊式社区。一般来说，历史悠久的老街区位于城市传统中心，具有自然演变、邻里互动频繁的特点。

(2) 单一单位式社区。社区主要由同一单位的员工及其家属居住的单位建设，通常生活设施比较完善。由于居民同属某一单位，社区邻里陌生感不强，互动相对频繁。

(3) 过渡演替式社区。这主要包括城中村社区、村安置社区和城市边缘社区。这些社区的居民主要是外来人口、由村民身份向市民转变的新兴社区居民等。过渡演替式社区是新型城镇化进程的产物，具有过渡性、变化性、复杂性和演替性的动态特征。

(4) 现代商品房式社区。指在市场经济发展过程中产生的新型社区。物业管理公司和业主委员会在这些社区扮演着更重要的角色。

(5) 综合混合式社区。它是指包含多种社区类型的社区，通常是人口异质性强、治理难度大的社区。

关于社区的定义说法不一，但这些定义基本上都包括以下几个基本要素。

① 一定的地理区域，社区要有一定的地理区域范围，这是社区建立和发展的基本属性，没有特定的地理位置和地理范围的社区就是虚拟社区，不属于基层地方管理和治理的基本单位。

② 具有一定数量的人口及其组成的群体，“人”是构成社区的核心，同时也是社区生活的主体，人的发展是社区的第一发展目标，所以社区的核心要素是社区中的居民及其所组成的各种社会组织及社会群体。

③ 同质性社区文化与互动。滕尼斯认为，社区是由同质人口聚集所形成的一种生活共同体。其中，“同质性”是社区产生和发展的关键。卢梭在《社会契约论》中指出，本质上的“同质性”是国家产生和契约实现的内在动力；而政治上的“同质性”指的是具有相同属性的一致性，如经济、文化、历史、风俗、宗教、语言等方面；社区文化与社区互动的同质性，主要指的是社区中的人和社区群体之间，基于共同的利益、文化、生活方式、传统习俗、归属感和认同感等，在政治、经济、文化、生活等方面的互动。现代社区基本上是由行政划分的，而非自然聚集产生的，但社区文化的同质性仍然是社区内的居民和群体的生活、行为的基础。可以说，同质性是维系社区治理、社会团结甚至国家统一的精神纽带。因此，同质性的社会文化与互动是社区的重要属性。

2. 智慧社区的起源

智慧社区概念的雏形源自西方。20 世纪 80 年代，美国宣布成立“智能化住宅技术合作联盟”，指导住宅设计和建设新技术。此后，一些地方自发开展了提高基层社区组织信息化水平的实践，称为“社区数字化”或“电子社区”。1992 年，圣地亚哥大学国际传播中心为应对 20 世纪末快速的技术变革和复杂的社会经济挑战，正式提出了“智慧社区”的口号，并在 1997 年出版了《智慧社区指导手册》(*Smart Communities Guidebook*)。之后，欧洲、日本、东南亚等地区也出现了智慧社区。1998 年，日本提出了超级家庭总线技术标准(HBS 或 SHBS，Super-home 和 BUS System)。1999 年，微软在我国推出了“维纳斯计划”，随后以

TCL 为首的一些电视厂商也开始探索智能社区产品。

3. 智慧社区的定义

我国将智慧社区作为智慧城市建设的最小实施单元，重视各类社区资源的整合及信息系统的建设，并强调智慧社区综合平台在其中的重要作用。例如，《2015 年上海智慧城市发展报告》指出，智慧社区是利用信息技术构建的综合平台。从社会组织的意义上说，智慧社区的本质是集合各种社会主体，关注各种利益和需求，并在一定程度上直接将一些社会资源进行配置，聚集各种社会功能的综合枢纽。住房和城乡建设部(简称"住建部")在《智慧社区建设指南(试行)》中，将智慧社区定义为通过综合运用现代科学技术，整合社区人、地、物、情、事、组织和房屋等信息，统筹公共管理、公共服务和商业服务等资源，以智慧社区为支撑的综合信息服务平台，依托适度领先的基础设施建设，完善社区治理和社区管理现代化，推进公共服务和便民惠民服务智能化社区管理和服务的创新模式，也是新型城镇化发展目标和发展社区服务体系的重要措施。智慧社区的概念框架是由政策标准和制度安全两大保障体系来支撑的，以设施层、网络层、感知层等设施为基础，以城市公共信息平台和公共基础数据库为支撑，构建智慧社区综合信息服务平台。在此基础之上，建立居民、业主委员会、物业公司、居委会、市场服务企业的智慧应用系统，涵盖便利服务、公共服务、社区管理、社区治理、主题社区等多个领域的应用。

6.2.2　城市低碳社区(未来社区低碳能源场景设想)

1. 未来社区低碳场景

未来低碳社区建设主要涉及数字化的综合能源供应系统、分类分级的资源循环体系和综合能源智慧服务平台。

1）数字化的综合能源供应系统

数字化的综合能源供应系统是未来低碳社区的重要基础，以多元协同能源技术为核心，以社区综合管廊及微能源网络和用户端管理为手段，实现各种能源与资源的互联和高效利用。

在多元协同的能源技术中，天然气分布式能源更节能经济、更环保合理、更灵活适用，适合有相对稳定的电、热(冷)负荷，且有持续的天然气源供应的场所，该系统涉及储能、热泵、光伏建筑集成等技术。能量存储技术是通过设备或物理介质存储容量以供必要时使用的一种技术，考虑到未来社区的特点和可能的能源需求，在未来社区的场景中，储能技术将主要是电化学储能技术。热泵技术是可以从自然界的空气、水或土壤中获取低位热能，经过电能做功，从而提供人们所用能量的高位热能的装置，在未来社区场景中，热泵技术将与其他能源技术相结合来提供能源，从而满足多变负荷条件下的能源需求。光伏建筑一体化技术是未来社区场景的一项重要技术，它是将太阳能发电(光伏)产品集成到建筑物中的一种技术，光伏与建筑的结合将是未来光伏应用的重要领域之一，也是未来社区节能建筑的方向，具有巨大的市场前景。

社区综合管廊是指为容纳两种或两种以上城市工程管线而在城市地下建设的构筑物附属设施。综合管廊按照统一规划、施工和管理的模式，涵盖供水、雨水、污水、再生水及天然气、热力、电力、通信等管道，统一规划、建设、管理各种管道，从而解决路面反复开挖、管道事

故频发、架空线网密集等问题。与传统的市政管道直埋的形式相比，综合管廊具有综合性、环保性、长期性、易维护性、抗震防灾性、可靠运行性、高科技性等特点。

2）分类分级的资源循环体系

（1）分质循环智慧水务。在未来社区的建设过程中，可从雨水、中水和空调冷凝水等资源上对社区内水资源进行智慧型循环利用。

（2）使用可追溯垃圾分类回收。对社区中的垃圾进行分类，再利用大数据、移动互联网、物联网、云计算等信息技术，从垃圾分类宣传、配送、收集、就地处理等环节入手，涉及生活垃圾和其他垃圾、回收垃圾和有害垃圾等多种类别。

3）综合能源智慧服务平台

作为未来低碳化社区的神经中枢，综合能源智慧服务平台利用互联网、云计算、大数据等信息技术，实现管理能源、协调资源、智慧管家等功能，进而构建高效智慧、供需互动、健康舒适、循环利用、绿色共享的低碳化未来社区。

（1）能源管理功能。

① 供方管理。未来社区综合能源智慧服务平台是数字化技术与新能源技术的深度结合，用于实现多能源协同供应、全方位智慧节能、供方与需方之间的智慧互动。

② 需方管理。综合能源智慧服务平台可以对社区能源资源利用状况、用户消费行为、能源使用特性等进行分析，从而引导用户进行负荷管理和技术改造，平均化负荷，提高终端能源利用率，实现能源供需的高效匹配，运营高效集约。

（2）资源协调功能。

① 多网融合。综合能源智慧服务平台将互联网、大数据、人工智能、区块链等数字化信息技术与能源、建筑、水资源等领域的新技术深度结合，为社区能源资源供方、需方统筹创新提供推动力。

② 商业功能。综合能源智慧服务平台集成一体化开发、投资、建设和运营，可以实现投资者和用户的互利共赢，可以有效降低能源资源的使用成本。

③ 资源回收利用。综合能源智慧服务平台可以进行资源分类、循环利用，建设节约高效的供水系统，构建海绵社区，推动雨水和中水资源的利用。另外，采用智慧化的可追溯模式可科学规划部署社区垃圾分类投放、收集、运输的分类体系。

2. 未来社区低碳能源场景设想

（1）未来社区与电厂联合场景。在此场景中，电厂输出的蒸汽被送入综合供能站，通过换热设备和吸收式制冷设备为未来社区提供主要的冷热能源，市政电网来提供综合能源供应站的主要电力。另外，根据当地自然资源条件，设置管道式地源热泵、水源热泵及空气源热泵系统作为辅助冷热源；因地制宜设置太阳能发电、风力发电、电能储存等为社区提供电力补充；还需设置高效的电制冷设备与锅炉作为备用的冷热源，以确保能源供应的安全性和可靠性。综合能源智慧服务平台将会实时监控电厂输出的蒸汽参数和部分用电信息，并根据社区用户负荷预测结果，结合大数据、实时规划、综合能源机组，实现相关能源的高效多能协同，能源供需匹配，最大限度地提高终端能源效率。

（2）未来社区与天然气联合场景。在此场景下，天然气进入综合能源供应站，通过分布式天然气能源系统、燃气锅炉、电制冷机组等为未来社区提供主要的冷热能，市政电网来提供综合能源供应站的主要电力。综合能源供应站根据当地自然资源条件，设置地下埋管地源热泵、水源热泵和空气源热泵来补充冷热源。综合能源智慧服务平台对天然气管道网络、燃气压力等实时监测，结合社区用户负荷进行结果预测，并利用数据实时规划，综合电厂在分布式天然气能源系统及相关机组的电力输出，实现能源高效利用、多能协同、供需匹配，最大限度地提高终端的能源效率。

(3) 未来社区用户场景。在未来社区的用户场景中，综合能源智慧服务平台包括智能门禁、智能家居、智能停车场、智能物业、社区安全监控等功能。传统的智能家居主要基于红外感知、遥控和定时任务，但它们之间无法互联互通，导致目前智能家居的智能化不足，以至于影响智能家居的普及。未来，基于综合能源智慧服务平台的智能家居将互联互通，不仅可实现人脸识别门禁、自动照明，还将基于家庭云、社区云，集成天气、通信、健康等一系列信息，并进行大数据分析和智能决策。例如，室内温度可根据实时气象条件、个人及家庭健康状况设定，同时可考虑家庭成员的需求，特别是儿童和老人的需要。在未来社区中，各种智能家居设备将从被动服务转变为主动服务，提供新的智能家居体验。

6.2.3 案例分析

日本的智慧社区发展极其迅速，横滨的智慧社区就是其中的代表。横滨 Smart City Project(YSCP)是横滨智慧城市建设的重大项目，核心是对现有基础设施进行改造，并在其中应用智能系统，从而验证智慧城市未来的发展路径，为其他城市建设智慧城市提供一些宝贵的经验。该项目的目标是在2050年将人均二氧化碳排放量较2004年减少60%以上；中期目标是到2025年实现人均二氧化碳排放量减少30%以上，同时将可再生能源使用量增加到2004年水平的10倍，约计17PJ(PJ是petajoule的缩写，也被称为megajoule，1PJ相当于大约 2.8×10^8 kW·h)。为实现这些目标，可采取以下技术和系统。

(1) 大规模可再生能源试点。通过在区域内使用可再生能源，为城市公共设施提供太阳能设备等措施，实现可再生能源占一次能源供应总量10%以上的目标，从而实现 CO_2 减排。

(2) 向普通家庭提供家庭能源管理系统(Home Energy Management System，HEMS)，可通过网络可视化分析家电能耗，实现远程操作和自动控制，进而实现家庭节能。通过在小区内普通家庭中使用HEMS，在集团住宅中安装燃料电池、蓄电池等能源管理设备，提高能源利用效率，减少 CO_2 排放，实现家庭可再生能源的优化管理。

(3) 为物业管理公司提供建筑能源管理系统(Building and Energy Management System，BEMS)，通过对建筑内照明、暖通、电梯等机电设备的统一运营维护管理，在节能减排的同时，提高建筑的智能控制水平。通过为该区域的物业管理公司提供BEMS、楼与楼之间能源管理系统，从而实现单个建筑或建筑群的最优能源管理，提高能源利用效率，达到减少 CO_2 排放的目的。

(4) 社区热能管理系统。在社区现有的暖通空调系统中加入光能利用系统、BEMS、电站废热利用系统、含热能的水源系统，并通过优先利用光热来弥补社区电力供应的不足，从而实现区域内最优热能管理系统的建设。

(5) 新交通系统。通过大力推广新型电动汽车、倡导使用公共交通等方式，提高交通系统的能源效率，从而实现交通部门减少 CO_2 排放的目标，在此过程中，还将研究如何在光伏发电系统中有效利用电动车辆的储能设施等问题。

(6) 生活模式的革新。提高公众对新技术、新设施的使用和接受意识，倡导低碳生活方式，实现加快全区低碳发展的目标。

6.3 家庭智慧能源

随着全球能源的不断消耗和环境温度的持续上升，人们越来越意识到能源短缺和环境污染等负面问题。近年来，世界各国提出并出台了节能环保措施。例如，《巴黎协定》是全球对大气问题制约的约定，它主要应用于各国，特别是发达国家的能源消费和二氧化碳排放的制约，为各国经济社会发展和利用可再生能源之间寻找平衡。节约资源和保护环境作为我国的基本国策，其目的是提倡节约和发展，我国人均能源保有量较少，能源危机更为严重。因此，在日常生产生活中要养成节约能源的好习惯。

6.3.1 家庭智慧能源概述

1. 以智能电器为核心的家庭智慧能源系统

智慧能源系统可最大限度地节约能源消耗，减少环境污染，为人们提供高效舒适的能源利用方式，在提供舒适生活的同时，坚持“低碳高效”的能源模式，为人与自然的可持续发展提供新途径。家庭能源消费以电能＋燃气为主，其中电能消费在家庭中占主要地位。下面以家用电能为切入点，探讨和分析家用智慧能源系统的组成及工作原理。

近年来，随着我国智能电网技术的发展，我国电网智能化水平大幅提高，特高压远程输电等技术已走在世界前列。同时，我国在分布式能源系统、家用光伏发电等方面也取得了很大进步。作为最小用电单元，家庭智慧能源系统才刚刚起步，如何实现家庭电力智慧管理，是实现智能电网的关键，下面从家庭智慧能源系统的构成设想开始，阐述其系统功能、核心价值及其发展优势，从而为未来家庭智慧能源系统的发展提供参考。

(1) 家庭智慧能源系统结构组成。目前结合智慧能源系统的特点，针对一般家庭电能的使用情况，提出并构建了家庭智慧能源系统的基本结构，如图 6-5 所示。家庭智慧能源系统的基础是智能化电器，要求电视、冰箱、洗衣机、空调、照明控制器等能够通过网络接入家庭智慧能源系统。同时，通过网页和手机应用实现家庭智能家电的人性化配置，实时监控其运行状态；尤其要完成智能家电能耗监测，进行必要的数据分析，更好地实现家庭电能的智慧化管理。通过家庭智慧能源系统，可以动态显示家庭能源消费设备及用电设备能耗，并进

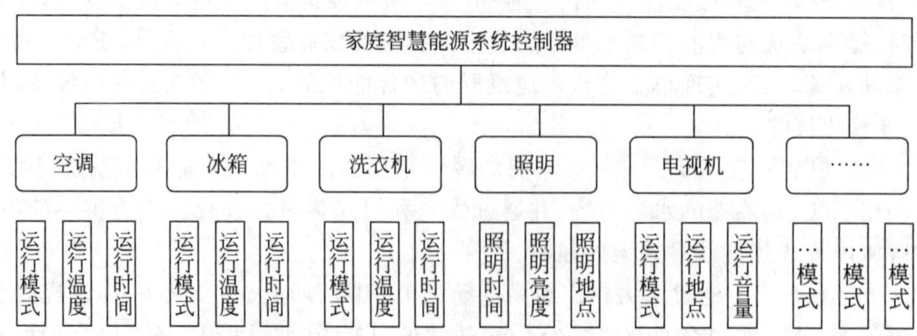

图 6-5 家庭智慧能源系统的基本结构

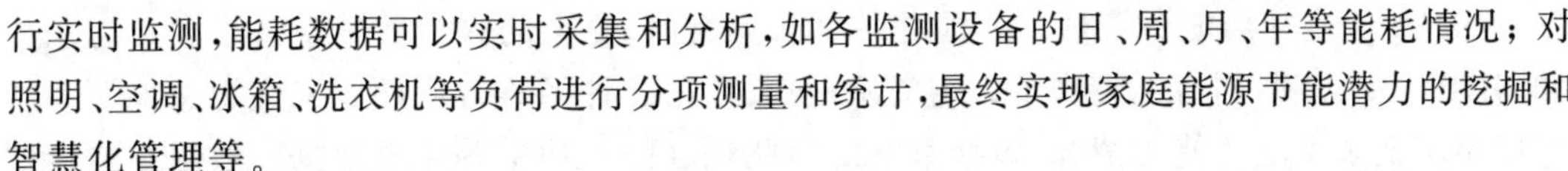

行实时监测，能耗数据可以实时采集和分析，如各监测设备的日、周、月、年等能耗情况；对照明、空调、冰箱、洗衣机等负荷进行分项测量和统计，最终实现家庭能源节能潜力的挖掘和智慧化管理等。

(2) 家庭智慧能源系统。智能电器以电能为中心。家庭智慧能源系统的末端主要是各种电器，而传统家电无法实现与网络的连接，更谈不上智能化。近年来，随着信息技术的发展和应用，越来越多的家电产品具有了网络连接功能，具备了与移动终端的交互能力，该技术不仅能让用户实时查看家电的使用情况，还可以使家电实现自主管理和运营。与传统家电相比，智能家电不管在管理和运行上，还是节约能源上都更胜一筹。智慧能源系统中的电器主要是指以冰箱、电视、热水器等大型家用电器为主体的电器，这类电器属于日常电能消耗大、日均使用时间长、使用寿命长的家庭用电的主要对象。通过家庭智慧能源系统，可以合理安排各种电器的用电情况，最大限度地节约能源，比如在没人看电视的时候，机器自动关闭机顶盒进入睡眠状态。如果每个家庭都可以拥有家庭智慧能源系统，从长远来看，就会节省大量的用电量，最终达到节能减排的目的。

2. 家庭智慧能源系统的优势

(1) 提供舒适的生活体验。家庭智慧能源系统的主要目标是在用户拥有舒适体验的基础上合理地节约电能，用户可以在移动终端上实时地查看电器使用情况，从而最大限度地节省用户的时间和精力。此外，家庭智慧能源系统可以在云计算等信息技术的辅助下，快速并准确地为客户提供最为舒适的家电使用方式，如使用可以自主调控温度的空调系统、热水系统等。这种技术不仅可以在一定程度上利于用户的健康，而且能方便老年人或残疾人用户等特殊人群的使用。智慧能源系统不仅要服务于家庭，最为重要的作用是确保家庭的安全。这种系统可在紧急情况下自动切断电路，如在发生火灾等灾害时系统可以及时切断电源，从而避免二次伤害；另外，当孩童独自在家时，也可以在系统中设置相应的模式，在模式开启间，一些危险电器将会停止操作或禁止改变操作模式，直到用户通过移动终端更改模式，从而最大限度地避免孩童因好奇心而引发安全事故。

(2) 实现家庭节能减排。与传统家电相比，家庭智慧能源系统最突出的特点就是可以对系统内的家电实行自主智能管理，从而达到节能减排的目的。智慧能源系统可以通过大数据和云计算等方式计算出电器最为合理的节能使用方式。例如，扫地机器人可以在工作日的白天运行，从而避开家庭用电高峰。智慧能源系统可将家中所有的电器进行连接，共同调节，从而可以避免短板效应，实现整体的优化。此外，用户在月末或月初可在移动终端收到系统关于各个电器的用电量报告，系统可以通过后台统计各月的用电量、电器的基本使用情况，并附上各月使用情况和全市平均水平的对比图和数据分析，从而方便用户更加清楚地了解家电的电能消耗情况，并做出相应的调整或淘汰掉耗能的老旧电器。

(3) 利于家庭能源多元化。近年来，随着家用太阳能发电等微型发电设备的发展及在国家政策的大力支持下，越来越多的家庭开始尝试使用这类绿色微型发电设备来实现“自给自足”的用电模式。例如，家用太阳能发电计划，对于那些有足够空间并且采光良好的家庭将很可能会使用这种用电模式，这种模式尤其适用于一些农村家庭，不仅可以完美实现自给自足，甚至可以将家庭消耗不了的富余电力反过来卖给电网，从而实现一定的经济效益。然而，这些先进的家庭电力能源技术离不开家庭智慧能源系统的发展，由此可见，家庭智慧能源系统是家庭能源多元化发展的基础。

(4) 便于全社会能源管理。我国是一个人口大国,庞大的人口数量带来了大量劳动力和GDP人口红利,同时也带来了人均资源短缺、数据统计困难等问题。家庭智慧能源系统可以实时记录家电的使用情况,包括家电的总能耗、峰/谷功率等用电数据。数据在被传输到后台的同时,家庭智慧能源系统也可以通过联网获取电网的信息,如峰谷用电、限电、线路维护、电价、电网公司服务等信息。与传统家电相比,家庭智慧能源系统所统计的数据更为及时、方便和准确,省时省力,便于相关政府部门更好地了解居民的用电方式和用电时间等信息,从而更准确地制定相应的电费梯度和相关的用电政策。由此可见,随着我国智能电网的发展,家庭智慧能源系统将是未来家庭、未来社区等微型智能电网发展的基础,也是人们不断追求舒适、安全、便捷的智慧生活的保障。

6.3.2 居民智慧用能服务

随着电动汽车、太阳能发电、大数据、人工智能、信息采集与通信等技术的进步,能源互联网生态系统逐步完善,居民的能源消费观念正在发生变化,悄然改变着人们的生活方式和能源服务产业链的发展模式,用户对能源服务质量的需求越来越高,因此在能源互联网建设的浪潮下,为居民创造智慧用能服务的新模式是十分必要的。

1. 居民智慧用能服务的背景与需求

近年来,随着经济社会的快速发展和居民用户电气化水平的全面提高,居民用电负荷迅速增加,电网供需平衡面临新的挑战。季节性、区域性的供电高峰紧张现象已成为普遍存在的问题。尤其在夏冬高峰,住宅负荷对电网负荷变化影响显著,占住宅负荷高峰的40%以上。"十四五"期间,在"双碳"目标和新电力体系建设的背景下,以光伏、风电为代表的新能源发展迅速,火电具有较大的不确定性。电力系统"双峰双高"(双峰指的是夏、冬两季负荷高峰,双高指的是高比例可再生能源、高比例电力电子装备)和"双侧随机"(风电和光伏发电具有波动性和间歇性,发电占比提升后,供电侧也将出现随机波动的特性,能源电力系统由传统的需求侧单侧随机系统向双侧随机系统演进)特征突出,电网安全稳定运行面临严峻挑战。与此同时,台区重度超载的情况越来越严重,季节性影响明显。总体而言,目前居民智慧用能服务存在以下几个突出问题。

(1) 由于居民用户负荷快速增长,电网峰谷差不断增大。电网峰谷差的增大导致了供电不足、电力损耗增大、电力投资回报率降低、资产利用率降低、居民负荷快速增加等一系列问题,进一步加剧了电网负荷的峰谷差。针对电网高峰负荷增加造成的电力供应不足的问题,一般通过新建发电厂和配套电网来解决。而新建电厂只能在高峰时段短时间内充分运行,平时和低谷时段只能关闭或低效运行,导致发电利用小时数低,投资回报率低。同时,配套电网的投资效益不高,损耗也较大。为应对短期电网高峰而新建的电厂和配套电网运行效率低,投资回报率低,经济效益差。

(2) 台区过载和清洁能源消纳问题突出。一方面,配电台区内负荷类型单一,缺乏负荷聚合效应和互补特征,导致台区季节性、周期性重载问题突出;另一方面,随着近年来分布式能源的激增,配电网吸收能力不足导致电能质量下降、电力安全性下降、用户投诉等问题。

(3) 居民智慧用能服务缺乏全面准确的基础数据,缺乏符合我国国情的居民智慧用能服务样本库。我国居民客户具有数量多、容量小、分布广、随机性强的特点。目前，对居民用户的能源使用特点还没有进行深入的调查分析，给居民智慧用能服务的开展带来了困难。若要精准开展智慧用能服务，提高居民用能服务满意度，需要建立起涵盖城乡居民客户习惯、家庭结构、智慧用能消费、公益参与度等多种差异化因素的居民智慧用能服务标本库，并分析居民客户用能方式和特征，为智慧用能服务的大规模应用提供数据支持。

(4) 针对面向大规模居民智慧用能服务的关键技术、商业模式尚不成熟的问题，围绕居民智慧用能的生态体系急需建立。能源服务商为了开展大规模居民智慧用能服务就需要依靠技术和业务创新，但是目前针对大规模居民能源互联网关键技术开发和推广难度较大，尚未形成成熟、可推广的商业模式。客户在未来可以通过居民客户智慧用能服务系统，将分散在千家万户的家电终端，连接到电力物联网中，实现电网与客户的友好互动，节约电网的投资和运营成本，助力家用电器厂商精准服务是智慧用能服务的方向和趋势。

国家已经出台一系列政策，大力推动需求响应“互联网＋智慧能源”新业态的发展。早在2004年，国家发展改革委联合国家电监会便印发了《加强电力需求侧管理工作的指导意见》(发改能源〔2004〕939号)，全面开展电力需求侧管理工作。2010年11月4日，国家发展改革委、财政部、工信部等六部委联合发布《电力需求侧管理办法》，指出“电力用户是电力需求侧管理的直接参与者，国家鼓励其实施电力需求侧管理技术和措施”；于2017年修订，提出应持续推进科学用电，提高智能用电水平。2016年2月24日，国家发展改革委、能源局、工信部印发《关于推进“互联网＋”智慧能源发展的指导意见》(发改能源〔2016〕392号)，指出要“促进能源生产与消费融合，提升大众参与程度”“加快推进能源消费智能化”。2016年12月26日，国家发展改革委、国家能源局发布了《能源发展“十三五”规划》(发改能源〔2016〕2744号)，指出要引导电力、天然气用户自主参与调峰、错峰，增强需求响应能力，同时提高电网与发电侧、需求侧交互响应能力。2017年9月20日，国家发展改革委等六部委发布《关于深入推进供给侧结构性改革做好新形势下电力需求侧管理工作的通知》(发改运行规〔2017〕1690号)，指出要通过信息和通信技术与用电技术的融合，推动用电技术进步、效率提升和组织变革，创新用电管理模式，培育电能服务新业态，提升电力需求侧管理智能化水平。2019年，国家发展改革委、国家能源局印发《关于做好2019年能源迎峰度夏工作的通知》(发改运行〔2019〕1077号)，明确要求提升需求侧调峰能力，充分发挥电能服务商、负荷集成商、售电公司等市场主体资源的整合优势，引导和激励电力用户挖掘调峰资源，参与系统调峰，形成占年度最大用电负荷3%左右的需求响应能力。

2017年10月，国家电网公司发布《关于在各省公司开展综合能源服务业务的意见》，要求“各省公司抓住当前能源革命的有利时机，将综合能源服务作为主营业务”。2020年年初，国家电网公司下发文件要求各省公司构建占最大负荷5%的可调节负荷资源库，支撑公司源网荷储协同服务。

2. 居民智慧用能服务的内涵与实现方式

在经济社会发展进入新阶段的今天，能源互联网战略的推进为居民智慧用能提供了无限的想象空间。国家电网公司正在努力打造“中国特色国际领先的能源互联网企业”。电网公司应立足企业发展，充分发挥资源优势，借鉴国内外成功经验，探索具有中国特色的居民智慧用能服务模式，利用电网的纽带作用将居民客户与第三方服务资源链接起来，尽快构建居民服务生态系统。智慧用能服务生态系统将满足居民追求优质能源服务的需求。在解决配电网负荷过重和能源消费清洁问题的同时，有助于居民经济、高效、低碳地消费能源，提升客户体验和满意度。

（1）在业务定位上，传统的住宅客户能源服务主要是以产品为中心的服务模式，围绕产品营销活动展开。未来，智慧能源服务应向以能源服务为载体，以客户为中心的服务模式转变，对居民客户群体进行需求细分，开展差异化商业模式、产品套餐和营销策略，为客户提供家庭用能管理、住宅智能全电化、居民需求响应、分布式电力共享交易、绿证自愿认购、家庭能源维护、能源-电信套餐、家庭看护预警、精准广告投递等服务。

（2）在产品定位上，居民智慧用能服务应以客户需求为导向，以价值创造为核心，以电网公司现有的数据采集、通信设施和营销体系为基础，构建居民智慧用能共享服务平台和终端用户 App，采用互联网思维的轻资产运营模式为参与者提供软服务；智能家居设备、分布式光伏、储能、家庭网关等重资产产品由其他参与主体提供，采用合理的商业模式，保持生态健康和可持续运营。

（3）在生态圈构建上，依托居民智慧用能服务云平台及“网上国网”“电 e 宝”等用户 App，联合智能家居厂商、通信公司、水务/热力/燃气/电网公司、商业用户和高校、科研机构，整合社会零散能源服务工作者等各种相关资源，构建面向家庭用户的综合能源服务生态系统。

（4）在交易结算方面，采用区块链技术，实现海量用户智能合约的快速签约、快速结算和快速响应效果评估。电网公司、家电厂商、能源互联网公司、终端用户、第三方机构、政府等各方可以通过去中心化的方式对整个过程进行监管、调控，从而实现参与过程的公开、公平、公正，每个参与者都可以根据响应贡献获得经济利益。

（5）在技术实施方面，居民智慧用能服务平台接入电网公司数据中心，整合营销用电信息数据、匹配电网自动化数据、客户服务数据等，准确、及时地掌握 10kV 线路、台区变压器运行情况。当接收到调度负荷缺口预测信息或监测到台区域权重过载时，利用大数据、人工智能、知识谱图等技术快速形成优化策略，并将该策略下发给需求响应邀约系统及该线路下的配电变压器和融合终端。配电变压器融合终端装置接到指令后，通过运行优化模型，生成本地各种分布式能源、储能、电动汽车等局部灵活资源的运行策略并下发执行；同时，需求响应邀约系统给该台区下用户发送需求响应邀约，主动降低电力负荷。通过开展居民客户需求响应业务，可以有效缓解电网高峰时段的调控压力，降低电网基础设施投资建设和运行管理成本，提高电网公司的经济效益。

通过实施居民智慧用能服务新模式，综合能源公司可以作为综合能源服务负荷集成商，为居民客户提供增值服务套餐，开拓综合能源服务市场，提升综合能源服务公司的收益能力。通过为居民提供差异化、精准化的智慧能源服务，提高居民综合能源服务和需求响应的参与度、满意度，解决居民优质服务需求，增强居民客户黏性。通过对居民用户用电量和能耗的分析评价，为用户提供科学合理的能源消费建议，促进居民科学有序用电，提高能源利用效率，从居民用户能源消费环节支持国家碳达峰碳中和目标的实现。

3. 居民智慧用能服务的典型应用场景

1）安全用能

（1）家电安全预警。居民通过对用电设备状态的监测和分析，及时、准确地诊断线路电气故障（如漏电、过流、过载、过温、打火等故障），将故障信息实时传输到用户的手机或计算机终端，提高家庭电路检修的效率，同时有效地防止各种电气事故的发生，全方位保障居民用电安全。

(2) 家庭看护预警。通过家庭服务云数据中心，根据水、电、热等能耗数据和视频数据，分析并随时为客户提供家庭在不同地点的用电、电器情况，让客户了解家庭的生活状况。同时，基于家庭能源信息，为老年人和未成年人提供家庭关怀和预警、24小时现场维护等增值服务，并收取手续费。

2) 便捷用电

(1) 智慧办电。居民客户可通过电网在线App、微信公众号或第三方办电平台等渠道，上传用户身份证明、用电地址权属证明等办电所需材料，并提交新装机、增容申请。请供电企业经营销售业务系统审核验收后，安排客户经理现场勘察、安装电表、接电。同时，营销业务系统将客户的用电登记信息推送给客户，实现客户办电"一次都不跑"，让客户享受便捷高效的办电用电登记服务。

(2) 智慧复电。停电时主动推送信息告知居民，居民可随时自助查询停电工单处置状态，居民缴清欠费后，可在国网在线App上启动恢复供电流程。恢复供电流程指示将推送至营销业务系统，恢复供电后将信息推送至居民。

(3) 水电气联合账单。根据电力、燃气、水务企业三方签署的合作协议，基于用电信息采集系统的燃气表、水表采集数据，同步统一电、水、燃气的联合缴费周期、统一出账日期，生成联合缴费通知单，实现"三单合一"，最大限度地方便客户。

(4) 智慧缴费。致力于水电气生活缴费便利度，基于在线国网App、微信公众号、"电e宝"等平台生态，实现实名认证、自动续费/缴费、消息通知、电子发票等功能，解决账号管理困难、欠费催缴麻烦、缴费排队耗时长等缴费体验差的问题，帮助居民客户获得线上化、智能化、数据化服务。

(5) 维修保养。维修保养包括家居设备维修服务(电或气系统、热水系统、烹饪系统)、家电维修服务，通过智慧用能App等渠道提供能源小二实时在线抢单、签约上门维修服务及监督服务。同时配套住宅设备及家电维修包年服务，收取一定的年费，全年提供无限服务。这项服务可以很好地提高家庭用户生活的便利性，提高用户黏性。

3) 高效用能

(1) 家庭电气化。在分析家庭电气化影响因素的基础上，挖掘家庭电气化的潜在客户，制定差异化的家庭电气化推广策略，实现有针对性、精准的线上线下推广，提高家庭电气化实施推广的效率和效益。同时，为新建、改建家庭提供节能诊断、智能家居、分布式发电、储能、售后服务等一站式服务，并对节能效果进行评估，实施节能目标差异补偿，推动节能家居改造。

(2) 能效管理。通过对居民用电数据的弹性采集，对居民用电行为、家庭、能耗的深度分析，采用能效诊断、能效优化技术，采用智慧用能App为居民客户提供月度智能电费账单和峰谷电费、阶梯余量、月度用电趋势、用电预测分析等服务，可采用优化建议等定制服务，提高居民黏性和网络活跃度。

4) 供需互动

(1) 居民需求响应场景。在电力供需紧张的情况下，引导居民用户参与电网供需互动，改变以往不合理、不必要的用电量，优化家电能耗周期，调整设备运行功率，降低家庭整体用电量,节约用电费用;调动客户端储能、电动汽车等可调负荷资源参与互动,改善电网电力负荷,促进清洁能源的消纳利用。

(2) 光储充设施管理。通过对居民侧分布式电源情况进行分析,提出光储充新型能源网络架构模式,实现光伏及时消纳,缓解配电网供电负荷压力,实现电网削峰填谷等辅助服务,促进电动汽车充换电网络与电网的有效衔接和协调,提高电网运行的安全性、灵活性和用户用电的积极性。

(3) 电动汽车有序充电。采用经济或技术措施对电动汽车用户进行引导,并根据一定的策略对电动汽车充电设备的充电行为和充电功率进行调控。在充电过程中,通过智慧用能服务平台获取当前动力电池 SOC(荷电容量)、目标 SOC、配电变压器运行和车辆使用时间等信息。同时,对得到的充电需求信息进行分析,生成充电策略并发送给充电终端,实现电动汽车的有序充电。

5) 电力大数据应用

(1) 电力看民生。以用电量、用户规模、电价三个核心指标为数据要素,利用大数据和人工智能相关算法进行数据处理,直观、定量地反映市场形势和民生状况。例如,在机器学习综合评价模型的基础上构建的多维量化的电力消费指数(Electricity Consumption Index,ECI)体系,通过城镇居民的 ECI 和农村居民的 ECI 来反映城市化水平。通过城市交通运输业、批发零售业的 ECI 反映城市活力,通过教育娱乐业的 ECI 反映居民生活水平,为政府城乡建设和民生管理部门提供决策参考。

(2) 人口流动、务工返乡监测。依托电力大数据分析,详细了解居民用电量、功率及家电设备情况,识别高中低收入群体、空巢老人、留守儿童、住房空置、人口流动、节假日返乡人口信息,为政府快速掌握不同层次基本民生人群相关信息、产业布局精准施策等提供决策依据。

(3) 精准广告投递。基于企业、商家提供的客户群体属性,准确匹配一定辐射半径范围内居民客户用能标签,锁定客户群体,通过智慧用能 App 电子传单发布服务系统,针对企业和商家的产品,向目标客户周围的居民客户精准投放广告内容,为企业和商家提供导流服务。

6.3.3 案例分析

下面以一个典型的三口之家的能源使用情况为例进行阐述。作为一个比较有代表性的社区用户,李先生一家有三口人。李先生是公务员,他的妻子是高中教师,他们家积极响应国家政策,定期参与国有企业需求响应的建设。这是一个典型的 90 后家庭。

以李先生家庭为例,李先生签署了一份关于供电需求响应协议,其主要内容如下。

(1) 同意电网公司控制家庭用电负荷,提高电网运行的经济性和安全性。李先生可以提前收到短信通知,主动降低用电负荷 25%,并获得一定优惠积分,3 积分/次。

(2) 在每月电力系统遭遇区域负荷过载时,可直接停止供电,给予 6 元/次的补贴,并可根据响应时间的长短,再加 1 积分/分钟的补贴。

(3) 合同期内,居民用户每月响应次数不超过 3 次,每年响应次数不超过 20 次,每月可享受 5 分固定积分。

(4) 以某 1 月为例:李先生在该月份履行了基于激励的需求响应协议,在该月份李先生收到的月需求响应短信 1 条,主动降低用电负荷 30%,获得积分 3 分;被终止电能供应

1次，持续时间2min，共计获得补贴6元，且获积分2分；在合同期内享受固定积分优惠5分；综上，李先生该月份共获得积分10分，相应补贴6元。在积分管理平台的积分兑换商城中，李先生可以选择积分兑换服务或积分存储服务。

因此，通过开展电力需求响应激励机制，可以有效地改变居民固有的用电习惯，达到进一步减少或推移某时段用电负荷的效果，推动电力系统的整体稳定性和可靠性，提高电力用户的用能积极性与参与感，实现真正意义的双赢。

本章小结

本章重点介绍了新型智慧城市、智慧社区和家庭智慧能源系统。

新型智慧城市是能量流与信息流的融合产物，可以实现城市的可持续发展，并从能源系统发展与城市系统发展的相互作用阐释其内在联系，探讨城市能源所面临的挑战与发展重点。智能电网是建设智慧城市的基础与核心，也是“互联网＋智慧能源”的核心。通过介绍智慧城市综合能源服务的内涵、体系、规划原则、主要商业模式等，结合案例分析，充分了解能源应用相关的综合服务。

社区是城市的基本单元，是群众的生活与精神家园，是最大限度地发挥服务于民的基础管理区域。通过介绍智慧社区的定义与未来社区低碳能源场景的设想，探讨了智慧社区的内涵，展望了未来社区在不同场景下的各个系统运转，并通过对日本横滨的智慧社区介绍证明其可行性。

家庭智慧能源系统作为最小组成单元，是离我们生活最近的能源系统。本章介绍了以智能电器为核心的家庭智慧能源系统及其优势，并从居民智慧用能服务入手，介绍其背景与需求、内涵与实现方式及典型应用场景，全面描述了与生活相关的用能服务。

期望通过本章学习，可以使学生通过对周围的观察与了解，感受智慧能源在城市、社区、家庭中所扮演的重要角色。

参考文献

[1] 朱维政. 智慧城市：能源服务[M]. 北京：中国电力出版社，2019.

[2] 赵风云，等. 综合智慧能源理论与实践[M]. 北京：中国电力出版社，2020.

[3] 韩新. 智慧社区导论[M]. 上海：上海科学技术出版社，2022.

[4] 刘建平，陈少强，刘涛. 智慧能源：我们这一万年[M]. 北京：中国电力出版社，科学技术文献出版社，2013.

[5] 王忠敏，刘东. 智慧能源：产业创新与实践[M]. 北京：中国标准出版社，2014.

[6] 国网江西省电力有限公司. 居民智慧用能服务[M]. 北京：中国电力出版社，2022.

[7] 黄汇. 家庭智慧能源系统设想[J]. 电子制作，2018(8)：31-32，15.

习题与思考

1. 新型智慧城市的内涵是什么？

2. 城市能源面临的挑战是什么？

3. 城市智慧能源建设的必要性是什么？

4. 请结合自身体会阐释家庭智慧能源为生活带来的便利。

5. 请分析社区智慧能源的建设过程中需要注意哪些问题。

拓展阅读

1. 童光毅,杜松怀. 智慧能源体系[M]. 北京：科学出版社,2020.

2. 王永真,韩恺. 碳中和与综合智慧能源[M]. 北京：电子工业出版社,2023.

3. 公众号：智慧能源管理。

重要资源智慧能源应用

【学习目标】

1. 了解在碳中和背景下，电力、水、燃气资源的深度耦合机制，以及在各能源领域有哪些关键性技术和急需突破的瓶颈。

2. 对减碳、零碳、负碳技术有初步了解，并思考分别可以在哪些能源领域的哪些环节得到应用。

【章节内容】

我国正面临能源结构调整和绿色低碳发展的重大战略机遇，在当下，依托互联网、区块链和人工智能构建能源网络体系是研究热点。本章重点介绍在此基础之上，电、水、气网这三种主要的能源网络，详细阐述了每个网络架构、功能和关键应用技术。按时间发展顺序介绍了各能源网络的发展阶段，并以身边生活作为切入点，结合实例引发学生对能源网与生活质量提高的思考，为构建智慧能源体系打下基础。

7.1 智慧电力

7.1.1 智能电网概述和特征

智能电网是智慧电力的重要组成部分，是电网的一种全新理念。它可以巧妙地协调新能源和可选能源与所有客户(发电机、客户等)连接，开启混合能源。新时代不仅是我国在未来经济发展过程中的出路，也催生了一大批技术革命和产业转型，摒弃以往粗放的发展模式，寻求更科学、环保、可持续的发展模式。考虑到电力系统在经济建设中的基础作用，对电网系统改造最为迫切，应加快传统电网向智能电网的转型。相较于发达国家，我国智能电网改造起步较晚，2007年，华东电网公司首次启动了对智能电网可行性的评价研究，两年后，国家电网公布“坚强智能电网”计划，至此智能电网成为我国电网发展的一个新方向。经过

数十年研究探索，智能电网在我国建设发展前景日趋明朗。2015 年 7 月，国家电网发布的《关于促进智能电网发展的指导意见》中提到：智能电网是在传统电力系统基础上，通过集成新能源、新材料、新设备和先进传感技术、信息技术、控制技术、储能技术等新技术，形成的新一代电力系统，具有高度信息化、自动化、互动化等特征，可以更好地实现电网安全、可靠、经济、高效运行。文件中指明，智能电网是在传统电力系统的基础上构建的，是传统电网与先进传感技术、现代信息技术的深度融合，是具备电源、电网和用户间信息双向流动、高度感知及灵活互动的新一代电力系统，是建立集中分散协同、多种能源融合、供需双向互动、高效灵活配置的现代能源供应体系的重要基础，有利于促进可再生能源的安全消纳，提升能源的大范围优化配置能力。

目前，世界上大部分国家或地区都在传统电网架构的基础上向智能化电网方向进行深入改造，这对于社会发展和人们日益增长的需求非常必要。然而由于各国国情和地区经济发展状况不同，对建立智能电网的目标也存在差异，如表 7-1 所示。NIST（National Institute for Standards and Technology）认为智能电网架构需在一种算法之上，以算法来组织各模块之间的相互联系，主要包括 7 个模块：服务提供商、传输、发电、客户、分销、市场和运营商。

表 7-1 各国（地区）智能电网定义

国家（地区）	智能电网的定义
美国	用数字技术来提高从大型发电厂到电力用户的供电系统，以及越来越多的分布式发电和存储子电力系统的可靠性、安全性和效率（经济性和能源性）
欧洲	可以智能地集成所有电力生产者和消费者的行为和行动，以保证电力供应的可持续性、经济性和安全性
日本	一个可以促进更多地使用可再生和未使用的能源和本地产生的热能用于本地消费，并有助于提高能源自给率和减少二氧化碳排放，提供稳定的电力供应，并优化从发电到用户整个电网运行的系统[JSCA(Japan smart community alliance)]
中国	以特高压电网为骨干网架、各级电网协调发展的坚强电网为基础，利用先进的通信、信息和控制技术，构建以信息化、自动化、数字化、互动化为特征的统一的坚强智能化电网

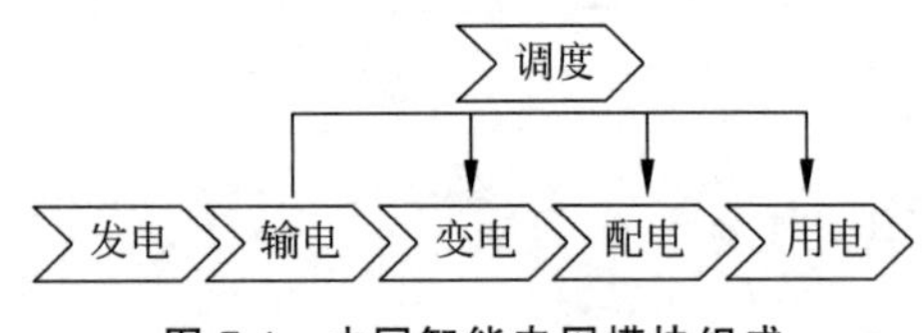

图 7-1 中国智能电网模块组成

中国智能电网模块组成如图 7-1 所示，在这些模块中有以下几点在未来亟待完善。首先，由于在输、配电网络不仅可在单个城市层面建设，也可在城市群层面建设，这就要求其有灵活可塑造的网络拓扑结构，并能及时识别出网络中出现的异常信号或干扰。其次，在图 7-1 所包括的 6 个环节中，先进的通信技术是网络耦联的关键组件，它可以实现智能电网中输电端和配电端之间的平衡、协调，实现各类设备的网络集成和信息共享，使智能电网具有即插即用的功能。再次，由于智能电网不仅包含可再生能源发电，还并入了大量分布式能源供给，这就需要对这些分布式能源进行统一优化管理，最大限度地减少并入主网时产生的不必要损失。最后，智能电网在需求侧配置了用户的智能电表，它可以连接电力公司的数据管理系统，同时可以得到电力数据反馈信息，这种双向通信功能使用户可以依据实时波动电价和电网的负荷惩罚措施，以达到管理需求侧的目的。

智能电网的特点主要如下。

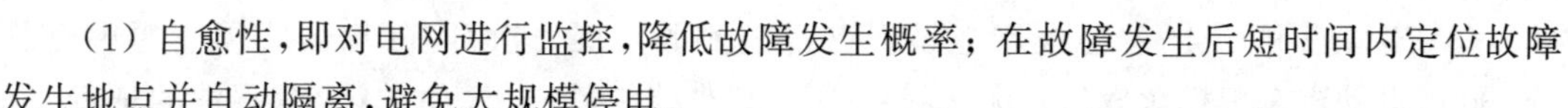

（1）自愈性，即对电网进行监控，降低故障发生概率；在故障发生后短时间内定位故障发生地点并自动隔离，避免大规模停电。

（2）可靠性，这是指智能电网在遇到突发情况等人为不可逆转的自然灾害或网络攻击时，仍能保证运转的能力。

（3）兼容性，考虑到智能电网包含大量分布式发电源和储能设备，这就要求智能电网具有广泛的兼容性。

（4）高效性，基于互联信息技术，可以将智能电网的多节点互联，并呈现在可视化终端上，这样可以高效性地优化电力资源供给。

（5）交互性，这是指在供电侧和用电侧建立双向通信，不仅可以使供电侧对分布式电源并网制定激励政策，同时也有利于用户根据动态电价和用电负荷信息合理安排用电，从单一的消费者转变成电力交易的参与者。

从能源效率的角度来看，智能电网将为社会提供重要的服务，主要集中在节能上，这将大幅减少二氧化碳排放。因此，这些服务主要概括为两个主要概念：消费信息的可获得性和能源管理能力。所有这些都是为了改善环境条件，最重要的是改善未来城市的可持续性。在现有基础设施的支持下，微型和小型企业及住宅将成为能源管理信息服务的重要受益者。基于先进的计量基础设施，使城市对能源有更大的控制。目前，智能电网的覆盖面已经不限于城市，也将末端扩展到家庭中的电器，这使通过 App 来管理智能家居成为一种可能，这些应用程序使用户可以获得有关其消费、费率和连接设备的相关信息，也可被认为是需求管理的延伸。

然而，智能电网技术仍需面对许多领域的挑战，如需求、消费和能源创造。这意味着要不断寻找输电能力的最佳选择和组合，如风能或海洋技术，并使小型系统（房屋和建筑物）能够与大型系统高效运行。因此，通信基础设施必须保持整个系统以两种方式共享信息，使运行的电网能源产生、存储和交易成为可能。这一挑战本身就使所有参与者通过实时信息分析在系统运行中发挥积极作用成为必要。然而，智能电网仍面临恶劣的无线环境和恶意损坏。我们每个人作为参与者，都有义务保证数据网络安全和防止能源盗窃。智能电网服务与每个人都息息相关，将对个人消费降低和生活质量提高起到根本的推动作用。

智能电网的建设意义体现在多个方面，它的核心价值可以归结为更经济、更可靠、更高效、更安全。建设智能电网在电力用户、发电企业、电网企业、国家和社会层面上均有重要战略发展意义。

（1）对电力用户，智能电网可以提高供电可靠性和电能质量，通过基础设施更新和老化基础设施替换，提高自动化程度，可以很快地确定故障问题并自主研判解决方法。电能不仅仅来自集中发电，也有来自分布式电源。智能电网意味着全新的传输线路、电力设备和变电站，这为多种能源发电方式并网提供了可能。

（2）对发电企业，智能电网可以吸纳更多可再生资源，通过信息化、自动化储能技术，可预测性地调整介入主网的电力，弥补可再生能源发电的波动性弊端。

（3）对电网企业，基于分布于电网中的大量的智能电表和传感器汇总的数据流，智能电网可以预警故障并通知维修员，第一时间调整调度，避免级联大面积停电事故。同时，对大数据计算能力，也使电网在应对恶意网络攻击时更加有效。通过激励政策，可以削减负荷，降低运行成本。

(4) 对国家和社会,智能电网建设促进清洁能源发展,进而有效增加我国能源供应总量;促进电动汽车规模化发展;优化我国能源消费结构,以电代油,减少对石油的依赖,保障国家能源安全,能源消耗重心向清洁型转移,也是完成国家碳中和目标的有效途径。此外,发展智能电网的远距离输电能力可以有效拉动西部地区社会经济发展。伴随着智能电网发展而衍生的电力电子、大数据计算、深度学习、基础设施等一系列高新技术的出现,对其他产业优化升级也起到了助力作用。

7.1.2 智能电网的基本组成

当前,随着可再生能源和可持续能源(Renewable and Sustainable Energy Resources, RSER)在全球范围内的快速使用,电力系统正面临着根本性的变革。在电网集成领域,量化分布型可再生发电对电网的影响是目前发展的难点和热点。这催生了一大批利用先进通信技术和智能控制系统的产生,并逐步取代老化资产设备,确定了以智慧科技为核心、以制定能源管理系统为手段、以进行自然资源高效转化利用的协调发展战略。

随着城市和农村地区的电气化发展,智能电网技术的发展已成为使配电系统自我可持续和有效管理的重要步骤。同时可再生能源技术的进步和电网能耗水平的提高可能会导致电力系统的不经济运行。这是由于智能能源管理机制的缺失和电网部件的老化及电力需求的不断增加造成的。到目前为止,国内仍有部分地区时常发生停电,这无不在凸显智能能源管理的必要性。

传统的电网结构包括中央发电、传输系统、分布式网络和通信系统,以控制和监控电网的运行。智能电网的基础设施是多层次的,包括组件层、通信层、信息层、功能层和业务层,具有自动化特点,包括管理系统、智能数据传输、电力输送及通信系统,如图 7-2 所示。相比较而言,智能电网通过智能设备来分散协调和中央控制数据流,使电网稳定运行,智能功能由智能设备和分散协调与中央控制实现,主要功能特点如下。

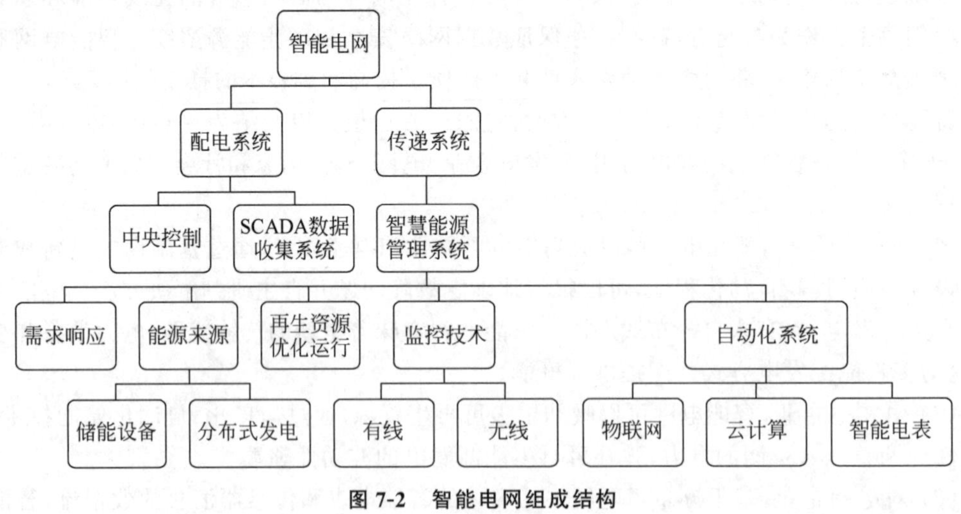

图 7-2 智能电网组成结构

(1) 分布式发电(Distributed Generation, DG)的可靠性和灵活性是支撑智能配电系统的关键因素。这是可以利用各种类型的可用和分散存在的能源的发电方式,具有投资小、清洁环保、供电可靠及发电方式灵活的特点。与此同时，分布式电源的随机性、波动性和间歇性会对电能质量、网损、电网保护、实时监控、并网标准带来一系列问题或影响，难点就是如何灵活性整合运行孤岛微电网，这是对已有配电系统中重构和快速故障检测能力的一大挑战。

(2) 智能电网的集中调度(Centralized Generation)可以对数据进行实时监控，并具有预测能力，实现发电资源的智能配置。它还可以优化分布式发电的运行时间，提高不同条件下的资源管理。现有的电力系统中的监控和数据采集(Supervisory Control and Data Acquisition，SCADA)将为建立智能综合配电系统铺平道路。这为实现大规模可再生能源渗透提供了最初的数据基础。同时采用多智能体系统进行电压控制的损耗优化。SCADA系统是集数据采集与监视控制一体化的操作平台，可以远程对生产数据进行实时采集、生产设备过程监控、生产设备异常报警等。该系统广泛分布于电网中的测控点中，可以依靠应对不同故障的脚本程序自动开展作业，这些站点一般是少人或无人值守，包括五个基本组成部分：人机界面、监控系统、远程终端单元、可编程逻辑控制器(故障解决脚本)、通信基础设施。运行机制一般是远程终端单元作为广泛存在的数据收集器，包括开关量采集单元、脉冲量采集单元、模拟量采集单元、电力变压器—压力传感采集器、气象数据采集器、压力采集器、水气流量采集器等，这些设备可将电网中各种信息转化为数字数据，经双向通信基础设施传递给监控系统，监控系统将数据收集分析后会得出处理结论并传递给人机界面，同时经双向通信基础设施向可编程逻辑控制器下达执行命令，技术人员在人机界面上也可以参考结论，自主性向可编程逻辑控制器给出操作指令。监控系统还可以结合云计算，可以大幅提高分析处理数据的能力。通信设备的正常运行根本上决定了SCADA系统成功运行的重要环节，不仅决定了数字化信息向监控系统的汇总，也决定了向控制器下达命令的成功，一般可分为无线通信系统和有线通信系统两大类。SCADA系统广泛应用于分布距离远、生产单位分散的生产系统中，如电网、水网和油气网。该系统目前应用较成熟，能显著降低劳动力成本，并最大限度地减少故障。

(3) 监控技术(Monitoring Technologies)是一个有效的通信系统，通过建立快速的通信基础设施来确保高效的数据流。因此通信技术基础设施是电网的支柱，是新兴智能电网应用的重要组成部分。在这方面，互联网的创新发展可以发挥重要作用，如无线技术包括新一代的蜂窝技术、机器人自主监测元件、改进的ZigBee控制和无线传感器协议(WiMAX，WLAN，and WAN)。与此同时，配备更高级的安全通信技术以保护需求端隐私仍然是一个重要问题。例如，智能电表可能会出现延迟和低效率，因为获取的大量信息可能会被窃取，危及电网的安全运行。除此之外，智能电网技术还包括区块链、机器学习、物联网、数据挖掘、云计算等。

智能电表是智能电网的核心之一，它是一种电子测量设备，用于管理耗电量，并保持供应商和最终用户之间的双向通信。与传统电网的月度抄表相比，智能电表可以每15分钟发送一次能源使用量，基于先进计量基础设施(Advanced Metering Infrastructure，AMI)的智能电表可以帮助消费者降低能耗。该技术为动态定价和能源消耗提供实时数据，使消费者能够自主选择动态电价以避免高峰负荷。AMI是集成智能电表、数据管理系统和网络的架构，通过互联网协议地址在客户和智能电网终端之间提供双向通信。AMI使用不同的技术来管理智能仪表，如运营网关和系统、仪表数据管理系统和数据采集系统。在智能电网的演进阶段，通常采用数据实时显示的全自动抄表技术。集成智能电网安装了具有远程开关功能的先进智能电表，实现实时电价变化和远程切换。智能电表数据已成功用于微电网的状态优化和估计研究。

基本上，通信系统被用作连接到智能仪表和接口设备的智能传感器。这连接了分散于智能电网中的智能电表，使得读表数据可以相互中继，延长通信距离，并将数据汇总到可视化终端。智能传感器是一种从物理组件获取输入并使用内置计算模块来执行预定义功能的设备。这种传感器能够使用通信系统实现数据流双向流通能力，并与配电系统操作员的控制中心交互。除此之外，通信系统还可以传送智能传感器测得的物理数据。根据参数测量的不同，智能电网中的传感器可分为三类：能量流传感器（电压、电流、频率、功率因数）、环境传感器（温度、湿度、风速、太阳辐照度）和工作状态传感器（温度、压力、加速度和振动）。在配电网中执行监测、管理和保护功能需要智能传感器和执行器，这些传感器和执行器通常嵌入在接口设备和保护系统中。

在智能电网管理的关键角色是网络执行器（断路器），它可以将一种形式的电力控制信号转换为运动能量。断路器具有控制作用，在智能电网中起到分配电能的作用，还具有保护作用，可以在电网线路或设备发生故障时，通过继电保护及自动装置作用于断路器，将故障部分从电网中迅速切除，以保证电网整体的运行。将断路器以分散方式配置到电网中，并结合智能传感器制订预定保护方案，与电网上的其他智能传感器协调更新保护调整设置，以克服智能电网的级联跳闸问题。总结来看，智能电网将是一个集自动化和管理系统、智能数据、从发电厂到消费者的电力传输及通信系统等的集合。

7.1.3 微电网和能源存储系统

随着城市的扩张，远距离供电问题越来越受到关注，基于此，利用非化石燃料的分布式电源迅速发展，并逐步融入电网网络架构中，形成了新的特殊电网形式——微电网。这种新形式主要利用可再生能源发电，大部分发电量小于 500kW，既可以为局部地区供电孤岛运行，也可以并入主网。随着微电网越来越多，形成了微电网群，可服务范围更大，功能性更强。各微电网之间可以实现分布式电源之间的能量调度、互补和渗透，在宏观上表现为一个可控源，微电网群并入主网后增加了电网可靠性、清洁性和节能化。微电网的概念最早由美国电力可靠性技术解决方案协会（The Consortium Electric Reliability Technology Solutions，CERTS）提出。后来在日本发展最快，以解决国内能源紧缺问题，主要利用发电余热发展微电网。相比之下，欧洲地区微电网的利用能源种类更多，如风、潮汐、太阳能。微电网的清洁性特征非常明显。我国微电网发展起步较晚（2015 年前后），制定了微电网使用并网等一系列国家标准：《微电网接入电力系统技术规定》(GB/T 33589-20172)，《微电网接入配电网测试规范》(GB/T 34129-20173)，《微电网接入配电网运行控制规范》(GB/T 34930-20174)，《分布式电源并网技术要求》(GB/T 33593-2017)等。

对微电网的定义，因各国地区国情不同而有差异，但总体来看，微电网基本由分布式电源、储能、负荷和控制系统构成，以供应电力为主的独立可控系统，采用大量先进的现代电力技术且可实现局部地区的电力电量自平衡，主要服务于可再生能源的开发利用，通过一个公共连接点与主网相连，既可以独立运行，也可以并网运行减少主电网波动性。

微电网并入主网或孤岛运行中的一个关键技术是储能技术。这就引入能源系统中另一个强大的新元素——电池。大量的分布式电池将在智能电网中提供理想的自由度。

分布式电源储能系统与传统电网中的储能系统有差别，主要因服务的能源类型而异。常见的微电网储能方式是电化学储能，主要包括如下几种。

(1) 锂电池，是指用含锂化合物(包括钴酸锂、锰酸锂、镍酸锂、磷酸铁锂)作为正极材料的锂离子电池。其中磷酸铁锂电池最稳定，即使在高温或过充电情况下，磷酸铁锂晶体中的P-O键仍稳固，不会形成强氧化性物质。磷酸铁锂电池的循环使用寿命在2 000次以上，循环使用次数是铅酸电池的4～6倍，寿命在7～8年，是铅酸电池寿命的5～7倍。磷酸铁锂电池的充放电速度也较铅酸电池更快。

(2) 铅酸电池，是把所需的电解液注入正负极和隔板中，没有游离的电解液，正负极板厚度比为6∶4，根据活性物质量不同，正极在充电70%时，氧气就开始析出，负极充电达到90%时才开始析出氧气。采用潮汐玻璃纤维来吸储电解液，同时为正极上析出的氧气向负极移动提供通道。充电时会产生大量气体，当电池内部气体量超过一定值(通常用气压值表示)时，气体会从电池上的单向排气阀(也叫安全阀)自动排出，排出气体后自动关阀，防止空气进入电池内部。该电池运行受温度影响较大，每升高1℃，电池电压下降约3mV。

(3) 全钒液流电池，这是一种以循环流动钒为活性物质的氧化还原电池。其输出功率和储能容量分别取决于电池堆面积大小和电解液储量(浓度)。这种电池的缺点是占地面积一般较大，优点是可以灵活调整储能容量，方便维护，且全钒电池活性物质存储于液体中，电解质离子只有钒离子一种，故可重复利用，也无物相损耗。全钒液流电池适用广泛，电池部件多为廉价的碳材料和塑料，不需要贵金属作为电极催化剂。储能密度为35W·h/kg。

(4) 钠硫电池，这是一种以金属钠为负极，硫为正极，陶瓷管为电解质隔膜的电池。电极由特殊的熔融电极和固体电解质组成。负极是熔融金属钠，正极活性物质是硫和多硫化钠融盐，电解质隔膜是一种专门传导钠离子的Al_2O_3的陶瓷材料。在一定温度下，钠离子透过电解质隔膜与硫发生可逆反应，形成能量释放和储存。其储能密度远高于钒电池，是铅酸电池的4倍，达到150W·h/kg以上。下一代电化学储能方式将基于双电层理论，在充电时，极化的电极表面将吸引周围电解液中的异性离子，使其附于电极表面，形成双电荷层，由于电荷层间距非常小(0.5mm以下)，使电极表面积成万倍增加，从而增加电容量。

除电化学储能外，还有机械储能、电磁储能和相变储能。不同储能方式对比如表7-2所示，其中机械储能是没有化学反应的储能方式，其中包含的一项最新的技术是压缩空气储能法(Compressed-Air Energy Storage，CAES)，是指在电网负荷低谷期将电能用于压缩空气，将空气高压密封于矿井、海底储气罐或专门的储气设备中。在电网负荷高峰期，通过释放压缩空气推动汽轮机发电的方式缓解主网压力。这种方式将使分布式电源具有超长待机续航功能。目前在爱尔兰已经实现了大规模风能储存，但是受限于技术成本，在没有政府强力补贴的情况下，很难经济地运转。电磁储能技术能够长时间、无损耗地储存能量，储能密度高，响应时间为毫秒级，可以无限次循环充放电，但其中包含了多项尖端技术，包括超导涂层研发和强磁场绕组力学支撑等，建设成本极高。相变储能是利用相变材料(Phase Change Material，PCM)，可以从一种物态到另外一种物态转换过程中发生热力学状态(焓)的变化，与外界进行能量交换，从而实现储能和放能目的。例如，水就是一种典型的相变材料，在结冰过程中放热，融化成水时吸热。但作为储能的相变材料一定要具有很小的温度变化范围就能带来大量能量的转换的主要特点。除此之外，还应具有：①化学性能方面，在反复的相变过程中化学性能稳定，可多次循环利用；②物理性能方面，材料发生相变时的体积变化小，容易储存；③经济性方面，材料的价格比较便宜，并且较容易制备。目前的相变材料一般都是复合物，如气体水合物、石墨复合材料、泡沫金属、石墨烯—石墨复合材料等。

表 7-2 不同储能方式对比

储能方式	代表方式	应用领域
电化学储能	铅酸电池 钒电池	发电厂备用电源、汽车充电站
机械储能	压缩空气储能 抽水储能	电网备用电源
电磁储能	超导电磁储能 超级电容	工业应用
相变储能	石墨烯-石墨复合材料	汽车应用

绿色能源的大量使用促使传统电网向智能电网转变，为实现交直流电协调，需要多功能电力变换器实现交直流电网的双向电力传输。双向并网变换器还可以提供无功功率和充放电电池储能。通过这种整流功能，可以利用能量管理系统控制交直流电网之间的功率流，使直流电网的电压调节更加灵活。分布式可再生发电与电网集成时，常用电压源变换器与隔离变压器配合使用。根据控制方式，分布式能源变流器可分为跟随电网、形成电网和支撑电网三种类型。第一种控制电流和相角，第二种控制电压增幅和频率，第三种是电网支持的逆变器，它们通过控制有功功率和无功功率，以维持孤岛微电网的电能质量。

7.1.4 智能配电系统的应用

传统的配电系统一直是通过提高电压水平来输送电能，然后逐渐降低电压水平将其输送给用户。然而，智能电网提供了低负荷下远程输送电能的可能。在实践应用中，智能电网的供需平衡是需要深入考量和解决的问题。借助于先进的双向连接通信系统，建立一个平衡、监督完善、自愈性强的智能电网供能侧和需求侧是一个复杂而又亟待解决的问题，如图 7-3 所示。

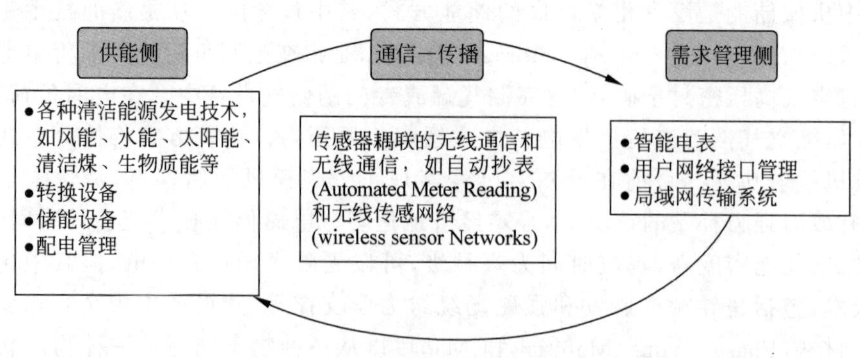

图 7-3 智能电网的供需平衡管理

在供能侧通过基于 AMI 和智能电子设备，耦合双端通信的网络计算进行高效管理，融合分布式可发电、交换设备和软件接口，以支持微电网并网运行。目前，风能、水能、生物质能、清洁煤等共同混合发电。智能电网可以将各种来源的电能精准协调进入主网，并储存多余电力，在系统干扰期间具有快速响应的自愈性，从而减少故障对主电网的影响。储能设备在系统停电时将承担供电作用，这提高了智能电网的可靠性。随着当前插电式电动汽车数量的增加，智能电网机制的发展带动了车到网技术的发展，也就是俗称 V2G 技术（Vehicle to Grid），该技术将电动汽车未使用的电力注入电网中。将电动汽车未使用的电力注入电网中，尤其是在电动汽车停放的高峰时段。电动汽车的车主可以在停车时将太阳能光伏发电产生的多余能量积累起来，从而产生足够的收入来支付在充电站快速充电的费用。这项技术可以大幅提高智能电网运行可靠性。

需求响应（Demand Response，DR）是一种可以协调能源供应商和电力消费平衡的管理模式，为广泛利用各种可用资源提供了一种管理策略。通过 DR 聚合器提供的不同程序来提高电网的可靠性。在电源侧（供能侧），可以利用历史能源产生和消耗数据进行需求预测。此外，在某一特定时间内，利用不同能源的电力来源可以互相弥补和缓冲。例如，在不稳定天气条件下，太阳能光伏发电产量下降可以通过水能、风能发电互补。目前提出了许多关于 DR 的优化算法：①线性规划的基本算法和非线性算法；②包含粒子群优化的智能元启发式技术；③遗传算法和模拟退火算法。这些算法涉及了可再生能源的管理、能源实时预测、负荷可控和储能控制等方面。将微电网适时整合和独立运行，始终保持适当的电压水平和网络约束。其中还包括一些激励政策，如在高峰时段，给予并入主网的分布式发电源返利，以实现对高峰负荷压力的分摊。在自主自愿并网的情况下，不仅降低发电机的燃料成本和主电网中可转移电力的成本，也促进微电网的发展，实现双赢。

在消费侧，需求响应管理也可以即时调整电力消费模式，这种类似的方案包括以下几种。

(1) 切负荷，消费者改变用电模式，根据不同的能源价格转移可控制的重负荷，限制用电高峰时段的高耗电量。如果注册消费者不遵守该程序，将受到处罚。

(2) 工业激励政策，在电网需求高峰或突发情况下，考虑到工业负荷均为重负荷，一部分生产是社会必需的，在无法通过智能设备自主切负荷的情况下，DR 程序将提供一系列可选的方案，由工厂自身重新制订生产计划，参与减负荷，并获得一定的奖励。同时，也有些超高负荷工业是强制性地断网，一般每年只应用几个小时。

(3) 动态电价，在用电高峰时段，电价较高。反之，电价较低，以此来实现负荷转移。此外，还有一种方法是设置消费侧额度，超过该额度后，电价将上涨。除此之外，还有更多的 DR 程序来对电力进行管理，但是目前缺少针对可再生能源发电的 DR 机制，因为这需要传统电网与智能电网的配合，对混合能源的度量和预测将提高计算的复杂度。实现这一机制就需要更多的时间和计算空间，这成为设计 DR 程序的最大难点。

目前，利用可再生资源进行分布式发电的功率范围通常为 1kW～10MW，分布式发电源的组件间也相互连接，提供各种动态负载，它们与当今电力市场的能源存储系统（ESS）一起使用，将微电网并入主网运行，这种配置通常在配电层面与终端用户紧密相连，或作为一个独立的电力系统运行。分布式发电所用到的能源类型包括太阳能、风能、水能、生物质能和清洁煤等（各种技术在本章不再赘述），这就意味着微电网整合必须集成多个技术平台，管

理层需配有智能监控功能。对应地，转换各种能源入电网需要对应的发电机，但无论哪种发电机都基本包括电力逆变器(功能：维持系统电压、频率控制、同步交直流电和电能质量)、网络保护器(功能：并入电网连接)、变压器、自动化开关柜、继电器等主要组件，以及其他管理类组件执行微网-电网间通信和制动功能。尽管是在对同一能源利用上，发电系统也会因系统规模和运行方式而异。例如，与用于大规模光伏系统集成的逆变器相比，住宅光伏系统的逆变器可能不需要复杂的控制技术。随着现代电力电子技术的发展，如高开关频率的电力变换器，使分布式发电实现了高度集成。此外，先进的嵌入式软件逆变器(智能逆变器)的出现提供了新的功能，如隔离开关、软启动、最大发电水平调整、存储管理、无功功率管理、频率控制、低压穿越和事件日志/状态报告等，在并网模式下改善了电潮流控制和稳定性，解决了电压和频率控制、同步、电能质量和无功功率注入等关键问题。

在通信中，大量运用远程数据读取技术将是一种趋势，不仅可见于智能电网中，还存在于智能家居、智能商务和物联网中，在电网中的优势在于既提高了功能侧和需求侧的平衡计算(分布式发电与主网的平衡)，又可以为运营商创新出新营收模式和新业务(如动态电价)。在评估设备之间的通信时，需要分析速度、数据传输距离、功耗和成本。在性能方面，需结合有线和无线通信方式。这赋予了智能电网多种便捷功能，如表 7-3 所示。随着城市住区扩展得越来越大，人口将越来越密集，这就要求智能电网网络不仅具有可变的拓扑结构，还可以基于智能的需求管理，随时适应变化。

表 7-3　智能电网的特点和功能

智能电网的特点	功　能
可靠的能源管理	(1) 配电系统智能化管理 (2) 针对极端情况的基于市场的需求响应
更好的连接、效率和安全性	(1) 通过集中实时控制实现大规模可再生能源渗透 (2) 采用多智能体系统进行电压控制的损耗优化
降低了系统成本	(1) 改进的 ZigBee 控制和无线网络协议 (2) 机器人自主监测元件

当前的电网网络拓扑结构主要包括基于物联网搭建的区域网络和连接区域网络的区块链。从传统城市到智慧城市的演变，得益于物联网协议的大规模实施，通过收集智能传感器的数据，使用人工智能和机器学习技术有能力处理大数据流，从而制定出灵活的管理策略，既可以适应运营商的需求，也可以适应消费者的需求，大幅降低能量的耗散。

7.2　智慧水资源

7.2.1　智能水系统概述

水是地球上最重要的物质资源，是城市赖以生存和发展的必需资源。陈吉宁等在《城市二元水循环系统演化与安全高效用水机制》一书中提出："城市水循环既包括降雨、径流等自然循环过程，也包括供水、排水等社会循环过程，具有明显的'自然-社会'二元特性。"也就是说，城市水系统是指在一定地域内以城市水源为主体，并与人类活动、自然环境以及社会经济环境密切相关且随时间、空间呈动态变化的系统，这个定义也揭示了城市水系统的三个基本特征。

(1) 城市水系统是一定城市空间内,水循环系统各组成部分与各循环阶段有机统一的整体。

(2) 循环性和系统性是水的两大显著特性,城市系统中的水通过自然循环和社会循环耦合成一个相互联系的有机整体。

(3) 对城市水系统的认识,必须从自然资源、基础设施和社会管理三个层面上进行。

基于这些理解,城市水系统主要由供水系统(水源、制水与输配水、用水)、排水系统和水环境三大部分组成。目前最被广泛接受的智能水网结构从下至上包括:仪器层、属性层、功能层、效益层、应用层,如图7-4所示。"仪器层"包括物理组件、自动化控制技术(Automated Control Technology,ACT)和信息通信技术(Information Communication Technology,ICT)组件。"属性层"是指并入水网并同时折叠入物联网系统的各仪器单元。"功能层"包括数据收集和处理中心。"效益层"包括水质等级、安全评估和节能。"应用层"包括在商业、居民生活等场景中的多方面应用。

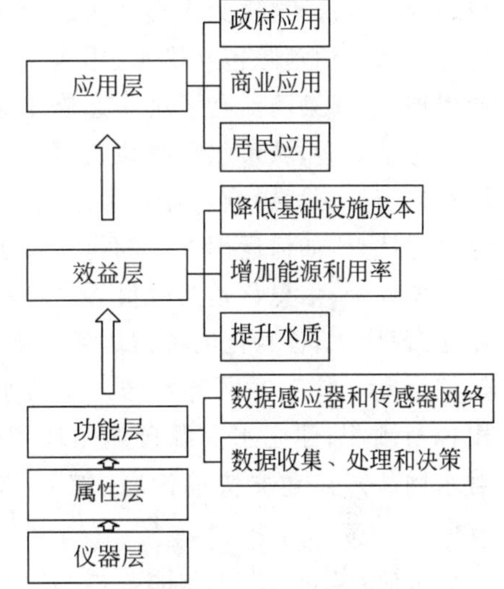

图7-4 智能水网架构

(1) 供水系统是城市水网的核心工程,其主要功能是开采、输送和加工"原料水",使其成为符合一定标准的"商品水"(包括生活用水、生产用水和社会服务用水等),并送到各类用户终端。确保"商品水"的安全供给是该系统的核心功能,与之对应的水务活动则为供水管理,包括供水规划、供水水质、供水安全、供水全流程服务(如取水、制水、配水、系统维护等)。供水系统可分为水源子系统、制水与输配水子系统和用水子系统。到目前为止,ACT和ICT被广泛用于解决供水网络中存在的问题,这两项技术在大规模的应用中发挥着关键作用。世界各地的许多研究案例都考虑使用智能水表来监测水的消耗,并进一步跟踪供水网络中的泄漏和爆裂问题。利用实时测量数据可以提高模型标定和预报的精度。实时控制通常应用于泵送、阀门操作和调度。例如,加州公用事业公司西部市政水区(WMWD)已经使用SCADA系统来管理实时警报,并自动调节水厂和网络运行。SCADA系统的应用实施节约了30%的能源使用,减少了20%的水损失,减少了20%的破坏。在澳大利亚布里斯班市,政府与市政当局利用基于网络的通信和信息系统工具向公众提供有关的水资源信息,并提供早期预警。此外,在旧金山,自动化实时水表安装在社区中,通过无线传感网络为17.8万用户提供服务,将每小时的用水量数据传输到计费系统。这种对频繁更新的耗水量信息的访问使工程师能够比仍在使用现有手动读数仪表的传统水系统更快地检测水质事件和定位管道泄漏。

(2) 排水系统是城市"消化系统"的重要组成部分,城市排水也是把控水安全、水环境的核心环节,城市排水设施是城市环境基础设施的核心工程,其主要功能是收集、蓄存、转输、净化并再生利用污水。由于排水系统既是收集污水、雨水的系统,又是处理利用污水和雨水的系统,因此该系统具有双面性:在直接排污和不当排水的情况下,有可能会破坏水环境或造成内涝灾害;在污水达标处理和雨水有序控制的情况下,又是潜在的用水补充。与之对应的水务活动为排水管理,包括污水排放管理、雨污水收集及转输、污水处理与再利用、城市内涝管理等。然而，目前这种具有弹性的水网系统仍研究较少，因为它不仅涉及物理组件较多，还需广泛耦联配水系统、雨水收集系统、暴雨排水系统、污水系统、能源和电力网络中的电子组件。

(3) 水环境是城市水循环的出发点。城市水体与地下水通过土壤渗透作用动态联系起来，另外城市污水排入水环境中，在满足水环境纳污能力的前提下，经水环境自身净化后生成新的水资源，再次为人类利用。因此城市水环境是城市所需水资源的最初供给源。与之对应的水务活动除包括供水、用水、排水、净水等环节外，还包括水域岸线管理与保护、水资源保护、水污染防治和土壤生态修复等。

总结来看，城市水系统覆盖面广，城市水系统的建设优劣与否，将对城市及周边生态环境都将产生深远影响，因此，考虑到城市水系统的整体性、耦合性、开放性、动态性、复杂性和综合性特点，如何运用先进的科学技术将水系统提前完善布局将是一项的宏大任务。

现如今，信息化是当今世界经济和社会发展的大趋势，也是我国产业优化升级和实现工业化、现代化、智慧化的关键因素。随着智慧城市的提出与建设，智能水务也成了近几年的热门话题。将互联网技术融入城市水系统与互联网技术，对城市水用量和水压进行数值模拟与预测，建立水资源自然循环和社会循环的系统，对水环境与水生态建立监测系统，对水网故障点建立快速诊断、控制、应急决策系统。智慧水务将是城市用水系统的发展方向。

目前，以 5G、人工智能、云计算为代表的大数据新基建信息技术引入城市水务行业是必然趋势。在智慧水务发展阶段主要是发展能够成熟运用物联网、云计算、大数据和移动互联网等新一代信息的能力，通过采集终端、无线网、在线监测等设备实现实时感知，从水务产业源头的水源到中间的取水—给水—用水—排水—污水处理—再生利用—城市水环境，所有的环节都处于监控监测之下，相关数据自动采集，并对海量数据进行深度处理，以进行变化趋势预测及应对、突发事件预警及应急处置等辅助决策功能，并采用可视化的方式有机整合水务管理的相关数据，辅助决策管理层做出相应决策，着力于实现智慧生产、优化管理、科学调度，在提供精准服务的基础上实现节能降耗。

智能水网数据的感知阶段是利用卫星遥感 GIS 系统、水网河流中部署的设备及水质测定仪传回的气象、水体流量、水位、各种生物化学指标等数据，监测频次稳定在 15min 一次，并具备远程控制功能、停电数据保护、定时唤醒等功能。接下来到各子节点间和与主网的通信阶段，这一步所传输数据流量有明显的节律变化，这对应要求移动、联通、电信三网兼容网络基础设施和云基础设施具有随前端传回数据大小而调整的耐受性，一般采用基于 NB-IoT、5G 通信方式和 GPRS 方式的 SCADA 系统对前端数据传递给下端的城乡建设部、水利部、应急部门等部门。同时，这些数据将储存在云端服务器中，并根据类别建立相应的基础地理信息数据库、监测数据库、模型分析数据库等。这些数据都将为水务变化趋势预测打下基础，并展示到用户端 App。

7.2.2 基于物联网的智能水系统

智能水系统中的智能组件应包括智能电表、智能阀门和智能水泵，它们均包括物理电子部件(如传感器和微控制器)、通信协议和嵌入式系统，都可以被折叠在物联网(IoT)的概念中。随着 GPS 定位、低空飞行技术、图片处理技术、通信技术、人工智能技术的发展、物联网的广泛应用和专业成像技术的更新换代，基础数据调查技术正朝着抗干扰能力更强、自动化程度更高、探查设备通用性更好、探查结果更直观、拍摄图像更清晰、病害判读结果更精确与病害判读方式更智能的方向发展。

进行水务规划的前提是流域或城市的空间地理数据及规划范围的发展现状。流域或城市是一个极为复杂的系统工程，其数据系统十分复杂，包括流域数据、河流湖库调研数据、水的利用排放空间数据、土地利用及土地覆盖相关数据、地下管线数据及其他属性数据。比如，对一些城市区域、河流面积进行测算，就可以从资源利用率角度对未来管网规划进行全面布局。因此，在进行水务规划建设的过程中，要充分利用GIS遥感系统加以辅佐，主要体现在以下几个方面。

(1) 建立地理信息系统数据库，包括主要流域的河网密度、河道坡度、高程、土壤土地利用、植被、水体等资料制成数字图像，进行存储和资料更新，还可以建立水利水电特殊需要的软件包。

(2) 不同侵蚀类型水土流失情况调查和水土保持效益监测，例如在旱情下实时监测土壤水分，改进灌溉效益，为水的调度利用提供依据，监测各类水体变化，为水土资源的合理开发利用提供最新资料。

(3) 研究大型水利工程建成后的生态变化，水质变化及其防治效益。

(4) 对洪水进行适时监测和灾情估算，及时掌洪水前后及洪水过程中的变化。最终实现水务信息“一张图”，为水务规划提供可视化的信息系统。总结来看，GIS已经成熟应用于供水“一张图”、排水“一张图”、水利“一张图”，实现了水务信息采集、处理、分析、查询、统计、输出的信息化。

在水源地管理上，水源地水体质量受其周边环境影响较大，如自然环境、资源利用、人类活动的干预等方面，其中主要影响因素是人类活动的干预，包括工农业生产中产生的未经处理的废水、废弃物及现代农业中大量农药化肥的使用造成的水体污染等。在生活中产生的生活垃圾和污水未经处理直接或间接排入水源地保护区域，将进一步加剧水体污染，因此对人类活动产生的各项污染亟待进行有效处理。世界各国都对此非常重视并发布了一系列管理机制和法律体系，划定水源保护区，并在不同级别的保护区采取不同的保护方案。我国发布了《全国集中式饮用水水源地环境保护专项行动方案》以确保水源地水质。如今水源地的污染源主要来自农业、生活等。一方面通过建造滤地、生态拦截坝等储存和过滤暴雨径流消除面源污染，另一方面通过搬迁清除涉水排污企业、建立污水处理体系等多种方式，基本解决传统的工业点源污染。水质的高低一般用水网管道末梢的出水水质来作为标准，一般由二次供水站点供应。

实时动态监测技术是智慧水务技术库的基础，实时监测指标根据不同的业务需求进行调整，常见的动态检测技术的感应器包括RFID、GPS、超声波、压力、陀螺仪等传感器件。实时动态监测技术的核心为感应器及其组成的网络，感应器主要包括标签和二维码标签等基本标识与摄像头。作为水务行业获取实时动态信息的主要设备，感应器利用各种机制把被测量转换为电信号，然后由相应信号处理装置进行处理。常规监测指标包括雨量监测、液位监测、流量监测、水质监测、泵站运行工况、(污)水厂运行工况等；主要监测对象包括水库大坝、泵站、闸站、管网重要节点、水厂、重点排水户、截流井、入河排放口、污水处理厂、河道等。进行实时在线监测和污染物溯源，对历史监测数据进行同比环比分析、趋势分析等，了解监测数据的变化规律，再与模型结合进行分析评估，科学合理地分析异常情况，这些可为应急事件提供科学调度的数据依据。

在供水调度上，是将整个供水调度的日常业务工作及流程进行电子化、数字化管理，在保证供水量充足的基础上同时降低供水能耗。根据采集的管网水力水质数据、水厂出水泵房和中途泵站的水力能耗数据、大用户数据、二次供水数据，全面掌握用水量的空间分布、时间分布和管网的压力、水质、能耗分布，结合管网水力水质模型的模拟计算，综合考虑气象、社会等诸多限制条件的影响，以及对二次供水的水压、水量、水质、能耗、液位等参数的集中监控和分析挖掘，掌握用水规律、供水峰谷时段，错峰补水科学调蓄，分级分时管理泵组，在保障供水管网压力稳定的同时降低泵组的运行能耗，监测二次供水的水质和余氯数据，以确定最适合本供水区域的水量、压力、方法和修正值，根据调度辅助决策系统的在线调度和离线调度模型，挖掘供水能耗潜能，形成优化调度方案。

二次供水管理平台作为智慧水务体系的子系统，在系统设计上需遵循"扩展、开放标准、兼容"的原则。由于二次供水站点尚未纳入供水系统的统一调度管控，无法充分发挥供水谷调蓄能力和保障供水管网水压稳定及水质安全。为了使城市二次供水设施得到有效的管理，需建设二次供水管理平台，对镇次供水站点进行统一调控、集中监控和平衡供水峰谷，发挥其调蓄作用，向上实现对智慧水务系统的数据支撑，横向与其他业务系统对接实现数据交换，向下兼容二次供水系统中不同设备的硬件接口和协议，并采集数据保证备种仪表和设备的接入，数据通过以太网、无线网、VPN 等，支持二次供水管理平台的业务应用。实现整体管理、远程监控、数据分析故障预警、运维管理、安防监控等目标。

在排污水端，一个城市存在多个排污水运营单位，以致运营管理主体不一、流域治理碎片化，因此需由统一的单位进行管理，依据管网主干与次级关系，细分区域网格，借助物联网技术实现"厂网河一体化"。通过调配分析系统将工业和生活污水分类型、分批次转入不同污水处理厂，以达到最大化地利用污水处理厂的保底流量、稳定水质的目的。此模块可将排水模型与监测数据相结合，预测污水处理厂进水水量，提前制订调度方案，降低污水进水水量变化幅度，减少非正常溢流，最大化地利用污水处理厂的处理能力。另外，通过污水水质数据收集，以及在污水管网的适当位置安装监测装置(如在主干管末端以及部分小流域末端安装水位、pH 值、悬浮物化学需氧量、生化需氧量、氨氮等集成式的在线监测装置)，还可提前对进厂污水的水质进行预报、预警。一旦发现有污染物超标的情况，污水处理厂即可实行相应的应急调度，提高整个污水处理厂的运行效率和水质保障。

然而，目前水务信息采集系统薄弱和信息孤岛现象严重，我国水务信息化建设尚不成熟，只有少数水务单位率先搭建了云平台，初步实现系统的融合与共享，以大数据为基础的智慧水务应用已经起步，但其发展空间仍然很大。一线城市的水务单位大多建设了比较完善的信息化基础设施，有的已经拥有专属的统一管理和应用的系统平台。加上水网管道深埋地下，结构复杂，其中的问题难以较好地呈现。最近"数字孪生"概念的提出可以帮助解决这一难题。该方式通过建立虚拟管道模型来使水网具象化，可从不同的角度认识、了解构筑物内部结构，故障问题可以直观地呈现在对应位置上。首先利用三维激光扫描技术对管道走向、管径大小、管道材质及管道连接方式等进行数据收集，制作三维立体管网模型，然后将虚拟现实技术与 GIS 技术相结合，并在管网的相应位置上将传感器耦联上去，实现从虚拟场景中看到设备运行情况和故障点。

7.2.3　智能水网与海绵城市

由于城市人口不断增长，城市化面积不断扩大，越来越多的科学家对水资源可持续性的关注日益增加。根据联合国(2010)的统计，预计到 2030 年，大约 80%的世界总人口将居住在城市地区。同时，气候变化越来越频繁和剧烈，城市区域一旦发生强降水及降水带来的次级污染源扩散，会严重影响人类的生命健康。在当今水文科学研究中，关于城市水系复杂性和新型可持续城市水管理概念的研究越来越多。传统的城市水管理系统的各组成部分都是独立运行的，缺少整合运行的能力，特别是在当下城市化和气候剧烈变化的背景下。因此，世界各国都在加快传统水网向智慧水务系统的改造进程。

海绵城市是智慧水务建立后赋予城市的新功能，是基于成熟水网系统之上的新概念。首先要加强城市规划建设管理，在此基础上发挥道路、绿地、水系等生态系统对雨水的吸纳、蓄渗作用，从而达到自然净化城市水资源的目的。我国在 2015 年已开始推动海绵城市的建设《国务院办公厅关于推进海绵城市建设的指导意见》(国办发〔2015〕75 号)，通过在线监测设备实时保持进水——排水两端平衡，形成以 GIS 为核心的水循环数据库，将水安全相关的内涝积水点、调蓄池、管网监测点的地理信息、在线监测数据、运行调度记录、预警预报信息、应急处置情况、蓄水池监测点、典型湿地板块监测点等信息集合到一起，并入城市智慧水网系统进行统一调度。这样一来，城市水网建设的主要特点由传统的“快排”转变为“渗、滞、蓄、净、用、排”的耦合，充分发挥植被、土壤等自然下垫面对雨水的渗透作用和自然净化作用。自 2015 年至今，我国共设定了超 30 个海绵城市试点城市。

城市水网成熟度和智慧科技水平一定程度上体现在对内涝和径流污染物管理上，目前对城市内涝灾害风险评估的方法主要有四种：①历史灾情法，该方法对历史数据精确性要求较高，适合在大尺度较粗地进行风险评估。②指标体系法，根据所属区域内涝灾害特点、污染物面积和种类，构建评价体系。这种方法对灾害的时空变化特征体现较差。③3S 技术耦合法(遥感影像(RS)、地理空间(GIS)、全球定位系统(GPS))，该方法基于卫星拍摄的影像数据分析洪涝灾情程度。④情景模拟法，该方法在城市内涝和污染源风险评估中运用较多，运用多种水文水动力模型根据区域特征模拟不同暴雨情境下的积水情景。运用水文水动力模型构建多维度动态模拟模型来评价内涝灾害和径流污染程度。

目前，基于不同情景的水文水动力模型模拟已成为城市排水系统规划和管理的重要工具。1971 年，美国环境保护署(EPA)就开发了暴雨水管理模型(Storm Water Management Model，SWMM)，该模型基于以下假设：虽然城市各区域降水特征值是不同的，但对一个城市整体而言，降水总量是稳定的。该模型成为评价暴雨水管理系统最流行的工具之一，随后，在 SWMM 基础上也开发了一系列被广泛使用的城市降雨模型，如 Mike-Urban、InfoWorks 和 DAnCE4Water。尽管这些模型在城市规划上发挥了很大的作用，但也面临着许多挑战。因为城市水系统实际上非常复杂。需要加大对模型内各组件之间相互作用的重视。另外，在模型中一般引入人口和技术情况、土地使用特征、地表特征和气候数据等，其中土地利用率是最重要的变量，再加上城市快速发展，土地利用率数据的更新速度在很大程度上影响了模型的预测结果。

目前，海绵城市的概念在我国城市水网应用中被广泛提出，与之相似的提法还有美国的最佳管理实践(Best Management Practices，BMPs)、澳大利亚的水敏感城市设计(Water

Sensitive Urban Design，WSUD）、英国的可持续城市排水系统（Sustainable Urban Drainage System，SUDS）。BMPs 是一种雨洪管理的引导性政策，控制水量、水质的生态平衡，最初在面源污染控制方面运用较多。WSUD 侧重从源头控制雨水，降低暴雨径流，并加强水资源利用，降低水资源浪费。SUDS 则是以雨水进行调蓄，降低地表径流速度，以建立自然循环的水生态系统为目标。相比较而言，我国的海绵城市概念的独特之处在于，它不仅解决了暴雨灾害，还解决了洪水灾害、水修复和水净化。然而，对综合海绵城市绩效进行预测的仿真和评价工具仍然有限。同时，在大气水—地表水—土壤水—管网水—地下水—大气水的循环流动过程中，面源污染、透水、管道排放和绿地下垫面等因素都将影响海绵城市水循环，亟待开发一种全新的综合模型来评估这种新型城市水管理方案的效率和可持续性。该方案需将社会、环境和人类健康相关因素考虑在内，包括以下内容：①确定适合海绵城市建设的区域；②比较绿色基础设施、城市发展和气候变化情景；③模拟减少雨水径流、缓解洪水和改善水质。

然而，将海绵城市建设并入城市水网并非易事，因为城市水系统是包含多组件的系统，任何环节出现问题，都将对整个系统产生级联反应。一方面要将这种级联反应降到最低，另一方面要降低各组件之间的相互影响。更何况，每个城市水管理系统的过程是不同的。这也会导致对水循环组件及其性能之间相互作用的理解存在局限性，威胁到水文模拟模型的成功。综上所述，建设智能水网不仅有助于缓解城市用水压力，也将有助于提高城市蓄水能力，增强抵抗洪水、水污染和应对水资源短缺的能力，特别是需要制定综合性的城市水管理制度，如在城市地区记录和预测降雨的新技术。此外，水基础设施建设还应该考虑气候变化、人口增长和区域发展情景。

7.3 智慧燃气

7.3.1 智能燃气概况与特征

城镇燃气管网是城市重要的基础设施及组成部分，随着城市化的发展和扩张，传统燃气管道已经展现出多种不足，而智能燃气管道在复杂程度、管理模式、输气效率上均有很大优势，如表 7-4 所示。智能燃气的架构是在传统燃气网的基础上，赋予计算机智能分析能力、传输能力、决策和通信能力的一种适应新时代社会发展的设施，协调了供应侧和消费侧，通过部署各种传感器、智能燃气表，提供安全有效的燃气传输，属于智慧城市构想的一部分。燃气企业向数字化、智能化、智慧化转型发展势在必行，我国陆续出台了《全国安全生产专项整治三年行动计划》《经营者反垄断合规指南》等多个政策文件指导了中国燃气下一阶段发展目标和重要任务，覆盖天然气定价体系、天然气销售模式、合同签署模式、管输定价规则、天然气交易规则等多个方面的发展内容。以天然气为代表的智能燃气是能源互联网的重要组成部分，智能燃气是未来发展清洁、高效、安全、低碳、智能能源的重要阶段。在能源互联网中处于中枢的位置，是连接热网和电网的重要纽带。近年来，我国油气管道也得到了较大发展，输油总里程已超过 1.2×10^5 km，输气总里程达 7×10^5 km，陆上输油输气能力分别达到了 6×10^7 t 和 6.5×10^{10} m^3。预计到 2025 年，将新增 10 万多千米管道，增加投资 16 000 亿元。与此同时，云计算、互联网、物联网等技术发展也为传统燃气向智能燃气转型提供了技术支持。

表 7-4 传统和智能燃气管道对比

传统燃气管道	智能燃气管道
管网资料多以图表、图纸形式记录	电子存档,查询便利
人工方式管理效率较低	智能信息化管理终端
突发的外力破坏频发	实时地检测监控并且可以同步上传
人工管网监控准确度低,检修费时费力	智能监控准确率高

亚洲是世界上天然气进口量最大的区域,其中日本为最大的进口国,进口总量约占全球天然气总量的33.3%,天然气在日本未来的能源发展中处于核心地位。在北美,天然气占总能源消耗的三分之一以上,随着页岩气的发现,这一应用比例将会进一步提升。与此对应的,美国燃气技术研究院(Gas Technology Institute,GTI)提出了"天然气与智慧能源未来"的白皮书,以求约束能源消耗,降低对天然气的依赖程度,并寻求替代解决方案。在欧洲,天然气是冬季取暖的主要能源之一,约占总能源消耗的五分之一,在智慧电网仍不完善的背景下,天然气仍属于主要的能源消耗类型。对此,德国燃气和水工业协会提出了若干智能燃气项目,致力于利用天然气整合分布式能源与储能。

然而,智能燃气目前还没有统一定论,但有三个主要特点:①具有多种燃气输送能力(氢气、天然气等);②可以随时间需求波峰变化而灵活变化;③智能燃气应该与智能电网高度耦联,最大限度地提高能源利用率。在我国2060年碳中和目标设置下,智能燃气的建设目标应该是基于地理信息系统(GIS),采用物联网技术、应用物联网技术,应用先进的智能感知设备,感知城市燃气管网流量、压力、温度和泄漏等运行数据,基于可视化方式进行有机整合,利用人工智能技术整合分析大数据信息,能提供一个辅助决策管理系统。这些特点可归结为三个特征:①信息化,有能力利用大量不同类型传感器收集燃气管网中的数据;②自动化,可以将大数据信息整合分析,并给出预判决策;③智慧化,可实现远程人工控制或通过决策命令协调供需两侧平衡。

世界各国建设智能燃气规划值得借鉴,东京燃气公司是日本最大的燃气公司,他们把智能燃气发展规划为三个层面:家庭层面、社区层面和工业层面。在家庭层面,通过太阳能、风能等可再生能源发电来补偿天然气能源的消耗,并建立清洁能源利用型公寓,配备储能设备;在社区层面,引入区块链思维,将多个家庭看作一个整体集合,通过划分多个区块,实现利用可再生能源发电在较大空间的调度整合,在工业层面,为应对频发的自然灾害导致的能源链断裂,将分布式能源作为燃气管网的深度整合,以随时补充工业的能源需求。欧洲的燃气企业发展结合时代最新技术,提出了三步发展战略,第一步是低碳化,以减缓全球变暖的速度,可以通过提高绿色可再生能源利用比例来实现;第二步是数字化,即实现能源领域的信息技术革新以及数字化传输,使能源具有智能和自动化的特点;第三步是高效化,即通过先进信息技术的应用,结合先进能源设备制造,提高从家庭到社区不同范围内的能源利用率。目前基本处于数字化阶段,在此阶段中,先进的智能燃气仪表和传感器设备是核心部件,通过智能气网控制和智能数据管理,能够实时连接燃气管网与用户模块,为用户提供清楚了解燃气重要设备的使用情况和预付费功能。

7.3.2 智能燃气表

能源智慧化管理的基础就在于准确、实时获得的能源状况大数据,燃气管道监控系统能够收集气体流量、压力、管道泄漏检测、有毒气体检测等信息。燃气表发展主要经历了膜式燃气表、IC卡燃气表、无线远传燃气表、物联网智能燃气表四个阶段。

在国内燃气发展初期，机械模式燃气表是最原始的燃气计量仪表，最初在1833年由英国工程师 James Pocadas 发明，在此基础上不断创新和完善，加入了温度导致计气误差的修正功能，在国内被大量使用。在传统燃气向智能燃气的转化过程中，自1995年研制IC卡表开始，一些老旧燃气表陆续加装了带辅助功能的电子设备如预付费功能、远程读数功能等，由用户IC卡作为中间媒介连接燃气供应侧和用户侧两端，这种方式在燃气计量数据上不具有实时性，同时在此阶段，仍有大量传统模式表运行，在抄表、收费、数据采集方面燃气公司依然维持着较为落后的运营模式，这对于企业而言极大地降低了效率，提高了人工和管理成本。

21世纪初，随着电子通信技术的发展，在原来全球移动通信系统(Global System for Mobile Communications,GSM)的基础上研发的通用分组无线业务(General Packet Radio Service，GPRS)技术，使得燃气表计量具有更高的准确度。该技术是2G向3G通信过渡的中间产物，基于此技术研发了远程传输燃气表，具有数据传输速度优势(150kb/s)、保持在线(远程抄表)和按流量计费(数据实时同步)优势。远程智能燃气表集抄系统由远传智能燃气、采集器、集中器(GSM无线数据传输模块)、通信控制器和售气系统组成。采集器负责采集燃气表信息、执行制动操作、信息设定、时间校准，可由电池或太阳能供电运行。采集器收集的数据由集中器利用移动GPRS业务传输到企业端。这一数据传输过程可以由智能电表自主定时完成，也可以在收到企业端发送的指令下完成。在一个区域或城市内装配的智能电表通过串联和并联会形成不同的通信网络拓扑结构，如图7-5所示。

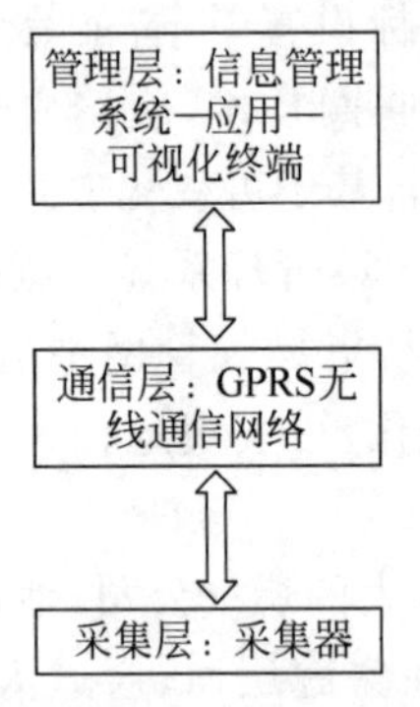

图7-5 远程集抄系统总体架构

远程抄表方式有无线通信和有线通信两种方式，其中有线远程抄表系统大多采用M-Bus(Meter Bus)通信技术架构，数据经多级中继后由M-Bus通信总线汇总到终端管理平台，M-Bus提供了高速稳定的通信速率(4.8kb/s)和可靠的通信距离(2.4km)，可以包含500个子站点，形成多种通信拓扑结构。而无线远程抄表基于2G/4G通信路由器，在通信基站的中继下，可以增加多个子级，覆盖比有线抄表更广泛的区域。我们城市因发展迅速、人口多、分布广、空间结构复杂等特点，无线远程抄表技术正在逐渐得到使用和广泛发展。无线抄表远程通信方式有4种：高斯频移键控(Gauss Frequency Shift Keying,GFSK)、超长距低功耗数据传输技术(LORa,Long Rang)、NB-IoT和GPRS。为了保证远距离信号传输的通信效果，必须将信号频谱搬移到高频信道中进行传输，这种将信号加载到高频信号的过程就叫调制。对这四种常用的通信技术，调制都是必不可少的，一般来讲，现代数字调制技术由于涉及宽带和多符号调制，复杂度高。GFSK包含了一种连续相位频移键控调制技术，是在调制之前通过一个高斯低通滤波器来限制信号的频谱宽度，以减小两个不同频率的载波切换时的跳变能量，使得在相同的数据传输速率时频道间距可以变得更紧密。而LOR调制技术由线性调频扩频技术改进而来，以牺牲传输速率来保证较远传输距离的能力。在不同的应用场景中应该灵活地进行扩频因子、编码率、负载长度等参数调整，从而在带宽、灵敏度及数据的传输时间中做出一个较好的平衡。相比于IC卡燃气表，远程集抄燃气表除了可以实现用气数据实时性外，还可以实现远程充值，远程控制，减少了营业网点设置，降低企业运行成本。

由于无线抄表系统可以覆盖更远的范围，包含的子站更多，因此结成的通信网络拓扑结构也更加复杂，由多个集中器和路由器串联多个燃气表集成。

（1）树形拓扑，在这种结构中每一个节点都只能和他的父节点和子节点之间进行通信，处于相同层级的节点或相邻节点间不能进行数据通信。这种拓扑方式构建的网络结构简单，维护方便，但是资源共享能力较低，可靠性不高，信息传递只有唯一的路由通道，任何一个节点故障都有可能影响到整个网络。

（2）辐射性拓扑，这种结构是围绕一个节点呈辐射状，这个节点即作为中心节点，与其余节点相连，通过中心节点来协调网络中节点的通信过程，在这种网络拓扑结构下，终端节点与终端节点之间无法直接进行通信，需要通过中心节点转接。目前局域网普遍采用辐射性网络拓扑结构。

随着分布式能源的出现，物联网和区块链逐渐建立，大量燃气表需要被替换成带有芯片（集成网络双向通信、计量、检测功能、过流切断）的智能燃气表。"物联网"的概念是在1999年由美国麻省理工学院首次提出的，该学院建立了"自动识别中心（Auto-ID）"。美国自动识别中心建立在物品编码、射频识别技术（RFID）和互联网基础上，首次提出了"万物皆可通过网络互联"，阐明了物联网的基本含义，随后，对物联网的定义将不仅仅局限于物流网络，而是从洗衣机到冰箱、从房屋到汽车都通过物联网联系起来，并可以在手机App上进行信息交换和通信，来实现智能化识别、定位、跟踪、监控和管理。这种技术正逐渐覆盖到电子科技、芯片、人工智能、传感器技术、激光扫描和纳米技术等多个领域上，改变人们的生活和工作方式。正是由于这项技术融合了多个先进的计算机信息化技术的融汇应用，物联网的发展促进了第三次信息技术革命。物联网智能燃气表是在传统的膜式燃气表的基础上加装了智能控制模块、4G/5G通信模块、传感器模块和电机阀控集合而成，利用物联网专用通信模块，建立起燃气公司管理平台与用户燃气表之间的远程通信和数据交换途径。可以支持除远程抄表外，无卡预付费、手机App查询缴费、远程阀控燃气、实时价格信息推送等智慧化管理功能。物联网智能燃气表在数据传输上结合了高级密钥加密、身份认证、数据历史追溯、ID管理等信息安全技术，提高了用气数据安全性和隐私性。同时还加装了多个检测传感器（识别气体类型如氢气、甲烷、天然气等），这一模块的加入是物联网智能燃气表最明显的特征，为调配多种气体能源的输送奠定了基础。

物联网智能燃气表的通信技术很多，主要分为两类：一类是ZigBee、WiFi、蓝牙、Z-wave、NFC等短距离无线通信技术，可实现数据的高效传输，但覆盖范围有限，因此实用性不突出；另一类是长距离通信技术如低功耗广域网（Low-Power WideArea Network，LPWAN），该技术一大特点就是功耗低，在配备电池下燃气表可以运行10年以上。短距离通信技术主要应用于用户端与燃气表的交互，长距离通信技术主要应用于智能燃气网的架构。LPWAN能以极小的功耗提供长距离的覆盖范围，而且数据速率仅略微下滑。在很多智慧城市和智能公用事业中得到应用，如智能计量、智能路灯、湿度传感器、可穿戴设备、智能门禁、智能停车等，在2018年前LPWAN领域一直被国外技术垄断，特别在中美贸易冲突之后，使用该技术的风险越来越高。窄带物联网（Narrow Band Internet of Things，NB-IoT）是物联网中的一个重要新兴技术，只消耗大约180kHz的窄网，且功耗极低，构建于蜂窝网络并可直接部署于 GSM 网络。NB-IoT 低速率窄宽带物联网通信技术极大地拓宽了物联网的应用范围，如在市政(环境检测，智能消防、智能垃圾桶，智能井盖、智能路灯)、智能建筑(清洁能源利用改造)和交通(智能停车)等各个方面。

基于 NB-IoT 网络研发的物联网燃气表，是在传统模式计量基表的基础上，加装窄带蜂窝物联网络技术的通信模块和电子控制模块。借助于 NB-IoT 基站，可以广泛覆盖大量燃气表，并且支持 M2M(Machine to Machine，实现燃气表与燃气表之间的通信)功能，增加了网络覆盖面积。NB-IoT 物联网燃气表可以每天实时通过 NB 网络传递用气类型、压力和用气量等数据传输至云平台，实现无人化抄表。云平台收到数据后进行校验与分析后推送到燃气企业，可以为燃气企业运营提供准确的数据依据，燃气企业可根据分析决策对燃气管道中节点实现远程流量调配控制，按需制订对不同区块的能源配送计划和定价，用户还可以通过 App 查看每天的用气量、价格和缴费等。目前随着对智能燃气表的改装，逐步整合水电智能表具一体化，这对能源系统抄表提供了极大的便利，同时对于能源体系管理和碳核算提供了准确的数据基础。截至 2016 年，基于 NB-IoT 的智能燃气表、水表、电表的安装已超过了 3 250 万块，占全球水表数的 31%左右。

7.3.3 智能燃气关键技术

物联网指的是“物—物相连的互联网”。按约定的协议建立物体对象与用户之间的交互式通信方式。其中的关键技术包括射频识别技术(Radio Frequency Identification，RFID)、传感器技术、M2M 技术和云计算等。

1. 射频识别技术

射频识别技术是物联网的主要关键技术之一，是物联网运行的重中之重。这是一种非接触式的自动识别和获取物体对象信息的技术。

射频识别系统一般由电子标签和读写器两部分构成，通过无线射频方式进行数据通信，在实际应用中，物品被电子标签附着，当带有电子标签的被识别物体进入读写器可读识范围时，读写器通过电波识别物品附着电子标签的信息，从而实现自动识别物品的功能，达到高效管理的状态。

射频识别技术实现了真正的自动化管理，无须人工进行扫描，并且突破了一次只能扫描一个物品的限制，完全可以在有非接触需求的场景下承担大批量的数据采集工作。除此之外，射频识别技术还具有不怕灰尘、油污的特性，可以在很多恶劣环境下应用；实现了长距离读取；支持多物品同时读取，还具有实时追踪、重复读写及高速读取的优势。

射频识别技术的诸多强大优势使其广泛被应用于工业自动化、商业自动化、医疗、防伪和交通运输控制管理等领域。目前应用比较典型的方向有物流仓储、智慧零售、制造业自动化、资产管理、高速公路自动收费系统、安全出入检查等。

2. 传感器技术

传感器在智能家居、可穿戴设备、智能移动终端等领域的应用得到了突飞猛进的发展。而气体传感器的发展程度就是搭建智能燃气管网系统的核心科技。然而，在复杂的传感场景和大数据流中，气体传感器呈现出交叉灵敏度低、选择性低和数据传输能力欠缺等缺点。

因此，人们提出了智能气体传感方法来解决这些问题，在传统气体传感技术的基础上增加传感器阵列、信号处理和机器学习技术。

单纯从物联网的角度看，传感器技术还是衡量一个国家物联网发展程度的重要标志。传感器技术是一种从自然信源采集信息，然后对其进行识别、处理或转换，再将处理过的信息传输到接收端的科学技术。通过传感器技术可以感知周围环境或者物质，并采集所感知到的温度、压力、光线声音、振动等很多种信息，将采集到的信息进行统一转换后传输到物联网的网络层，通过通信网络输送，最终在应用层的用户终端显示出我们能够直接读懂和利用的数据或参数。传感器技术大幅度地提高了系统的自动化、智能化和可靠性水平，其广泛的应用将大量地解放人工劳动力。

传感器的类型多种多样，目前大多已经技术成熟并且在各行各业中进行广泛应用：①温度传感器，隧道消防、电网和石油管道；②应变传感器，桥梁、坡面地基；③微震动传感器，地震检测、地质勘探；④压力传感器，水利水电、铁路交通、智能建筑、生产自控。

在传感器技术中，由多个传感器组成的传感器网络可以协作地监控不同位置的物理或环境状况（如温度、声音、振动、压力、运动或污染物）。从功能上来看，传感器和传感器网络大致相同，都是用来感知监测环境或物质信息的，不过在实际应用中传感器网络具备更高的可靠性。

3. M2M 技术

M2M 是一种以机器终端智能交互为核心的、网络化的应用与服务。通俗来说，M2M 即将数据从一台终端传送到另一台终端或者从一台终端反馈给一个人，就是机器与机器或机器与人的对话。我们初次接触“M2M”这个概念时，可以先从字面来理解，意为“机器与机器、机器与人之间进行交互”。在 M2M 相关技术深入研究领域，有些专家也习惯性地直接称 M2M 物联网。

随着通信网络技术的发展，越来越多的设备具有了通信和连接网络的能力，人与人之间可以更加便捷、高效地沟通，给社会生产、人类生活带来非常大的变化。但是依靠通信网络发展，仅仅是手机等通信设备与计算机等 IT 类设备具备了通信和联网能力，众多的日常机器、普通设备，例如家电、车辆、自动售货机、工厂设备等几乎很少具备联网和通信功能。而 M2M 的通信就是要建立一个统一规范的通信接口和标准化的传输内容，使所有机器设备都具备联网和通信能力。

现阶段，我们理解的 M2M 是所有增强仪器设备通信和联网能力的技术的总称。M2M 通过在设备内部嵌入无线通信模块，以无线通信作为设备的网络接入手段，如现在许多智能化仪器仪表都带有 RS-485 通信接口，通过 RS-485 通信接口实现了远程的通信和联网。我们让更多的设备联网，就可以将设备的自身属性、运行状态、所处环境及其他生产资料的现状等信息，通过网络传送到一个集中化的平台实现远程查看，并且能通过这个集中平台对设备的运行控制管理、指挥调度。这样不仅能够提高生产可靠性、安全性，还能降低人工成本，节省不必要的劳动时间，提高生产效率，以此提升企业效益。

随着 M2M 的应用与推广，出现了“端到端”的概念，即将企业的生产运营设备，通过无线或有线的通信方式连接到集中化的管理应用平台。这些系统解决方案降低了企业运营、生产及管理的成本，提升了企业的信息化水平。

4. 云计算

云计算属于一种超大规模的分布式计算，旨在通过网络把很多成本相对较低且具有计算能力的实体整合成一个能够进行庞大数据量计算的服务系统，然后借助一些创新的商业模式为用户提供计算能力服务。它是随着分布式计算技术、互联网技术、虚拟化技术、处理器技术、SOA 技术的发展产生的。通过云计算技术，我们在自己没有服务器的情况下，同样可以实现在极短的时间内完成庞大的数据分析。

7.3.4 智能燃气网络架构

基于物联网的智能燃气网络架构可以大致分为感知层、网络层和应用层。感知层是智能燃气发展的基础，主要包括了各种气体传感技术，以 RFID(射频识别技术)和短距离无线通信为主要技术核心来识别物体、采集信息的来源，有压力传感器、温度传感器、湿度传感器、RFID(射频识别技术)标签和读写器、二维码标签、摄像头、GPS 等感知终端。在网络层主要包括泛在化末端感知网络，将各个孤立的设备进行连接，形成人与人、人与物、物与物之间进行信息交换的通道，用于确保物联网体系中所有对象的通信传输能力。其主要任务是通过现有网络实现信息的传输、初步处理、分类、聚合等，作为感知层和应用层之间的沟通链路。网络层在智能燃气整体架构中相当于人的神经中枢和大脑。通过无线(无线局域网、移动通信 M2M)通信与有线通信相结合的方式建立数据传输网络。应用层是将物联网技术与专业技术相互融合，主要是利用感知层和网络层感知、分析处理后传输来的数据，为用户提供专业的服务，以实现物联网的智能应用。应用层是基于物联网的智能燃气的最终目的，它将物联网与燃气行业信息化需求相结合，为海量用户提供智能化交互燃气使用方案，有利于企业降本增效和产业升级。

智能气体传感技术是将气体传感器阵列和模式识别方法相结合，对混合气体进行检测、分析和量化，可以实现较高的测量精度，并获得更智能的结论。一般来说，传感材料会对气体产生一组独特的化学或电信号，称为气体指纹。气体传感器材料的分类如图 7-6 所示。其中金属氧化物半导体气敏材料是制造气体传感器最常用的材料，特别是用于检测含氧元素的气体，如 NiO、SnO_2、Fe_2O_3、ZnO 等。与气体接触后产生的信号，通过模式识别来表征各种气味或挥发性化合物。模式识别技术主要分为两类：基于统计理论的线性分类和基于神经网络的非线性分类。它的应用包括两个过程：机器学习训练和测试评估。机器学习评估建立了决策模型的规则；试验评价测试模型的准确性和性能。

传统的基于统计理论的线性分类包括 k 近邻(k-Nearest Neighbor，kNN)和支持向量机(Support Vector Machine，SVM)。SVM 因其对小样本的高性能和数据集的非线性问题而在气体分类中备受关注，如在区分健康受试者和哮喘呼吸识别系统方面具有较高的敏感性、特异性和准确性。

目前基于人工神经网络的非线性分类方法——人工神经网络(Artificial Neural Networks，ANN)是一个研究热点，旨在了解并行计算机系统中的神经元(柔性连接的概念)，模仿人脑来解决各种实际问题。随着完整理论的出现和计算能力的增强，人工神经网络开始应用于各种复杂环境下的气体传感。一般来说，ANN 的预测精度与循环层数成正比，它充分逼近非线性关系，具有联想学习的能力，但循环计算过多会导致模型过拟合。为

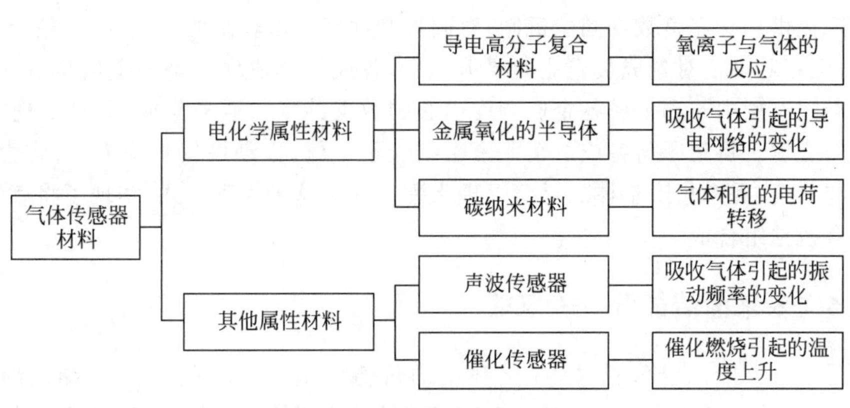

图 7-6 气体传感器材料的分类

了解决这一问题,人们提出了误差反向传播(BP)算法。BP 的主要原理是通过误差反馈来调整网络权值和阈值。

然而,目前大部分智能气体传感的技术仍处于研究阶段,尚未得到广泛应用,主要是因为智能气体传感的发展还存在很多挑战,传感器的可靠复用性和大面积传感领域的问题一直没有得到很好的解决。此外,如何保证建立的气体模型能够快速应用于不同的感知场景仍然是一个问题。在物联网场景中,必须提高数据运算速度来增加交互体验。能否重复性使用是气体传感器性能的关键指标之一,因为每次从检测数据到处理总要必须经过一定时间来建立模型,然后用于评估。这在多传感器连用的实际情况下,会出现信号传递的延迟。需要通过加速自恢复和提高传感原理的稳定性来解决统一的重复性问题。同时,时频变换在解决信号延迟和漂移问题方面也很有用。但是在非实验室条件下,要解决气体传感器的快速可重复应用问题需要建立一个集成系统芯片来进行辅助。这种技术已经初步应用于工业生产的火灾烟雾预警中。

7.3.5 智能燃气的应用案例

燃气集团下各企业的协调调度能力是整合资源和降低成本的有效方法,这种调度模式以在集团总部与各成员企业建立"集团运营调度中心"和"企业运营调度中心",达到统一调度、数据共享,促进成员企业实现信息集成与业务整合,保障集团对成员企业进行有效的运营监管与调度。长期以来,燃气集团总部与国际信息化业务公司开展了深入合作,建立了大型信息化建设,部署指导成员企业采用统一标准建立管网 GIS 系统、巡检系统、SCADA 系统等专题业务,这为集团信息化整合提供了良好的前提基础。

(1) 集团运营调度中心主要通过信息化管理,建立监管平台,对各成员企业进行统一实时监管、运营分析对比、资源合理调配利用,并将综合分析结果及时反馈到各成员企业,督促其不断改进、不断优化,实行科学、健康的运营目的。

(2) 企业运营调度中心负责企业的日常生产运营,包括管网管理、气量调度、燃气设施运营管理等。通过信息化管理,建立企业燃气综合运营管理平台,将各类系统信息(GIS 系统、巡检系统、SCADA 系统)整合在一起,实行整合管理,并支持运营状况的系统综合分析,辅助合理地调配资源。

该模式提供一套完整数据同步机制，对硬件和网络要求较高的性能，确保整个系统运营的稳定性，但相对来说对各成员企业的要求不高，各成员企业仅仅是一个信息点使用者，不仅实现了集团调度中心和下属各企业调度中心的数据共享与业务集成，而且实现了各企业之间的横向交流。将集团与各成员企业紧密结合于一体，推动燃气集团人力、物力、资源的合理调度与分配，提升集团整体的运营管理水平。基于这种管理模式，实现了将燃气集团与成员企业有机地组合成一体。

7.3.6 未来清洁能源——氢能

氢气是一种万能的能源载体，在其利用的价值链上，涉及现代化社会的所有主要部门——工业、建筑、交通、能源。在各国政府可持续发展路线图的推动下，以及全球能源部门普遍的脱碳需求的支持下，氢技术在过去几十年里迅速发展。如今，越来越多的证据表明，氢能是实现我们全球能源系统深度脱碳的一个不可或缺的选择。首先将电解产生的 H_2 与 CO_2/CO 混合在一起甲烷化，释放热量和水，同时生成 CH_4，并可直接混入天然气管道中利用，从而实现碳在能源利用中的可持续性循环，是降低碳排放的最具潜力的途径，如图 7-7 所示。目前，氢气的生产主要来自电解，因此氢能与电能是密切耦合的，这衍生出一个新的学术名词——电转气(Power to Gas，P2G)。

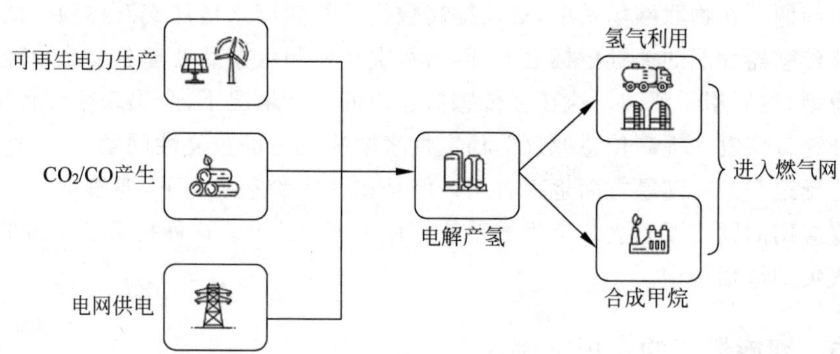

图 7-7 氢能—电网价值链

电转气流程链于 20 世纪 80 年代和 90 年代在日本首次提出。Hashimoto 等人提出利用海水回收全球二氧化碳，并于 2003 年建立了一个试验工厂。近年来，由于风能和太阳能的利用比例不断增加，对电转气的更广泛兴趣已经开始增长(尤其是在欧洲)。

利用电能制氢是最成熟的方法，包括三种主要工艺：碱水电解、质子交换膜电解和固体氧化物电解方法。第一，碱水电解技术较成熟，到目前已被商业化运用几十年。碱性水溶液(KOH 或 NaOH)常被用作电解质，在常压或高压条件下均可工作。在常压下，电解效率较高，但输出的氢气无论是运输还是使用，都需要进一步加压。而在高压下电解，产氢效率较低，但可产生压缩氢气并被直接使用。研究对比表明，高压产氢所消耗的总能量更低。碱水电解的最大缺点是所使用的电解质具有很强的腐蚀性，因此需要高维护成本，每 7～12 年需要对系统进行一次全面检修。第二，质子交换膜电解产氢是一种相对较新的技术，该技术是基于固体聚合物膜。其主要优点在于更快的冷启动、更高的灵活性，以及与动态和间歇系统更好的转换。然而，该技术目前比碱水电解更昂贵(由于膜的成本和贵金属催化剂的使用)，使用寿命也较短。第三，固体氧化物电解（又称高温电解）是最近发展起来的电解技术，目前仍处于实验室阶段。在 ZrO_2（二氧化锆）中掺杂 8％的 Y_2O_3（三氧化二钇）作为电解质，在高温下对氧离子（载流子）具有高导电性，从而释放氢气，该反应具有良好的热稳定性和化学稳定性。由于该反应持续放热，含氢气的混合物将大量出现，这增加了额外处理的成本。该技术的最大的挑战是材料的快速降解和有限的长期稳定性，而且长期处于高温运行，在面对波动和间歇性电源时该反应并不稳定。

氢气一旦生产出来，可以直接注入燃气管道中，但现在的应用不高，主要是因为其特殊的物理和化学性质，会引起一些与材料耐久性、泄漏和安全性相关的担忧。例如，氢气浓度过高可能会导致储存钢罐物理性能的削弱而出现裂纹——氢脆。高压氢气也会增加钢材的渗透性，需要使用低渗透材料（低碳含量的钢等）来进行高压氢气运输。对于大部分刚生产出来的氢气都需要妥善存储，目前主要有物理存储和材料存储两种方式：物理存储方式包括压缩气体、液体、低温压缩气态氢气或储存在盐穴，这类存储方式都没有什么技术难题，仅需要注意产硫细菌的污染，这类细菌大多数是厌氧型细菌，可将氢气转化为硫化氢；材料存储方式又可细分为化学吸附和物理吸附方法。

接下来，就是将生产出来的氢气与 CO_2/CO 混合进行甲烷化的过程。该反应早在 1902 年就已被人所知。自 20 世纪 70 年代石油危机以来，利用二氧化碳甲烷化技术生产天然气就引起了越来越多的关注。截至目前，这仍是一个需要借助催化剂进行的成本极高的反应过程。Ni、Ru、Rh 和 Co 可用作甲烷化反应的催化剂，其中镍被认为是最佳的催化剂选择。通常自然天然气中 CH_4 的含量超过 80％，其他主要成分是碳氢化合物，如乙烷，丙烷和丁烷，它们比纯甲烷的热值更高。然而，使用镍催化剂制作甲烷的转化效率近乎 100％，由于缺乏高级碳氢化合物，甲烷化制得的天然气的热值低于自然天然气的热值。

为了进一步降低氢气转甲烷的成本，利用产甲烷微生物也是另一种选择。在一个典型的沼气工厂中，第一步是有机底物（生物量）水解为简单单体（单糖、氨基酸和脂肪酸）。随后，这些单体被转化为乙酸盐、二氧化碳和氢。最后，通过细菌微生物的乙酸发酵途径，将底物乙酸生产甲烷。除在细菌域外，在古菌中也发现了可以直接将 CO_2 和 H_2 生产甲烷的过程，它们通过厌氧代谢氢和二氧化碳获得生长所需的能量。在目前的工业应用中，还未有利用古菌产甲烷的报道。

考虑到氢气转甲烷过程成本极高，这迫使各个国家都在考虑将氢气直接混合到天然气中进行供应，但是，氢的混合会进一步降低天然气的热值，从而减少燃气管道中的可用能量。英国目前允许的最大氢含量水平（按体积）仅为 0.1％，而欧洲法规允许高达 12％，美国的研究甚至建议在 5％～15％。混合氢气的比例取决于地理位置、允许的最大氢浓度、天然气的组成和流量、网络本身的结构及最终用途等因素。目前关于如何提高氢气混入燃气管道中的比例或提高管网中输送的能源是一个热点问题，因为既要考虑管网材料，也要研究消费端的新型燃气装置以提高燃烧热值。为了弥补天然气中混合氢导致热值下降的问题，一般都采取提高流量压力的方式补偿，这会对输送管道中的压气站和阀门机构产生冲击。

本章小结

智能电网不是一个单一的系统，而是多种可再生能源和赋能技术的集合，智能控制是其提高资产利用率机制的重要组成部分。使用先进的控制策略为间歇性可再生发电的负载提供持续的电力。能够适应分布式发电的通信网络和控制系统是集中或分散监测、保护和运行智能电网的关键技术。

智能气网是在传统气网的基础上引入物联网、云计算、区块链和智能决策等人工智能技术构建而来的。利用先进的各种传感器(气体、空间和流量)将气网管道中的属性信息、空间架构和社会职能联系起来。电转气技术将在未来能源系统中发挥重要作用,构建与电网互联的能源体系,是实现深度脱碳的重要手段。

在过去的几年里,自动化控制技术(ACT)和信息通信技术(ICT)被广泛用于智能水网中,这两项技术的应用对于精准检测水量消耗起到关键作用,并得以进一步跟踪供水网络中的泄漏和爆裂问题。基于精确水量数据不仅更有利于泵送、阀门操作和调度的效率,还能助力未来规划的海绵城市建设。然而,由于在总体框架上缺乏共识,这种智能水系统的设计和构建还没有完全标准化,这是阻碍智能水网络广泛应用的主要挑战之一。

[1] 张瑶,王傲寒,张宏.中国智能电网发展综述[J].电力系统保护与控制,2021,49(5):180-187.

[2] 刘振亚.智能电网知识读本[M].北京:中国电力出版社,2010.

[3] BLAABJERG F,TEODORESCU R,LISERRE M,et al. Overview of control and grid synchronization for distributed power generation systems [J]. IEEE Transactions on Industrial Electronics,2006,53(5):1398-1409.

[4] VIDAS L,CASTRO R,PIRES A. A Review of the Impact of Hydrogen Integration in Natural Gas Distribution Networks and Electric Smart Grids[J]. Energies,2022,15(9):3594-3608.

[5] QADRDAN M,ABEYSEKERA M,CHAUDRY M,et al. Role of power-to-gas in an integrated gas and electricity system in Great Britain[J]. International Journal of Hydrogen,2015,40(17):5763-5775.

[6] GONDAL I A. Hydrogen integration in power-to-gas networks[J]. International Journal of Hydrogen Energy,2019,44(3):1803-1815.

1. 简述智慧电网、水网和燃气的概念。
2. 简述智慧电网、水网和燃气系统的架构和主要技术。
3. 简述主要的分布式能源种类及应用前景。
4. 在碳中和背景下,能源系统可在哪些环节上及如何进行深度耦合?

1. 神经网络和深度学习算法。

2. 气体识别算法中的 k 近邻(k-Nearest Neighbor,kNN)方法。

3. 智能电网网络拓扑:邻域网络(NAN)、软件定义网络(SDN)、相互依赖网络(IN)、Field Area Networks (FAN)、无线传感器网络(WSN)。

未来智慧能源

【学习目标】

1. 了解发展智慧能源面临的背景与机遇。
2. 了解发展智慧能源面临的问题与挑战。
3. 了解智慧能源的未来新技术。
4. 了解智慧能源的未来发展趋势。

【章节内容】

在应对气候变化的全球背景下，我国在联合国大会上郑重提出了“2030年前碳达峰、2060年前碳中和”的宏伟目标，作为碳排放重点关注对象的传统能源行业如何实现“双碳”目标？我国能源行业实现“双碳”目标的过程中将会面临哪些问题、挑战和技术瓶颈？随着信息技术、通信技术、人工智能、深度学习、区块链、物联网等新技术的快速发展，传统能源行业的发展如何与上述新技术交叉融合从而促进智慧化转型？在未来的社会中，智能能源系统将会给我们的生产和生活带来哪些变化和进步？本章将为读者描绘一幅当前视角下未来智慧能源系统的宏伟蓝图。

8.1 发展智慧能源面临的重要机遇

对能源行业而言，“未来已来”这句话尤为应景。2015年12月，全球各个国家在巴黎签署的《巴黎协定》，提出了将全球气温控制在工业化前水平2℃以下，并为1.5℃的目标而努力，这标志着低碳发展已经在全球成为共识，势必将对全球能源行业发展产生重大影响，新一轮的能源大转型已经提上日程。毫无疑问，随着全球经济的发展，未来很长一段时间内，全球对能源的需求规模将不断增长，同时能源转型过程中伴随着巨大的耗能差距和长期的能源范式转变。目前欧美发达国家正在进行的能源转型呈现去碳化、数字化和去中心化的特征趋势，按照这个趋势发展，21世纪中叶人类将完全进入多元能源时代，高碳化石能源的发展空间日渐萎缩并逐步退出历史舞台，这是一个不可逆转的能源发展趋势。

2020 年 9 月 22 日，我国在第七十五届联合国大会向全世界郑重宣布："中国将提高国家自主贡献力度，采取更加有力的政策和措施，二氧化碳排放力争于 2030 年前达到峰值，努力争取 2060 年前实现碳中和。"作为二氧化碳排放主力军，能源行业产生的碳排放占我国二氧化碳排放总量的比重超过 50%。我国从碳达峰到碳中和这个过程只规划了短短 30 年的时间，能源转型和碳减排将承受巨大的压力。

"双碳"目标对于能源行业清洁低碳转型既是挑战也是机遇，需要能源供给侧和消费需求侧互相协调，通过加大清洁能源投入和大幅提升能源利用效率的措施，以经济高效的智慧能源技术支撑我国经济社会发展的转型，不断提升人民群众生活水平，进而加快实现能源产业的新一轮革命和转型。随着能源行业与信息技术进行深度融合，发展先进的智慧能源技术，是占领能源行业技术制高点，实现我国能源生产与消费革命的重要支撑，实现智慧能源体系的重要机遇。

8.1.1 发展智慧能源的国际环境

气候问题实质上是发展路线问题。很多国家推动低碳绿色经济的最主要动机是应对全球气候变化。进入 21 世纪以来，欧美发达国家将应对气候变化、发展清洁能源、促进节能减排的计划提升到了国家战略的层面。应对全球变暖的气候变化引发的国际竞争日益激烈。欧美等发达国家依据各自国情制定了相应的清洁能源发展战略规划，将其作为应对气候变化的重要手段。发达国家将全球变暖的气候问题作为一个强大的政治经济手段，通过制定新的国际规则和标准，期望在未来的能源竞争中占据更大的市场份额并掌握主导权，限制发展中国家的发展，确保其本身的未来发展空间和潜力。广大的发展中国家尽管在技术、资金、规则等方面均处于不利地位，仍需在应对气候变化的过程中，尽可能地确保其未来发展所需空间。由此可见，发达国家之间、发达国家与发展中国家的合作和竞争将是未来国际能源竞争过程中的主旋律。

现有全球各个国家承诺的减排量难以满足避免全球气候变化的要求。目前各个国家的政策难以支撑《巴黎协定》目标的实现，人类需要更强有力的政策来推动全球能源转型。新一轮的能源革命的核心背景是"气候变化引发的外部驱动效应显著"，外部驱动是本轮能源革命的关键动力，一旦世界各国对能源转型的支持力度不足，出台的政策因本国的经济和社会等客观因素的制约无法提供强有力的支持，能源产业的新一轮智慧化革命将成为空中楼阁，无法落到实处。面对气候和环境这个全球性的公共产品，人类能否走出公共治理的"囚徒困境"，仍然是一个未知数。

8.1.2 当前是发展智慧能源的战略机遇期

人类经济社会与能源密切相关，人类生活的方方面面都离不开能源，但是能源的发展与不同国家之间的制度、经济水平、技术水平、国际合作、公民观念等影响因子相互作用和相互制约，这意味着新一轮的能源转型不会一帆风顺，一定会存在诸多想象不到的困难。遵循前两次能源转型的实践规律，能源转型往往紧跟在重大技术革命之后，技术革命才是能源转型的最重要的推动力。

第一次工业革命，人类用煤炭替代薪柴成为主要能源，蒸汽机技术推动人类从手工业发展到机器大生产；第二次工业革命，石油取代煤炭成为主要能源，内燃机技术和电力技术推动电力成为新能源，进入生产生活领域并广泛应用。第三次能源转型过程中将诞生何种革命性和颠覆性的重大技术？当前风光发电技术、储能技术、氢燃料电池技术或核聚变技术、快速高效的新一代计算机、人工智能、大数据、物联网、区块链等技术创新层出不穷，数字化技术被寄予厚望，人们普遍认为能源和人工智能等数字化技术的结合将发展成为智慧能源体系，推动第三次能源转型。加拿大学者瓦茨拉夫·斯米尔(Vaclav Smil)在《能源神话和现实》一书中告诫人们，能源技术创新并不遵循摩尔定律，人类至今仍在使用100多年前的能源动力技术。同时，美国学者泰勒·考恩(Tyler Cowen)在《大停滞》一书中指出：科技创新的"低垂的果实"已被摘完，近十年来除了信息技术大爆发之外，人类在很多科技创新的分支上都遭遇了发展瓶颈。新一轮科技革命的广度和深度究竟如何，将如何影响新一轮的能源转型革命，将如何推动智慧能源体系的建设，这些都有待于后续深入观察。

1. 我国发展智慧能源面临的问题

从全球格局来看，能量转化效率的提高带来了燃料和电力消耗量的稳定增长，能源利用效率的提高并没有降低全世界的能量需求总量。目前来看，人类最合理的能量供应战略应是在提升能量转化效率的同时，减慢总体能量需求增速，在开发新型核反应堆技术基础上，在同时确保经济效益和环境效益双重目标条件下，加快提高清洁能源的比重，减少二氧化碳等温室气体的排放，减缓全球变暖的速度。新一轮的能源转型是一项长期和复杂的系统工程。经济发展方式转变需要能源发展方式转变，亟须通过发展智慧能源来推动能源供应与能源消费的根本性改变，当前我国在促进能源发展方式转变方面处于重要机遇期。

改革开放四十多年以来，我国经济的高速发展建立在能源和资源大量消耗、温室气体大量排放的基础上，能源利用水平远低于欧美发达国家，经济社会发展与能源资源之间存在突出的矛盾，主要体现在三个方面：①能源资源供求不足的矛盾对经济社会发展的影响日益显著，保障能源供给平衡的难度日益增加；②传统经济发展模式下，我国各个行业的能源和资源利用效率低，大大增加了合理控制能源消费总量的难度；③传统经济发展模式引发的能源资源与环境的矛盾日益凸显，迫切需要协调经济发展速度、发展质量和发展效益三者之间关系，实现高质量发展。

在大力开发和利用可再生清洁能源的同时，很多国家都积极提高能源利用效率。对于我国这样发展日新月异的发展中国家而言，在未来很长的时间内，我国对能源的需求将不断提升，能源供需不平衡的矛盾将长期存在。如何实现既可以实现能源供求平衡，不过度牺牲经济社会发展质量和速度，不降低广大人民的工作和生活水平，又要合理控制能源消费总量，改善能源行业的结构，降低温室气体的排放总量，促进可持续低碳绿色发展？这是我国当前和未来很长一段时间内都要积极探索和解决的重大战略课题。

为了保证我国经济社会发展的增速，实现又快又好的发展，转变经济发展方式是必不可少的选择。我国转变经济发展方式实现能源行业革命至少要进行两个方面的转型：生产方式的革新和消费方式的变革。而这两个方面的转型的关键在于转变能源发展规划和实施路径，有效控制能源消费总量，增加可再生能源所占的能源比例，保证我国能源行业的安全、低碳和高效。

2. 我国发展智慧能源面临的机遇

实现能源发展方式转变的关键,需要抓住信息革命的发展机遇,采用先进信息和通信技术,开展能源生产全生命周期的技术创新,将信息技术和通信技术贯穿到能源生产的发电、输电、配电、变电和用电环节,实现能源生产流程的智慧化运营和管理,促进智慧能源产业自主创新能力的提升;推动能源生产装备智能化和生产过程自动化,加快建立智慧能源生产体系;以信息化技术推动绿色经济发展,提升资源利用效率和安全生产水平。推进我国能源行业转型的过程,不仅是我国能源基础设施与互联网技术、信息技术、自动化控制、计算机、微电子及电力电子技术深度耦合的过程,而且是我国智慧能源体系建立的过程。当前时期正是我国能源发展方式转变的战略关键期。

8.1.3 发展智慧能源有助于我国应对气候战略

在"双碳"政策的驱动下,发展智慧能源是实现我国能源产业转型的重要手段和方法,是引领能源行业发展方向的重要战略机遇。大力发展清洁能源,提高清洁能源的比重,倒逼能源行业进行智慧化和数字化升级,提高能源利用效率,加大新能源的投入,降低能源生产的碳排放,建立全国互联互通的智慧能源体系,为应对全球变暖问题作出应有的贡献。

1. "双碳"背景下我国能源行业转型的特征

从世界能源发展史和当前国内外能源发展趋势看,"双碳"背景下我国能源行业转型将呈现以下四大特征。

(1) 能源结构由高碳向低碳转变。目前,国家发改委和能源局等政府部门已颁布一系列能源改革和规划的政策,大力促进清洁能源的发展,增加清洁能源的比重,避免对煤炭能源的过度依赖,一旦风电和光伏发电规模和成本竞争力提升,对化石能源发电厂将产生巨大的挑战。同时,动力电池技术和交通领域电气化的推进,会给交通和供热取暖等化石能源消费产生巨大冲击。

(2) 能源效率由低效向高效发展。能源效率作为"第一能源",可能是一种持续进行的、潜移默化却又范围最广、效果最大的能源替代。近年来,我国能源效率逐步提升,单位标准油产生的国内生产总值(GDP)从2007年的1 581美元增长到2021年的4 597美元,增幅高达191%,与发达国家相比存在较大差距,2021年美国、日本和德国单位标准油产生的GDP分别为10 610美元、12 349美元和14 388美元。由此可见,我国的能源利用效率提升还有很大的空间和潜力。一旦我国的能效从低效向高效发展,在社会重点领域诸如交通、电力、建筑等将展现巨大的能源节约效应。

(3) 能源市场结构由垄断走向竞争。目前,全国6 000千瓦级以上各类发电企业4 000余家,其中国有及国有控股企业约占90%。中国华能集团公司、中国华电集团公司、中国大唐集团公司、中国国电集团公司和中国电力投资集团公司等央企装机容量约占装机容量的48.79%,地方国企装机容量占总装机容量的45%,剩余不足7%的发电比重为民营和外资发电企业所提供。与发电环节相比,能源输电环节的垄断性更显著,国家电网和南方电网两家大型央企分别占超高压电网的80%和20%。由此可见,发电和输电环节的业务主要由国企垄断。随着能源行业的转型,能源行业必将打破垄断的局面。引入民营企业和外资企业投资,将加速能源行业的转型和升级。

（4）能源的资源配置方式由计划为主转向以市场为主。目前，我国能源价格主要由政府制定，其价格构成不尽合理，缺乏科学的价格形成机制，不能真实反映能源产品市场供求关系、稀缺程度及对环境的影响程度，缺乏对投资者、经营者和消费者有效的激励和约束作用。未来，需要逐步完善水电、风电、抽水蓄能等价格形成机制，出台电动汽车用电价格政策，促进清洁能源的快速发展，同时逐步推广和实行分类电价、分时电价、阶梯电价、实时电价等电价制度，用市场经济的手段推动能源行业的转型和升级。

2. 发展智慧能源对气候战略的推动作用

智慧能源的发展与气候战略能否成功实施密切相关，智慧能源对气候战略的推动作用重点体现在以下四个方面。

（1）节能减排方面。推动能源行业的节能减排，实现先进信息通信技术与能源基础设施及相关技术的融合，对能源开发环节，实行合理布局、集约管理。

（2）能源转型方面。对能源转化环节实现能源战略转型，推进可再生能源、清洁气体能源、地热能源和水电的大规模开发。

（3）能源输送方面。对能源输送环节构建智能电网体系，加强国际能源合作，有效缓解我国能源资源和生产力分布不均衡的矛盾，实现整个能源价值链的可持续发展。

（4）能源市场服务方面。对能源利用环节实行精益化管理、市场化运营，以价格为杠杆，开展节能服务，带动能源相关产业发展。

3. 发展智慧能源是我国能源行业由大变强的必由之路

回顾我国能源行业发展历史，我国能源行业自新中国成立以来突飞猛进，创造了举世瞩目的成绩，取得伟大的成就，已成为不折不扣的世界能源生产消费大国。2021 年，全国一次能源生产总量为 43.4 亿吨标准煤，能源消费总量为 52.4 亿吨标准煤。其中，原油产量为 1.98 亿吨（世界第八）；天然气产量为 2 075.8 亿立方米（世界第六）；全国全口径发电装机容量为 237 692 万千瓦（世界第一），全口径发电量达到 85 342.5 亿千瓦时（世界第一），比排名第二的美国高出 33%。同时，在水电、风电、太阳能发电装机规模上，我国均居世界第一位。但是，考虑到我国是人口众多、国土辽阔的世界大国，从体量上是能源大国，但是从人均能源消耗量来看，我国与欧美这些能源强国之间还存在很大的差距。

通过大力实施能源产业的数字化、信息化、互动化、自动化、智能化建设，借助科技创新的力量，推动能源产业升级，优化能源结构，建立智慧能源体系，将有助于我国抢占世界能源产业的制高点，引领能源行业的发展，降低我国能源对外依存度，加强我国能源安全及能源应急体系建设，切实促进我国由能源大国向能源强国的升级和转型。

8.2　发展智慧能源面对的主要问题与挑战

8.2.1　发展智慧能源面对的主要问题

发展智慧能源需要重点关注多种能源的配合和利用，尤其是传统化石能源发电与清洁能源分布式发电之间的协同合作，各自发挥其能源优势。以智能电网为基础，建设能源互联网，与其他能源进行协同，最终建立智慧能源体系，使先进的信息技术和能源基础设施深度

耦合，构建能源大数据及智慧能源云平台，提高我国能源供应与消费的水平。发展智慧能源面对的主要问题如下。

(1) 化石能源和可再生能源的协调与兼容。在我国风电资源丰富的中西部偏远地区，煤炭资源也十分丰富的地区，输煤、输电都有一定难度，如何将这些资源输送给全国中东部资源能源匮乏地区并发展地方经济是亟待解决的问题。未来可行的方案是以智能电网为基础，将风电和火电打捆输送，解决长距离输送损耗大的问题，优化与改善风电和火电两者并网兼容的问题。

(2) 储能与各种能源之间的调度和互补。太阳能、风能等间歇性、随机性的特点，给其利用带来了很大的挑战。当此类能源发电比例较小时，不会对传统电网的安全可靠运行带来太大的影响；而随着我国千万千瓦级风电基地等大规模、大比例份额可再生电源的开发利用，其接入电网需要各种其他能源的电源进行调峰平衡等，安全稳定及功率控制等问题需要协调和摸索。采用储能的方式实现可再生能源的稳定运行就势在必行。

(3) 集中和分布式能源供应的协调。过去，以石油和天然气为代表的传统化石能源均是从矿藏中直接开采随后根据实际需求进行加工、输送、存储和终端供给，属于典型的集中能源供应模式。然而，未来能源系统的显著特征是可再生能源的分布式生产将成为能源生产的重要组成单元。现代化的能源网络，不仅要求高效率和资源的优化配置，还需要丰富的兼容性和安全性，摒弃能源供应在形式和距离上的桎梏和限制，与时俱进地发展，为用户提供优质可靠的分布式能源解决方案。这就需要研究从集中式的能源供应转向集中和分布式能源供应的协调问题。

(4) 电网、天然气网、交通网、热(冷)网及水网的协调。建设智能电网，关键是调动各种电源点的潜力和出力特性的优势，尤其是不同规模的可再生能源的接入，大到吉瓦级大风电场，小到个人屋顶发电。在能源利用的过程中，充分利用各种余热和余压，提高能源利用效率，构建不同规模的分布式微电网。从能源的发展趋势来看，用户能源自给自足的倾向性越来越明显，传统的用户既是能源生产者又是能源消费者。此外，广大居民对能源的需求除了用电需求之外，还有供热、供冷、液化气、自来水等需求。随着能源互联网的发展，城市热力网、城市天然气网和城市供水网也将得到相应的整合规划。上述不同介质领域的网络，从本质上都是以互联网为传播媒介实现协同发展、相互配合和相互支持。能源互联网的发展必然会推动天然气网、热网、水网的智慧化转型，最终整合发展成为未来智慧能源体系。

8.2.2 发展智慧能源面对的主要挑战

建设智慧能源体系是一个开放的系统工程，任重道远，需要各个利益相关方共同努力，协商制定长远的智慧能源体系的发展规划，编制切实可行的实施方案，提出行之有效的技术路线，逐步解决发展智慧能源体系过程中面临的众多问题和挑战。

1. 发展智慧能源面对的政策挑战

长期以来，我国的煤炭、石油、天然气、核能、可再生能源、运输、电力等行业，大多是各自运营、互不干扰的发展模式。这种模式凭借其专业化、技术化和纵深化的优势，在我国经济社会发展初期发挥了重要作用，促进了各行各业从小到大逐步发展壮大。近十年来，我国经济社会快速发展，能源消费总量迅速增加，一次能源消费总量年均增速为世界同期平均增速的3.5倍。未来十年甚至更长的时期，我国能源消费总量仍将继续增长。同时，我国在未来几十年将面临巨大的减排压力，能源结构亟须优化，清洁能源比例需不断增加。因此，我国需要突破传统能源行业格局，跳出对能源行业的传统认识，制定统一的能源资源发展规划，统筹协调各类能源资源的开发利用，推动能源生产与消费革命，形成全国能源资源的多元、互补发展，构建"全国一体化智慧能源体系"的格局和规划。

2. 发展智慧能源面对的技术挑战

智慧能源体系将对新型智能传感器、计算机、微处理器、嵌入式技术、储能技术等提出更高的要求，要真正实现一次设备和二次设备的融合，机械设备和电子传感器的一体化，并保证智能设备在恶劣环境下（强电磁、高低温、振动）实现稳定可靠地运行，将是一个巨大的技术挑战。目前，通信系统技术的成熟程度参差不齐，难以确保智慧能源体系的信息互操作性和安全性。如何建设能源互联网下的用户、数据、设备与网络之间信息传递、保存、分发的信息通信安全保障体系？如何提升能源互联网网络和信息安全事件监测、预警和应急处置能力？这些问题都是未来我国将面临的技术挑战。其次，智慧能源体系中大数据的搜集、识别、分析、处理等各个环节仍有很多关键技术问题亟待解决。最后，最艰巨的技术挑战是建立科学、严格的检测认证体系。

3. 发展智慧能源面对的管理体制挑战

(1) 利益相关方的协同。智慧能源体系是一个复杂的开放系统，影响社会中的每个人和每个企业。虽然并不是每个人都直接参与智慧能源的开发，但是让每个人、每个企业都理解智慧能源和解决他们的能源需求，需要各利益相关方互相协作并为此付出巨大的努力。

(2) 智慧能源体系的复杂性。智慧能源体系有些地方需要人的参与和互动，有些方面则需要即时、自动地做出反应。智慧能源体系建设将面临财政、环保等各政府部门的挑战，从管理层面确保智慧能源体系的网络安全。

(3) 管理制度的更新与匹配。如果没有良好的管理制度、在线的风险评估、严格的培训制度，将难以保证智慧能源系统的安全运行。

4. 发展智慧能源面对的标准体系挑战

目前针对智慧能源的通用标准还未建立。通用技术标准建立在政府部门、监管机构、行业组织、企业等许多利益相关者协商一致基础之上，需要各利益相关方通过长时间磨合和谈判才能达成共识。一旦我国智慧能源的标准体系被国内外企业和个人广泛采用，如能源转换类标准、设备类标准、信息交换类标准、安全防护类标准、能源交易类标准、计量采集类标准、监管类标准，我国将在全球能源转型中占据领先地位。在现有的质量评价体系不健全的条件下，如何建立全面、先进、涵盖相关产业的产品检测与质量认证平台，如何建立质量认证平台检测数据共享机制，如何建立健全检测方法和评价体系并引导产业健康发展，上述标准体系的挑战都是未来智慧能源体系建设中亟待解决的问题。

8.3 未来智慧能源

人工智能、大数据、区块链、边缘计算、5G技术等新一代高科技的融入，进一步推动了能源行业的智慧化升级，向智慧能源的方向演变。未来的能源革命将是以新能源和高科技的深度融合为特征，高度提升网络整体能效，构建多源融合的智慧能源体系。从宏观层面，随着“清洁能源、石油、煤炭和天然气”的四分天下能源格局演进和“一带一路”的逐步实施，为智慧能源的未来发展提供新机遇。从操作层面，智慧城市发展需求、未来智慧交通趋势、全球共享和电子商务交易模式变革，将进一步催生能源产业的变革和创新。

8.3.1 技术发展

科技决定能源产业的未来，技术创新在智慧能源体系中起到决定性作用，必须摆在智慧能源体系的核心位置。传统能源行业与大数据、人工智能、边缘计算、区块链和5G通信等新技术的深度结合，将达到“1+1>2”的裂变放大效应，从根本上推动能源行业的智慧化升级，实现能源的有效利用。

1. 清洁能源生产和储能技术

未来的智慧能源以可再生的清洁能源技术和储能技术为基础。

1）高空风能

技术定义：高空风能属于一种储量丰裕、分布广泛的可再生清洁能源，我国绝大部分地区5 000m以上高空中的有效风能密度在每平方米1 000W以上，发展高空风能具备先天优势。高空风能是利用高空风能密度是低空风能十倍至百倍的特性进行风力发电的技术。

技术特征：高空风资源极为丰富，容量系数有望达到90%以上，无须大型支撑结构、无须偏航系统，占地面积极小。高空发电设备在高空高风速下的稳定性及在高空雷击频发环境下的安全性有待提高和完善，设备升降、运行、输电方式，设备发射、回收、维护极为复杂，对航空安全存在威胁。

示范案例：安徽绩溪高空风能发电示范项目由中国能建与中路股份合作投资、中国能建安徽院总承包、江苏电建一公司承建，装机容量为2×2.4MW，采用设计巧妙的高空风能发电技术，充分利用风能资源。梯伞结合高空风能发电技术，在高空设置独有的伞梯式结构降落伞组吸收高空风能，通过缆绳带动地面齿轮机转动从而将风能转化为机械能，然后通过地面发电设备将机械能转化为电能。未来高空风力发电可能会成为全球最大的电力来源。安徽绩溪高空风能发电示范项目如图8-1所示。

图8-1 安徽绩溪高空风能发电示范项目

2）海上风电

技术定义：海上风电是指水深 10m 左右的近海风力发电技术。我国海上风能资源丰富，且主要分布在经济发达、电网结构较强、缺乏常规能源的东南沿海地区。

技术特征：与陆上风电场相比，海上风电场的优点主要是不占用土地资源，基本不受地形地貌影响，风速更高，风能资源更丰富，风电机组单机容量更大（3～5MW），年利用小时数更高。但是，海上风电场建设的技术难度也较大，建设成本一般是陆上风电场的 2～3 倍。

示范案例：上海市东海大桥海上发电场是全球欧洲之外第一个海上风电并网项目，也是我国第一个国家海上风电示范项目，如图 8-2 所示。该项目位于临港新城至洋山深水港的东海大桥两侧，距离岸线 8～13km，平均水深 10m，总装机容量 102MW，每年发电量约为 2.6×10^{8}kW·h，海上风电场所发的电能通过海底电缆输送回陆地，供上海 20 多万户居民使用一年，相当于每年减少二氧化碳排放 2×10^{5}t。

图 8-2　上海市东海大桥海上发电场

3）海上光伏发电

技术定义：海上光伏发电是将光伏发电系统设置在近海海面进行发电的技术。该技术分为两种类型：固定式和漂浮式。规模化的海上光伏电站主要为沿海滩涂固定式。真正的近海海域漂浮技术大多仍在试验和探索阶段。

技术特征：海上光伏发电的优势主要有三个方面：①海上光伏能源潜力巨大，我国海岸线长 1.8×10^{4}km，按照理论研究，可安装海上光伏的海域面积约为 7.1×10^{5}km²。按照 1/1 000 的比例估算，可安装海上光伏装机规模超过 70GW；②海上光伏不占用陆地资源；③海上光伏发电场紧靠东部沿海用电需求量大的地区，输电线路短，减少输电损耗。海上光伏发电的劣势主要有五个方面：①海上光伏电站对于防腐要求更高，电气设备防腐要求 C5 等级；②近海光伏需设置防浪设施，增加投资成本；③在黄海和渤海区域，要注意海冰影响，考虑防冰和破冰措施；④海上光伏电站需论证风暴潮的影响；⑤海上光伏的运维难度大。

示范案例：新加坡在柔佛海峡部署5MW的海上漂浮式光伏电站，如图8-3所示。该项目已于2021年6月建成竣工，目前运行良好，是全球规模最大的海上漂浮式光伏系统之一，配备超过3万个浮动模块，用来支撑13 000多个太阳能板和40个逆变器。该系统预计每年可生产约6.02×10^6kW·h的电力，约等于1 250个四房式组屋一年的用电量，且能减少4 258t碳排放。此外，该系统采用了稳健的恒张力系泊系统，能够承受变化的天气条件，保持平台所有运行设备的稳定。

图8-3 新加坡海上漂浮式光伏电站

4）地热发电

技术定义：地热能是一种绿色低碳、可循环利用的可再生能源，具有储量大、分布广、清洁环保、稳定可靠等特点。开发利用地热能不仅对调整能源结构、减少碳排放、保护生态环境具有重要意义，而且对培育地热发电行业、促进新农村建设和新型城镇化具有促进作用。

技术特征：地热能是可再生清洁能源，蕴藏量比较丰富，单位生产成本低，分布比较广泛，利用率比较高，建设时间短，技术门槛较低。地热发电的缺点是资金投入比较大，会受到地域的限制，需要有30%的地热能推动涡轮发电机，容易产生水垢，发电过程中会释放有毒气体，造成空气污染。

应用案例：西藏羊八井地热电站及其热田位于我国西藏自治区拉萨市西北约90km的当雄县境内，如图8-4所示。羊八井地热田于1991年完成建设，装机容量25.18MW。1996年以前，其发电量占拉萨电网发电量的60%以上。截至2020年5月，累计发电量达3.425×10^9kW·h，同时利用发电尾水为羊八井镇扶贫搬迁安置点、温泉度假村提供热水进行综合利用。

5）重力储能

技术定义：重力储能是一种机械式储能。根据介质不同，重力储能系统可分为液体介质储能系统和固体介质储能系统。固体介质储能系统是基于高度落差，通过对储能介质进行升降来实现储能系统的充放电过程。升降主要借助山体、地下竖井、人工构筑物等，重物一般选择密度较高的金属、水泥、砂石等。液体介质储能系统主要采用电动发电机和水泵涡轮机进行势能和电能转换，一般通过水阀、电动发电机的电流等参数进行控制从而实现充放电过程。

技术特征：重力储能的优点在于成本投入相对经济，初始建设成本仅需约为3元/kW·h，低于抽水蓄能和压缩空气储能成本；安全性高，对环境破坏小；适应性强，对建设环境要求

图 8-4　西藏羊八井地热发电站

不高；使用寿命长，平均寿命在 30～35 年。重力储能的缺点在于其功率等级规模小，一般为百兆瓦级别，难以达到抽水蓄能吉瓦级的超大功率；建设及运维过程中存在安全风险，运行过程需不断上下吊装大型混凝土块，无论对高塔本身还是周边安全都会产生一定风险；发电稳定性差。

应用案例：2017—2018 年，瑞士 Energy Vault 公司整合多领域技术，在抽水蓄能的核心原理和技术之上，率先提出“混凝土块储能塔”解决方案，成功设计出精准的算法用于控制重力块轨迹和充放电节奏，如图 8-5 所示。

图 8-5　重力储能电站

6）抽水蓄能

技术定义：抽水蓄能利用水作为储能介质，通过电能与势能相互转化，实现电能的储存和管理。用电低谷时抽水蓄水，电力高峰时放水发电，可以提高电能的利用率，减少电能的浪费。抽水蓄能是技术最成熟、经济性最优、最具大规模开发条件的储能方式，是电力系统中的绿色低碳电源。

技术特征：

① 抽水蓄能电站作为水电站的一种补充，可使电网中各种类型机组，如水电、火电、光伏发电机组等都可以在较好的工况下平稳运行，可以尽量使机组启停次数减少和运行时间延长，极大地节约了能源消耗，也减少了机组运行时的有害气体排放量，保证了运行安全的同时，经济和环境上也取得了较高的效益。

② 抽水蓄能电站的工程量和投资成本等优于常规水电和火电。

③ 抽水蓄能具有调峰填谷、调频调相，旋转备用和应急事故备用等作用，将电能在时间上重新进行分配，有效调节了电网供需的动态平衡。

④ 抽水蓄能电站帮助电网系统消纳了更多的风电、太阳能这种间歇能源。抽水蓄能电站的出现让风电、太阳能这些新能源能够跨越距离创造价值。

⑤ 抽水蓄能电站在智能电网系统中占据重要位置。在未来智能电网运行过程中，抽水蓄能的启停迅速，运行方式灵活，可以满足不同的电力系统需要。我国抽水蓄能电站仍然存在电站作用未能充分发挥、电价机制有待进一步完善等问题，且部分地区的抽水蓄能机组利用率较低、调峰能力未能充分发挥。

应用案例：广东梅州抽水蓄能电站(图 8-6)装机容量为 2 400MW，一期装机容量 1 200MW，上、下水库一次建成，二期上、下库进出水口也在一期建成；电站调节性能优良，下库最大库容达 $4.954\times10^{7}\,m^{3}$，位居全国第二，电站具有满足 8 台机满发 14 小时的周调节能力。广东梅州抽水蓄能电站的全部投运对助力实现碳达峰碳中和目标、保障粤港澳大湾区电力供应、提高绿色能源消纳能力具有重大意义。

图 8-6　广东梅州抽水蓄能电站

7）压缩空气储能

技术定义：压缩空气储能指在负荷低谷期将电能用于压缩空气，将空气高压密封在报废矿井、沉降的海底储气罐、山洞、过期油气井或新建储气井中，在电网高峰期释放压缩空气推动汽轮机发电的储能方式。压缩空气储能系统主要由压缩机、储气库、回热系统、储热系统、膨胀机和发电机组成。在储能时，利用低谷电或可再生能源弃电驱动压缩机将空气压缩至高压状态并存于储气室，同时通过回热系统将压缩过程中产生的压缩热回收并储存；在释能时，将高压空气从储气室释放驱动膨胀机发电，同时利用存储的压缩热加热进入膨胀机的高压空气，无须燃料补燃，全过程无燃烧、零排放。

技术特征：压缩空气储能的优点在于压缩空气储能技术可充分利用周边风电和光伏电站的弃风、弃光所发电能进行储能，在用电高峰释放高压空气发电，以缓解电网调峰压力，实现可再生能源发电大规模消纳。该新型压缩空气储能电站可解决传统压缩空气储能依赖化石燃料、系统效率低等技术瓶颈，系统布置更加灵活，且储放气全程无污染、系统效率高。压缩空气储能的缺点如下。

① 储气库适宜选址受限，天然盐穴储气库主要分布于长江中下游、广东和山东局部地区，而对大规模储能需求大的西北地区则缺少适宜的建设地下储气库的岩盐底层。

② 人工储气库成本较高，虽然适合建地下储气库的硬岩岩石类型多、分布广，选址相对容易，然而其综合建设成本相对较高，目前还处于前期示范应用阶段。

应用案例：河北省张家口市张北县百兆瓦先进压缩空气储能示范项目(图 8-7)主要建设风、光、储一体化储能站，设计规模为 100MW，能量利用效率达 70.4%，占地约 57 000m^2。该项目主要包含 100MW 先进压缩空气储能示范系统 1 套，220kV 变电站 1 座，供暖热站等配套设施。2022 年 1 月，河北省张家口市张北县百兆瓦先进示范项目送电成功，顺利实现并网，并进入系统带电调试阶段。

图 8-7　河北省张家口市张北县百兆瓦先进压缩空气储能示范项目

8) 飞轮储能

技术定义：飞轮储能是一种大功率、长寿命、高效率、环境友好的机电能量转换的储能技术，能够在高频次充放电的场景下满足电力系统一次调频需求。储能时，电机驱动飞轮高速旋转，维持恒定的高速状态，将电能以动能形式储存；释能时，高速旋转的飞轮驱动电机发电，将储存的动能转换为电能，输出相应的电流和电压。

技术特征：飞轮采用磁悬浮轴承技术，飞轮转子和轴承之间无接触，轴承无磨损，循环次数可达 300 万次以上，且使用寿命不受充放电深度影响，运行过程中无有害物质产生，工况环境适应性好，运行过程中几乎不需要维护，不存在污染。飞轮储能的缺点是储电量低、自放电率高、运行成本高、设备功耗高。

应用案例：北京市地铁房山线飞轮储能项目是北京市 2012 年轨道交通网的建设项目之一，其功能是满足房山新城与中心城区间交通出行的需要，改善公共交通条件。房山线运营区段为郭公庄站至阎村东站，途经丰台区和房山区，运营里程为 25.4km，共开放 12 座车站。飞轮型再生能量回收利用装置(图 8-8)设置在广阳城站，装置功率为 1MW，替换了原有的电阻型能耗装置，通过馈线柜、负极柜接入牵引母线，接入方式简单。飞轮储能装置采用基于网压的控制策略，其具备阈值自动调整、空载网压辨识、SOC值跟踪等功能，最大限度地优化飞轮、车、网的动态配合和能量管理单元并可通过动态跟踪功能进行自我学习，使飞轮充放电性能与网压的配合更加默契。该装置日平均节电量达到 1 450kW・h，日平均节电率为 23%，具有明显的稳压功能，节能效果显著，为地铁的安全运行保驾护航，填补了国内应用飞轮储能装置解决轨道交通再生制动能量回收的空白。

图 8-8　北京市地铁房山线飞轮储能装置

2. 能源传输与变换前沿技术

1）柔性直流输电技术

柔性直流输电系统包括电压源换流器、换相电感、交流开关设备、直流电容、直流开关设备、测量系统、控制与保护装置等。柔性直流输电系统最核心的部分是换流站，包括整流站和逆变站两种类型。目前通用的柔性直流换流站主接线方案是单级对称接线方案。该方案结构简单，采用 6 脉动桥结构，通过合适的接地装置钳制住中性点电位，短路故障发生概率低，运行可靠性高。该接线方案在海峡间的输电、风电传输中得到广泛应用。

与传统高压直流输电技术相比，柔性直流输电技术具有以下三方面优势。

(1) 柔性直流输电技术可同时独立控制有功和无功功率，并可向无源网络供电，交流侧无须提供无功功率，无换相失败的干扰。

(2) 柔性直流输电技术具有静止同步补偿器的作用，动态补偿交流母线无功功率，稳定交流母线电压，在容量允许条件下可向故障系统提供有功功率和无功功率的紧急支援，提高系统的稳定性。

(3) 谐波含量小，需要的滤波装置少，产生的谐波比传统直流输电小。

柔性直流输电技术也存在以下不足之处。

(1) 输送容量有限和输送距离短，主要原因有二：一是电压源型换流器件结温容量的限制，单个器件的通流能力普遍较低，正常运行电流最高只能做到 2 000A；二是直流电缆

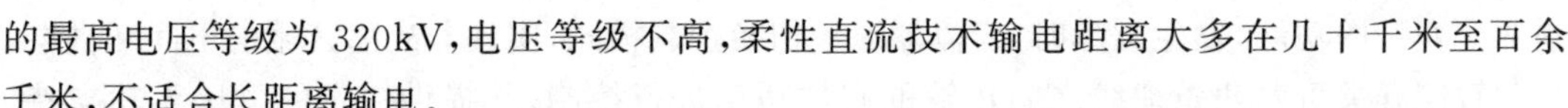

的最高电压等级为 320kV,电压等级不高,柔性直流技术输电距离大多在几十千米至百余千米,不适合长距离输电。

(2) 单位运行成本高,相关的直流输电设备供应商数量少,市场成熟度较为欠缺。从目前国内柔性直流工程的建设成本看,其单位容量造价为常规直流输电的 4~5 倍。

(3) 系统稳定运行性能较低。柔性直流输电没有相关的大电流开断的直流断路器,缺乏自动清除直流侧故障的能力。

(4) 损耗较大。与传统直流模式相比,柔性直流在损耗上基本持平,但是输送容量偏低,如果提高输送容量,需要更大规模的子模块和更快的开关频率,损耗会相应提高。

2) 直流电网

直流电网是由大量直流端以直流形式互联组成的能量传输系统。直流电网分为网状结构和树状结构两种类型。网状结构一般用于直流输电,树状结构一般用于直流配电。

我国的电力负荷中心主要集中在中东部地区,清洁能源和化石能源发电主要分布于西北地区,这种"西产东用"的能源现状奠定了我国能源必须远距离传输的格局,且这种趋势随着清洁能源的大量投产日益显著。对可再生清洁能源而言,比较理想的并网方式是直流入网。从经济适用性和技术可行性上分析,高压直流输电将是未来主流的能源输送方式。

我国未来输电网将由高压直流输电网和高压交流输电网组成,两者相辅相成,组成输电网络的主干结构,将我国中西部太阳能和风能等分布式清洁能源连接到直流输电网,解决清洁能源不稳定性的问题。同时,将我国东南沿海地区丰富的风能连接成大型直流电网,直接输送至东南沿海负荷中心,大幅减少输电过程的损耗,提高能源利用率。

在城市配电网中,电动汽车、信息设备(计算机、通信系统设备、智能终端、传感器等)和半导体照明系统等直流负荷不断增加。构建城市级别的直流配电网有利于提高配电效率,减少电力损耗,随着城市人口数量的不断增加,城市中心区域的用电负荷峰值不断增加,原有的交流配电网已经无法满足高峰用电时期的要求,使用地下直流电缆输电可避免容性电流问题,实现远距离输电。

3) 海底电缆

海底电缆是指安装在江河湖海水底的电缆。我国拥有 18 000km 长的海岸线,6 500 个岛屿,上述岛屿中离大陆距离较近的岛屿通常利用海底电力电缆与大陆主电网连接,确保充足的电力能源供应,保障能源电力系统的稳定性。海底电缆作为海峡江河之间、国际国内区域之间的输电媒介,在电力平衡调度、电力贸易、电力输送等方面发挥巨大的作用。按照绝缘类型,海底电缆主要有浸渍纸绝缘电缆、自容式充油电缆、交联聚乙烯绝缘电缆、聚乙烯绝缘电缆、乙丙橡皮绝缘电缆及充气电缆等。海底电缆属于智慧能源体系中必不可少的关键设备和技术。

4) 智能开关

智能开关是用于取代传统联络开关的一种新型智能配电装置。与开关操作相比,智能开关的功率控制更加安全、可靠,可有效克服分布式电源和负荷带来的随机性和波动性,能准确地控制其所连接的两侧馈线的有功和无功功率。智能开关规避了开关变位引发的安全风险,为配电网实时控制和稳定运行提供强有力的支撑。

智能开关分为三种:背靠背电压源型变流器、静止同步串联补偿器、统一潮流控制器。在正常工况下,变流器分别对直流电压和传输功率进行实时控制。基于变流器可以同时控制两个变量的功能，发生故障时，变流器通过切换控制模式，实现非故障区域的不间断供电。

智能开关可对两条馈线之间传输的有功功率进行控制，并提供一定的电压无功支持。智能开关不仅可以平衡两条馈线上的用电负载，还可利用无功控制改善馈线电压，以此降低用电损耗，提高分布式能源的消纳能力，提高电网的运行稳定性。

5）能源集线器

能源集线器将用能需求抽象为冷、热、电三类，用于描述多能源系统中能源负荷网络之间的交换耦合关系。能源集线器的主要优势如下。

(1) 能源集线器与能量输入和输出有关，可用于分析跨区级、区域级与用户级的综合能源系统，具有较好的适用性、通用性和可扩展性。

(2) 能源集线器对能源矩阵进行解耦并转换为单一能源形式进行能源输出，实现物理和数学的统一。

(3) 能源集线器既可以对现有的综合能源系统进行抽象建模，也可作为智慧能源体系汇总能量自治单元或广义节点，为智慧能源系统规划分析做出理论指导，有利于构建未来智慧能源系统的基本框架。

但是，能源集线器也存在三点不足。

(1) 能源集线器只适用于稳态分析，未考虑能量的损耗，且不能表征能量随时间变化的动态特性。

(2) 能源集线器无法分析能源输入和输出相关的系统。

(3) 能源集线器无法处理离散化数据和存在奇异矩阵的特殊工况，有一定的局限性。

6）电转气

电转气(P2G)技术是通过电解水产生氢气和氧气，将氢气和二氧化碳催化产生甲烷。甲烷是天然气的重要成分，电转气产生的甲烷可直接注入天然气输送管网进行运输和存储。根据最终产物的不同，可将 P2G 技术分为电转氢技术和电转天然气技术。

电转氢技术将多余的电能通过电解水产生氢气后，直接将氢气注入天然气管道或氢气存储设备，能量转化效率为 75%～85%。电转天然气技术是在电转氢基础上，在催化剂的作用下将电解水生成的氢气和二氧化碳反应生成甲烷和水，其能量转换效率为 75%～80%。甲烷化过程中所需的二氧化碳可来自空气、火电厂烟气、污水处理厂厌氧消化单元产生的生物气，具有显著的碳减排作用。

通过 P2G 技术生成天然气，有利于强化微电网和天然气管网的耦合性能，提升智慧能源系统的稳定性。基于用户端的综合能源系统，不仅涵盖电力功能，而且具备天然气供热和供冷等功能，该系统通过优化协调各个能源需求环节，有利于提高清洁能源的综合利用率。因此，电转天然气比电转氢具有更广阔的应用前景。

7）电动汽车储能

电动汽车储能(V2G)技术是指利用大量电动汽车的储能电池作为电网和清洁能源的缓冲。当电网负荷处于高峰时，电动汽车储能电池向电网供电；当电网负荷处于低谷时，电动汽车储能电池存储电网过剩的电量，避免造成发电量的浪费。通过这种方式，电动汽车在电价低时从电网买电存储电能，在电价高时向电网售电释放电能，以此获得一定的收益。值得一提的是，使电动汽车实现 V2G 的前提是在电网和电动汽车之间配备双向的智能充电器，其必须既具有为电动汽车电池充电的功能，又具有向电网反向回馈能量的能力。此外，影响 V2G 真正大规模应用的难点在于如何评估 V2G 技术对电动汽车电池寿命的影响，如果 V2G 向电网回馈电力产生的收益远小于电动汽车车载电池的损耗，那么 V2G 技术对智慧能源系统就没有存在的价值和意义。只有当 V2G 技术对电动汽车车载电池的损耗忽略不计或车载电池技术出现颠覆性的突破促使电池寿命无限延长的条件下，V2G 技术才会得到大量的推广和应用。

3. 能源互联网运行优化技术

（1）能源互联网。随着科学技术的发展，不同能源形式之间的转换将逐渐变为现实，更有利于能源的优化分配；负荷应用侧，如储能和电动汽车等主动式负荷的接入，使负荷在时空范围内具有随机性和不确定性。能源互联网以能量优化调度为控制目标，通过能源路由器的转化功能，实现供给侧能源的有效传输和配送，最大限度地满足用户需求侧的各种用能需求，有力支持电网和热力网的稳定运行。能源互联网以电力系统、天然气网络与交通网络为物理实体，高效利用分布式可再生能源，以电能、热能等形式进行能量的传输与使用，基于信息网络对广域分布式设备进行协调控制，保证能源互联网的安全、稳定运行，可实现与配电网和供热网络等主网络的能源共享。

（2）能量路由器。能量路由器可根据其应用的不同层级分为区域型和家庭型两类。不同层级的能量路由器，因其在能源互联网中的功能与定位不同，存在不同的组成部分和实现方式。区域型能量路由器基于固态变压器实现，家庭型能量路由器通过多端口变化器或逻辑控制器实现。其中，区域型能量路由器被认为是构建能源互联网的核心技术之一。固态变压器由三部分组成：AC/DC 整流器、DC/DC 变换器和 DC/AC 逆变器。固态变压器具有控制能量双向流动的能力，可以对有功和无功功率元件进行控制，并且具有更大的控制带宽，支持即插即用的功能。另外，家庭型能量路由器一般选择基于多端口变化器的家庭型能量路由器。多端口变换器利用电力电子技术，能实现储能设备和多种新能源的耦合，提高响应速度。当负荷数量不多、结构较为简单的工况下，家庭型能量路由器可以调控管理系统中的能量。

智能能量管理模块作为能量路由器的核心，即能量控制中心，起着至关重要的作用，对能量进行统一管理和分配。由于能量路由器具备判断终端地址和选择传输路径的可能，可以实现能量流的路由选择。各供能单元通过能量路由器与配电网相连，能量路由器控制其工作范围内的各个分布式电源及能量存储设备。每一个能量路由器除了控制分布式电源外，还可以通过传输装置和外部能源网络进行能量交换，有效利用各种类型的能源。

（3）多能互补。多能互补指的是多种能源互相补充、综合利用，提高能源输出和利用效率。通常所说的多能互补分为两种类型。①面向需求侧的一体化多功能能源基础设施，为用户端提供电、气、热和冷等多种用能服务，实现多种能量形式的配合和高效利用。该类工程主要为天然气分布式能源，即以天然气为主要燃料带动发电设备运行，产生的电力供应用户，发电后排出的余热通过余热回收利用设备向用户供热和供冷，大大提高整个系统的一次能源利用率，实现能源的梯级利用。②利用大型综合能源基地风能、太阳能、水能、煤炭和天然气的资源组合优势，推进风光水火储多能互补能源系统的建设运行。

智慧能源体系的核心是横向互补、纵向优化，提高能源总体效率。现在的大多数多能互补工程都在独立园区或区域实施，如何组织这类独立系统，使供应侧、传输侧、需求侧和平台侧各部分都做到智能高效，是当前的重要技术课题。

4. 信息通信关键技术

(1) 智能芯片。智能芯片等同于一个单片机，负责处理收到的感应信号，再通过电器开关驱动电动机，将指令传递给传动系统来完成初始要达到的效果。

目前人工智能芯片的发展存在两种硬件优化路径：其一是延续传统 CPU 计算架构，加速硬件计算能力，如 GPU 和 FPGA 等智能芯片；其二是与传统冯·诺依曼计算架构不同的神经网络芯片，该芯片采用人脑神经元相似的结构进行计算。

随着超速处理硬件发展水平的提升，CPU 芯片在机器学习上进行的计算量大幅降低，但是由于 CPU 较为灵活且擅长单一而有深度的运算，CPU 并不会被完全取代，但是 CPU 并非针对深度学习的专业芯片，存在延迟严重、散热高、效率低等缺点。

GPU 芯片比 CPU 芯片运算速度快、处理效率高、价格经济，但是 GPU 也存在一定的不足之处。GPU 在深度学习算法训练时非常高效，但是在深度学习算法执行阶段却只能单线程处理，效率低下。

DSP 芯片采用传统的 DSP 架构来适配神经网络的技术思想，速度快、能耗低。但是 DSP 芯片处理器都是针对图像和计算机视觉处理器 IP 核，应用存在局限性。

与 GPU 芯片相比，FPGA 芯片配置更实用、能耗更经济、价格更实惠，但是 FPGA 芯片对使用者的硬件知识要求很高，否则无法应用该芯片。

ASIC 芯片的计算能力和计算效率可以直接根据特定算法的需要进行定制，所以其有体积小、功耗低、可靠性高、保密性强、计算速度快等优势。但是 ASIC 芯片的设计和加工耗时长、资金投入大、性价比较低。

神经网络芯片彻底颠覆了经典的冯·诺依曼架构，研究人员将存储单元作为突触、计算单元作为神经元、传输单元作为轴突，搭建了神经芯片的原型。由于神经触突要求可变且有记忆功能，IBM 采用与 CMOS 工艺兼容的相变非挥发存储器(PCM)技术，加快了神经网络芯片的应用进程。

虽然目前人工智能的芯片主流是 GPU 和 CPU，但是随着语音和深度学习算法在 FPGA 芯片上的技术进步，FPGA 和 CPU 将成为未来的主流芯片组合。从远期来看，人工智能类脑神经芯片是未来智慧能源体系构建中必不可少的关键技术。

(2) 人工智能。能源行业每年产生大量的数据，当前大量的能源企业开始重点关注人工智能，期望将这些原始数据转化为提高生产率和降低成本的驱动力。在人工智能技术的支持下，过去能源系统的各层各类、纵向横向的基础设施节点相互关联，形成服务于全产业链的设施网络，应用于全网络状态环境下的态势感知和智能决策。未来人工智能技术将在能源储藏、智能电网、故障管理、能源勘探、能源消费与消耗五大领域被广泛应用，具体聚焦在个性化识别、可视化绘制、智慧城市架构、实时匹配等方向。例如，在能源储藏领域，应用能源存储可视化将有助于进行可再生能源的储能管理优化，增加产品附加值，并显著降低电能损耗。利用人工智能绘制出能源使用情况，实现能源需求可视化，客户可跟踪能源价格波动，提高存储能源利用率。在智能电网中，基于人工智能识别技术的电力指纹，可对发电或用电设备的暂态及稳态特征进行快速识别，进行电力特征的生物识别描述和提炼，形成电力指纹库，实现设备的精准监控和交互。在能源勘测领域，针对大规模能源生产过程，结合自然环境数据与复杂算法，可实现动态时空能源需求变化追踪，同时对多源输出进行协同管理，以实现空间和时间维度的匹配需求。耦合深度神经网络和先验性机理知识的人工智能系统将具备传统的数值分析方法无法比拟的优势，可大幅提升智慧能源系统的仿真和预测能力，实现智慧能源系统的动态管理和快速响应，如图 8-9 所示。

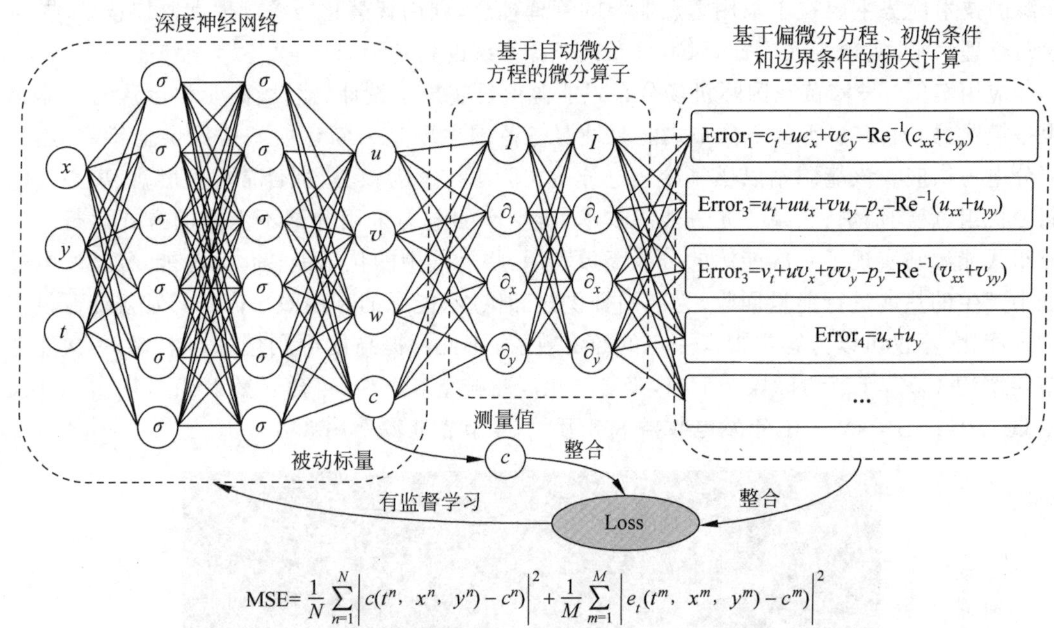

图 8-9　耦合深度神经网络和先验性机理知识的人工智能系统原理图
（以 2 维纳维斯托克斯方程为例）

（3）5G 技术。第五代移动通信技术（5G）在 4G 技术基础上实现全新的突破，具体表现为传输效率、覆盖能力、安全性、可靠性等性能上全面超越 4G 技术。5G 技术在能源领域的商用化将为智慧能源的数字传输提供更加坚实的网络基础，与之相配套的传输设施为智慧能源产业铺设更快更宽的数字道路。在全自动化覆盖、快速负荷精准响应、安全隔离性应用等领域，有 5G 技术与能源的深度融合体现。通过各终端间对等通信，智能分布式配电自动化进行故障判断、故障定位、故障隔离及非故障区域供电恢复等智能操作，在此基础上，配网故障处理的时间将从秒级提高到毫秒级，真正实现全覆盖的不停电服务。在基于稳控技术的精准负荷控制系统的支撑下，可实现毫秒级精准负荷预测，解决传统配网电力事故难题，即一旦出现直流双级闭锁等严重故障就必须集中切除整条配电线路，在 5G 支持下，可以进行高密度、超低时延和高网络可靠性的应急处置。在安全隔离性应用领域，在端到端的电网高隔离性条件下，5G 网络切片可以为采集、运行等不同业务提供隔离独享网络切片，从而保障多业务的差异化服务，提升云端平台的传输速率与质量，将过去的不可能变为可能。

8.3.2　系统演进

1. 智慧能源技术演变

1）分布式能源

定义：分布式能源是一种建在用户端的新型能源系统，将用户多种能源需求，以及资源配置状况进行系统整合优化，可独立运行，也可并网运行。分布式能源主要分为热电联产、可再生能源、储能和燃料电池四种类型。

技术原理：天然气等一次能源通过燃气轮机发电，燃气轮机发电过程中产生的高温烟气通过余热锅炉为用户供热和供冷，实现用户多种用能需求，提高能量的利用效率。分布式能源的技术优势主要在于采用智慧能源的管理理念，利用智慧化能源管理和监控技术，提高运营管理水平，实现无人值守，保障分布式能源系统的稳定运行。

应用案例：长沙黄花国际机场分布式能源项目实现了设计、建设、商业化运营的一体化服务模式，如图 8-10 所示。分布式能源站服务范围主要是为新建航站楼提供全年冷、热及部分电力供应。该能源站以燃气冷热电分布式能源技术为核心，耦合常规直燃机、离心式电制冷机组、燃气锅炉、热泵等先进能源技术，所生产的电力采用并网不上网的方式运行。该分布式能源站实现了一次能源的分级高效利用，将燃气中的化学能转化为电能，并将发电过程中产生的热能进行能量回收，为航站楼供热和供冷，能源的利用效率高。与常规能源供应方式相比，不仅可以为客户带来一定的经济效益，而且可提高能源利用综合效率，一次能源节能率约 46%，年节约标煤 3 640t，年二氧化碳减排量 8 956t，年耗气量 $4.01\times10^6\text{m}^3$，年发电量 $1.044\times10^7\text{kW}\cdot\text{h}$，年发电收益 898 万元，年节省能源费用 358.5 万元。

图 8-10　长沙黄花国际机场分布式能源项目

2）微电网

技术定义：微电网是指由分布式电源、储能装置、能量转换装置、相关负荷和监控、保护装置汇集而成的小型发配电系统，是一个能够实现自我控制、保护和管理的自治系统，既可以与外部电网并网运行，也可以孤立运行。

技术原理：微电网是电力系统的基本组成单位，属于最基层的调度控制单元，响应速度快。对于终端用户来说，微电网是电力系统的有效补充，可以为终端用户提供及时的用电保障，比如稳定电压、减少损耗、备用电源等功能。

技术优势：微电网耦合电源、负荷端、储能装置和控制装置给用户供电和供热，灵活度高。微电网中的电源多为微电源，即含有电力电子界面的小型机组（小于 100kW），包括微型燃气轮机，燃料电池、光伏电池以及超级电容、飞轮、蓄电池等储能装置。微电网的运行靠近用户端，具有运行成本低和运行简单等优点。

应用案例：福建省莆田供电公司启动多端互联低压柔性微电网项目，加快推进 5 个台区的分布式光伏项目建设，并将 5 个台区组成直流微电网，不仅能够满足周边居民的用电需求，而且可以保障直流充电桩的用电需求。

3）虚拟电厂

技术定义：虚拟电厂利用软件算法聚合分布式能源、储能单元和可控负荷资源，最大限

度地利用分布式能源和储能单元，具有削峰填谷的功能。虚拟电厂技术利用计量、通信、智能调度决策算法、信息安全防护的集成技术优化电力调度，参与需求侧响应或电力交易从而最大化收益，具有成本低、效率高的优势。按照虚拟电厂聚合优化的资源类别不同，可将虚拟电厂分为以下两类。

(1) “负荷类”虚拟电厂，指虚拟电厂运营商聚合其绑定的具备负荷调节能力的市场化电力用户(包括电动汽车、可调节负荷、可中断负荷等)，作为一个整体(呈现为负荷状态)组建成虚拟电厂，对外提供负荷侧灵活响应调节服务。

(2) “源网荷储一体化”虚拟电厂指耦合清洁能源分布式能源、用户端及储能设施的一体化虚拟电厂，可以参与电力市场交易，具备自主调峰、调节能力，并可为公共电网提供电力服务。

技术原理：当用电需求到达高峰时，虚拟电厂系统会驱动停车场的几百辆电车(分布式光伏、储能电池等)作为供能单元给建筑供电，而不是从电网直接取电，极大程度上缓解电网的供电压力；当用电需求到达低谷时，虚拟电厂系统可以驱动办公楼的充电桩给电车及周边储能单位供电，提高电网在低谷时的功率。

技术优势：虚拟电厂的投资成本约为传统火力发电厂的1/8，是全球智能电网未来发展的重要技术之一。根据国家电网的测算数据，假设实现5%的峰值负荷调控目标，虚拟电厂所需的资金投入是传统火电投资的20%，既满足环保要求，又可以降低投入成本。

应用案例：2022年2月，山西省成立山西虚拟电厂有限公司。2022年6月，山西省能源局率先发布我国首个省级虚拟电厂实施方案，通过“虚拟电厂＋电力现货”的模式在国内率先实现盈利。

2. 能源技术深度融合

在未来能源转型的过程中，能源技术向集成化和平台化方向发展，利用开放的智慧能源生态系统倒逼传统的电网向数字化转型。随着能源技术的深度融合将促进传统能源行业的巨大变革，以新能源技术和信息通信技术深度融合为特征的新一轮能源革命，将推动人类社会进入全新智慧能源时代，构建智慧能源新业态。

未来的智慧能源技术将从以下两个方向演变。

(1) 高效清洁发电、先进输变电、大电网运行控制、储能等电力技术将不断改进突破，通过融合互联网与传统能源系统构建能源信息支撑平台，分布式能源网络技术将助力实现分布式能源系统的信息透明化。在能源生产智慧化技术支持下，将建立标准、集成、开放、共享的能源生产信息公共服务网络。

(2) 新型能源技术(清洁能源技术、能源传输与变换技术和能源互联网运行优化技术)将与人工智能、大数据、区块链、物联网、5G、边缘计算等现代信息通信与控制技术深度融合，实现传统能源行业的智慧化升级，在供给侧实现能源生产的智慧化，以解决新能源难以消纳的问题，在需求侧支持智慧用能，以解决改善能源利用率不高的现状，在能源网络侧实现多能融合与新能源即插即用，以解决传统电网和分布式能源协同供电的兼容难题。

未来，在能源技术深度融合背景下，将搭建具有高可控性、强灵活性的面向未来的综合能源架构体系，实现供给侧的多能互补和需求侧的智能互动，满足用户的各种用能需求，通过智慧能源技术带动新技术、新业态、新模式的快速发展。面向未来的综合智慧能源体系的三级架构如图8-11所示。

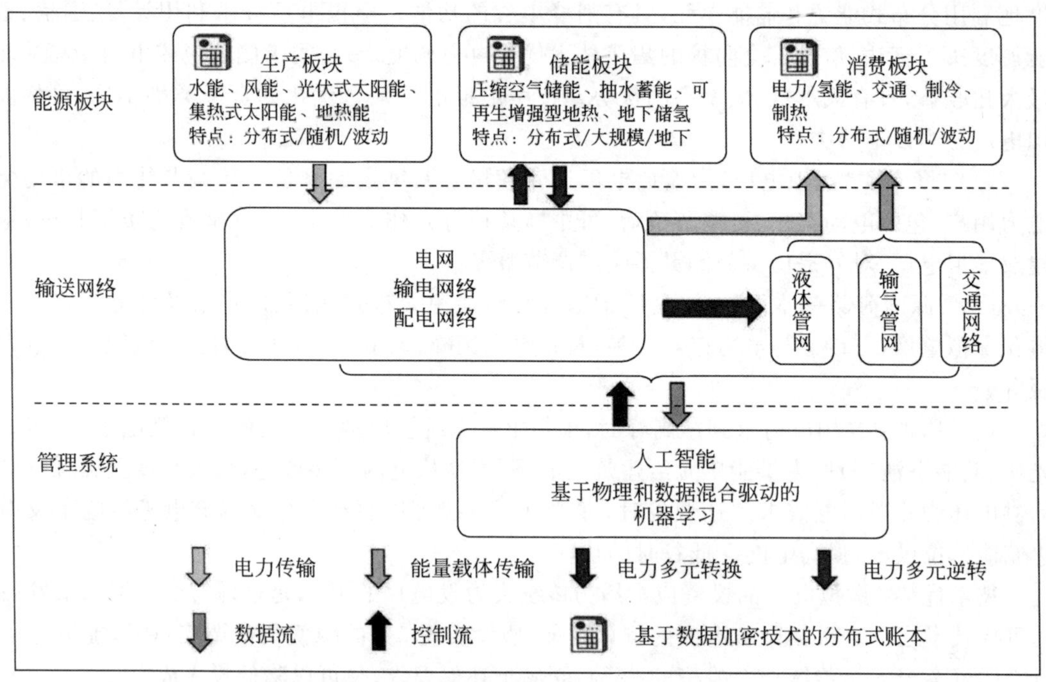

图 8-11　面向未来的综合智慧能源体系的三级架构

未来能源系统必须克服清洁能源的一系列缺陷，如随机性、间歇性及时空分布不均等特性，为了更好地应对可再生能源的大规模使用，基于完备 ICT 网络、电力多元转换/逆转技术、地下储能、神经网络深度学习等技术，未来的综合智慧能源体系将通过轻量的神经网络仿真技术耦合传统的物理信息和实时系统大数据进行有效的决策和管理。

3. 能源系统未来的发展方向

能源系统未来的发展分为智能化、数字化、智慧化三个阶段。

2020—2030 年为智能化阶段，大力发展远距离直流输送技术，实现能源的跨区域输送；重点发展清洁能源等分布式能源，耦合自动化技术和智能决策算法，提高电网可靠性和安全性，减少电网停电故障，该阶段是智慧能源系统的初级阶段。

2030—2040 年为数字化阶段，互联网与能源系统融合程度进一步加深，打造数字能源系统。利用芯片传感技术重点发展对能源生产、输送、存储、配送、转换等环节进行全过程的监控，采集系统运行过程中的设备数据、运行数据、市场数据，实现信息和数据互联互通，该阶段是能源系统的中级阶段。

2040—2050 年为智慧化阶段，基于智能化的能源装备与控制技术，可优先实现高比例可再生能源的接入，此阶段是智慧能源系统的高级阶段。此外，通过可再生能源的分布式广泛接入与用户侧的产销一体化，能源的生产、传输、转换、消费及交易趋向零边际成本，实现能源大系统效率最优化及能源价值最大化利用，互联网与能源系统的深度融合，构建智慧化、透明化、高可靠性的全球能源互联网体系。

4. 全球能源互联互通

2011 年，美国学者杰里米·里夫金(Jeremy Rifkin)在其著作《第三次工业革命》中首次提出能源互联网的愿景，引发了全世界的广泛关注和研究。全球能源互联网本质上是"智能电网＋特高压电网＋清洁能源"的大规模开发、大范围配置、大场景应用的平台。能源互联网由于涉及全球 100 多个国家，受体制和技术融通等诸多因素制约，未来要实现全球能源互联互通任重道远。

(1) 在体制机制方面，推动全球能源治理的理念、机制和标准融合，建立全球融合沟通的长效机制。全球能源互联发展涉及世界政治、经济、能源和技术的各个方面，未来需要各国通力合作，打破彼此的政策壁垒，建立相互依存、互信互利的组织机制，为能源行业建立高效运转的运行机制和市场机制提供良好的政策环境，保障全球智慧能源的安全运行。

(2) 在能源空间分布方面，未来将通过超大容量、超远距离的高压输电技术连接分布式清洁能源，以智能电网技术为突破口，将区域智慧能源系统耦合到全球智慧能源体系，实现分布式电源即插即用及用电需求侧灵活互动。

(3) 在逆向分布方面，由于清洁能源和能源消费在全球普遍存在分布错位的问题，若要实现全球清洁能源的大规模利用，必须先突破清洁能源如何在全球范围内优化配置和快速输送的重点问题。针对世界能源分布特点、用能情况及社会经济条件，结合智能数字技术与跨区域输电技术，建立全球智慧能源体系，解决逆向分布问题。通过实现能源机制融合，解决能源空间分布、逆向分布问题，打造新一代清洁、智能的全球能源配制平台，建立全球智慧能源体系，构建绿色低碳、互联互通、共建共享的能源共同体，实现全球能源共享和人类可持续发展。

8.3.3　市场变革

1. 未来智慧城市

能源系统与大数据、人工智能等信息技术的有机结合将实现能源系统的智慧化监测、智慧化分析与决策和智慧化运营，促进智慧城市技术的快速发展。一项利用人工智能开展的互联网城市云脑研究计划，提出了形成未来城市的两个与能源密切关联的核心功能。

(1) 利用城市神经元网络系统，即城市大社交网络，实现未来城市中人与人、人与物、物与物的能源信息交互。

(2) 应用城市云脑的云反射弧，实现城市能源服务的敏捷反应，推进能源企业、行业与城市的相互支持和良性循环。

在城市云脑的驱动下，未来之城将向更加绿色、智慧、宜居、便捷、高效发展。综合能源服务模式将成为未来城市提供不间断能源服务的重要发展任务之一，光伏发电、储能、太阳能空调、太阳能热水、地源热泵、冷蓄冷空调、蓄热式电锅炉协同合作，提升了能源转化率、传输率、基础设施利用率及能源与经济社会融合率。未来之城将打造不断电的智慧系统，在不停电作业技术的支撑下，全面应用智能开关与数字化监控设备，为智慧电网系统的故障自检、自动恢复供电、故障自愈等智能化运营奠定坚实的基础。未来之城将创建不耗能智慧新居，"冬暖夏凉"的净零能耗智慧建筑，以屋顶光伏和薄膜光伏发电为能量来源，应用新型保温材料和高效新风技术实现建筑所需能源全部自给自足。

2. 未来智慧交通

美国交通与发展政策研究所和加利福尼亚大学戴维斯分校合著的《城市交通的三大变

革》指出，未来交通将朝着共享化、智能化和新能源化融合方向发展，智慧能源将进一步改变未来交通出行方式，打造智慧交通新模式。智慧能源在未来出行的应用，将主要体现在四类协调、深度感知、去中心化、绿色出行四个方面。

（1）在四类协调方面，未来智慧交通的构建将从交通智慧能源的运行模式出发，分析解决感知与能源交互、横向多源互补、纵向“源网荷储”和多级能源的协调问题。

（2）在深度感知方面，未来将推动大数据、物联网、人工智能、区块链、云计算等新技术与交通行业的深度融合，建设先进能源感知监测系统，构建下一代交通能源信息基础网络。

（3）在去中心化方面，能源供应的充电桩作为去中心化的新基建项目之一，将推动充电基础设施实现跨越式发展，通过智能充电合同帮助用户查询最方便的停车/充电位置，并可以完全自主地选择服务，以此构建电动汽车服务生态圈。

（4）在绿色出行方面，智慧能源将车辆生命周期运营需要的资源平台进行整合，推行新能源汽车车桩一体化、智慧能源和汽车资产一体化、停车充电一体化，建设一个开放、共享的智慧交通生态系统，推进未来绿色出行。在交通智慧能源的未来服务模式及以人为本的道路交通体系下，将为人类未来出行带来快捷节能的新体验。

3. 未来能源市场

未来能源市场的消费结构将趋向清洁化、低碳化和多元化，且转型之快将超过预期，形成以清洁能源为主的“四分天下”格局。据全球能源互联网发展合作组织预测，未来清洁能源占比将从 2016 年的 22.8%增加至 2050 年的 71.6%，清洁能源发电装机量和发电量占全球总装机和总发电量的比重都将超过 80%。美国能源信息署及国际能源署和中国石油经济技术研究院等机构均在公开报告中提出，未来清洁能源将主导世界能源需求增长，天然气、清洁能源、石油和煤炭各占 1/4，“四分天下”的多元格局日益明朗。在全球能源行业新一轮转型的背景下，能源的来源将不再局限于传统的化石能源，未来能源将出现多种形式长期共存的局面，这对电网系统的智慧化运营提出很高的要求，也为智慧能源未来发展提供巨大的机遇。构建清洁低碳、安全高效的智慧能源体系，需要有效地解决新能源的不确定性、多源融合、“源网荷储”协同联动，提供能源一站式服务。在未来的智慧能源系统中，能源生产将不再是大型发电企业的专属业务，而是走进千家万户和市场中的中小型企业，每个用户或市场主体都可以从事能源的生产和交易。未来能源生产的规模趋于小型化和智慧化，能源交易更加公平和透明。能源生产和消费将实现高度智能化，演变成全新的能源产业形态，最终实现环境优先的可持续发展、安全可靠的能源供应、能源基础设施的分布式网格布局、多种能源以纵向维度在“源网荷储”的紧密互动。

8.3.4 模式创新

在传统能源供给模式中，各种能源只能通过骨干电网进行并网、调度和配送，虽然这种方式可以确保高峰负荷期的用电需求，但是这种模式投入巨大，性价比不高。这种只注重供给侧结构性改革而忽略需求侧的模式，容易造成资源产能过剩、能源供给结构不合理、资源浪费等问题。在能源行业的全产业链，要逐步打破政府包办的垄断模式，积极发展集成供应商为主体的市场模式，提高资源的有效配置和市场的反应效率，提高市场各方主体参与的积极性，建立最合适的能源消费模式。

1. 能源生产及消费商业模式

(1) 智能小区商业模式。智能电表的迅速发展及应用意味着用电信息的采集程度更加先进。随着对数据的采集和挖掘更加深入,供应商与用户之间的双向增值信息交流互动将会更加便捷和透明。智能电表、家庭网关、智能用电交互软件构成了一种新型的智慧能源系统——智能小区。在智能小区里面,用户用电数据、电价信息和系统运行状况可以精确地测量、收集、储存、分析、运用和传送,基于互联网技术,家庭用户可通过软件同步管理数据信息,用户对不同能源商品的需求和峰谷电价的反馈可向供给侧提供数据支撑,使得供给侧和需求侧协同平衡,提高能源利用效率和优化资源配置。

(2) 智能写字楼商业模式。信息时代的写字楼将进行智能化改造,充分利用照明、空调、电梯和供暖等智能传感器对写字楼进行监控,通过控制终端对各个部件的能源消耗进行全景监控,在抓取写字楼的整体数据后,可以结合冷、热、电等多种能源对不同时段的能源消耗需求量差异合理优化运行及阶梯利用,以提升能源综合利用效率,降低用能成本。在夏季空调用电高峰,可对写字楼进行负荷调控终端的数据整合,实现更加灵活的调峰控制。通过智能设备、智能传感器、智能大数据监测平台、智慧能源决策分析软件等核心技术,构成一种新型的智能大厦系统。在智能写字楼里面,基于智慧电网的技术,耦合冷、热、气的三联供发电系统,构建多源互补、能源与信息高度融合的智慧能源体系,实现写字楼智慧化运行。

2. 资产投资与交易商业模式

(1) 能源投资商业模式。智慧能源时代,强调以用户为中心创造价值,可通过结合能源设备建设投资和互联网融资租赁业务,提高资产利用效率。能源投资商业模式分为两种类型:一种是电池云商业模式,利用互联网的平台发掘能源供应商生产过剩的能源资源,利用标准化技术将这部分能源以新型电池的形式封装储存,再通过能源智慧网络形成租赁交易平台,让运营商搭建一个储能电池的信息发布和交易匹配平台,并提供物流运输渠道。供需双方通过平台进行信息发布、信息交互和能源交易,平台提供安全的交易方式和交易环境,保障交易的顺利进行,盘活储能电池市场,提高电池利用效率和减少多余能源浪费,为租赁双方创造价值。另一种是个人对个人(P2P)理财融资模式。通过能源商品和互联网融资业务搭建 P2P 理财融资平台,投资者通过该平台购买新能源设备的理财产品,从平台获取稳定的租金收益。同时,该平台按照投资商的委托向分布式能源设备厂商提供部件租赁服务,便于让承建商用先进的技术设备进行铺设,然后其产能的部分收入则返还给平台作为管理费用。通过该理财融资平台,为投资者和企业搭建一个高效融资租赁渠道,创造轻松、自由的融资租赁环境,做成互联网金融、委托融资租赁、新能源生产设备三者相结合的新一代融资租赁产品。

(2) 能源交易商业模式。智慧能源体系下的交易模式主要围绕以电为主导载体的冷、热、电传统能源交易市场,衍生出以新能源为载体,以互联网信息技术为背景的多服务、可配置、个性化的辅助交易场所,由此可能衍生出一种新型一体化商业模式,即区块链与虚拟电厂耦合商业模式。随着数量庞大的分布式能源并网发电,虚拟电厂可以通过对分布式能源的整合,解决分布式能源的发电量小和不连续的问题,发挥虚拟电厂的协同优势,实现分布式能源的协同合作。基于区块链技术的交易平台具有去中心化、合约

化、公平的优点，能够大幅降低交易成本，促进虚拟电厂的有效运行。耦合区块链技术的虚拟能源交易开放平台具有以下优点：第一，分布式信息系统与虚拟电厂发电资源匹配，开放性提高了平台的可接入性，便于接纳更多类型的资源；第二，区块链加密数据结构保障了平台的安全性和公平性，按需按量保证利益合理分配，充分调动各方参与者的积极性；第三，能源厂商和虚拟电厂按所需利益签署智能合约，实现点对点交易自动化，无须中央机构干预，降低中间成本。

3. 增值服务商业模式

智慧能源体系的信息增值服务可在能源互联网信息服务平台的基础上，借助物联网和云计算等技术，针对不同主体对不同业务的信息需求特点，建立"全面、智能、专业、互动、安全"的信息服务体系，实现多级信息子平台间的互联互通，以及跨领域业务横向和纵向的数据共享，向用户提供个性化服务，开创多种多样的商业模式。

(1) 数据增值商业模式。围绕数据的手机、处理、提取和分析的创新服务，可以从原始数据提供商、进阶数据处理商及个性化数据定制商三个角度，对智慧能源体系在数据层面进行挖掘和升值。通过对庞大数据群的挖掘，可提取有价值的信息。通过对用户数据进行细化，将其与用户的基本属性相关联，根据特定客户群的价格承受力、需求差异性、能源共享的接受程度等影响因子对客户提供专属服务。基于大数据技术的能源互联网未来是数据驱动型产业，数据是能源行业的基本生产力，通过数据挖掘的手段为用户、生产商、售电商等市场交易主体提供个性化数据定制服务，向用户提供专业的用能方案，提供增值服务。

(2) 中间商平台商业模式。通过大数据构建能源类网络交易平台，各个能源供应商以开网店的形式在交易平台上自由售卖能源商品或各种能源服务，让客户根据自身需求进行多样选择和购买能源。而中间商则负责协同各类能源提供商进行合作，实现供销分离。未来能源市场上有必要扶持和构建多个中间商平台进行良性竞争，促进能源价格的弹性化和用户选择的多样性，提高市场竞争力。在分布式能源模式基础上，未来用户可根据自己的能源需求，向平台索要能源供给方案，形成一个自给自足的小型能源平衡体，满足自身对能源使用的需求，将多余部分做分布式能源排布，与周边商户进行能源互补，类似于单边的需求侧响应机制，由用户之间互相交流、扬长避短。

本章小结

智慧能源系统是建立在全球能源需求供给不平衡、能源利用效率低、全球气候变暖、清洁能源的大规模开发及信息技术全面发展的背景下的面向未来的能源供需体系。

本章通过阐述能源行业的国内外环境及其智慧化转型的国际背景，分析我国在发展智慧能源过程中存在的主要问题和挑战。应对气候变化，机遇与挑战并存，发展智慧能源是我国实现能源行业转型的重大战略机遇。

基于国内外能源行业的发展现状，本章围绕未来智慧能源的技术发展、系统演变、市场变革和模式创新等方面进行详细的论述。首先，在前沿能源技术层面，详细介绍清洁能源生产和储能技术、能源传输和变换技术、能源互联网优化运行技术和信息通信关键技术的定义、原理和特点；其次，能源系统演变层面，详细介绍能源技术的演变、融合、未来发展方向及全球能源互联互通的愿景；再次，重点介绍智慧能源在未来智慧城市、未来智慧交通和未来能源市场中的应用案例和场景，展现了智慧能源体系在未来社会变革中的重要作用；最后，本章对能源生产及消费、资产投资与交易和增值服务等领域的商业模式进行初步的探讨和展望，能源行业的商业模式创新将推动未来市场经济的巨大变革。希望本章内容能够为读者擘画未来智慧能源体系的知识框架及其未来发展的宏伟蓝图。

[1] 瓦茨拉夫·斯米尔.人人都该懂的能源新趋势[M].湛庐文化，译.杭州：浙江教育出版社，2021.
[2] 张明龙，张琼妮.国外能源领域创新信息[M].上海：知识产权出版社，2016.
[3] 童光毅，杜松怀.智慧能源体系[M].北京：科学出版社，2020.
[4] 季舒平.上海南汇柔性直流输电示范工程关键技术研究[D].上海：上海交通大学，2013.
[5] 林益楷.能源大抉择：迎接能源转型的新时代.[M].北京：石油工业出版社，2019.
[6] 张翠华，范小振.能源新视野[M].北京：化学工业出版社，2019.
[7] 冯庆东.能源互联网与智慧能源[M].北京：机械工业出版社，2015.
[8] 沈萌，魏一鸣.智慧能源[M].北京：科学技术文献出版社，2021.
[9] 殷雄，谭建生.能源资本论[M].北京：中信出版社，2019.
[10] 能源互联网研究课题组.能源互联网发展研究[M].北京：清华大学出版社，2017.
[11] 赖征田.电力大数据[M].北京：中国电力出版社，2016.
[12] 余来文.企业商业模式[M].北京：经济管理出版社，2014.

1. 基于我国的能源结构现状，未来能源行业该采取何种技术路线和发展规划才能实现“2030年前碳达峰、2060年前碳中和”的目标？

2. 请思考一下，在未来能源行业的智慧化转型进程中，能源行业与人工智能、大数据、物联网、边缘计算、5G技术、区块链等前沿信息通信技术的结合将会产生哪些新型商业模式和业态？

3. 在新一轮的能源行业革命过程中，政策对能源智慧化革命的影响不容忽视，甚至起到关键性的作用，请从政府管理职能角度出发思考一下，未来颁布哪些新的能源政策和建议可以推动和促进能源行业的发展与智慧化转型？

1. 瓦茨拉夫·斯米尔.能源神话与现实[M].北京：机械工业出版社，2016.

2. 泰勒·考恩.大停滞[M].上海：上海人民出版社，2015.

3. 杰里米·里夫金.第三次工业革命[M].北京：中信出版社，2012.

4. 杰里米·里夫金.零碳社会：生态文明的崛起和全球绿色新政[M].北京：中信出版社，2020.